微细粒级黑钨矿浮选过程强化与实践

艾光华　著

北　京
冶 金 工 业 出 版 社
2018

内 容 提 要

本书在参考近年来国内外钨矿选矿技术及理论的基础上，介绍了微细粒级复杂黑钨矿浮选体系中矿物表面性质、矿浆组分界面吸附、浮选药剂分子间协同和竞争作用机制、矿物颗粒间相互作用等内容，然后在对微细粒级黑钨矿分选过程特征研究的基础上，介绍了使用旋流-静态微泡浮选柱强化回收微细粒级黑钨矿，以及基于浮选体系界面作用调控和柱强化回收黑钨矿的全粒级短流程分选新工艺，最后介绍了复杂黑钨矿分选过程强化的应用实践。

本书可供从事矿物加工工程科研、生产的相关人员阅读，也可供大专院校相关专业的师生参考。

图书在版编目(CIP)数据

微细粒级黑钨矿浮选过程强化与实践/艾光华著. —北京：冶金工业出版社，2018.2
ISBN 978-7-5024-7720-2

Ⅰ.①微… Ⅱ.①艾… Ⅲ.①黑钨矿—浮选流程 Ⅳ.①TD951

中国版本图书馆 CIP 数据核字（2017）第 317143 号

出 版 人　谭学余
地　　址　北京市东城区嵩祝院北巷 39 号　邮编　100009　电话　(010)64027926
网　　址　www.cnmip.com.cn　电子信箱　yjcbs@cnmip.com.cn
责任编辑　刘晓飞　美术编辑　彭子赫　版式设计　孙跃红
责任校对　李　娜　责任印制　李玉山
ISBN 978-7-5024-7720-2
冶金工业出版社出版发行；各地新华书店经销；北京建宏印刷有限公司印刷
2018 年 2 月第 1 版，2018 年 2 月第 1 次印刷
169mm×239mm；15 印张；293 千字；234 页
65.00 元

冶金工业出版社　投稿电话　(010)64027932　投稿信箱　tougao@cnmip.com.cn
冶金工业出版社营销中心　电话　(010)64044283　传真　(010)64027893
冶金书店　地址　北京市东四西大街 46 号(100010)　电话　(010)65289081(兼传真)
冶金工业出版社天猫旗舰店　yjgycbs.tmall.com

前　　言

随着地球上矿物资源的不断开发和消耗，富矿和易处理的矿石资源日趋减少，如何高效利用品位低、嵌布粒度细的复杂矿石，已经成为我们正面临的挑战。在矿物加工过程中，为了使有用矿物的单体解离更充分，常常需要细磨矿石，细磨使矿物颗粒的表面性质及浮选行为发生了根本的改变，常规方法无法实现这些微细粒级有用矿物颗粒的高效回收。据统计，世界上1/3的磷酸盐、1/6的铜矿物、1/5的钨矿物、1/10的铁矿物、1/2的锡矿物都以微细粒的形态流失掉，造成资源的巨大浪费。微细粒级有用矿物难以回收不仅使有限的矿产资源被大量浪费，而且损失于尾矿中的金属也会对矿山周边环境造成不利的影响。因此，微细粒级有用矿物的高效回收是现代矿物加工领域面临的重大科学问题。

中国是世界上钨矿资源储量最丰富的国家。钨矿性脆，在破碎和磨矿过程中易粉碎泥化，在浮选过程中易成为微细粒矿，表面容易被其他细粒脉石污染，失去原来的浮选性能，导致选矿回收率低。随着品位低、性质复杂、嵌布粒度细的钨矿石入选比例逐年增大，微细粒级黑钨矿高效回收的问题更加突出。

目前，重选法是黑钨矿回收的主要方法，浮选法是白钨矿回收的主要方法，而对于黑白钨混合矿，以浮选法为主。钨矿物回收过程中的主要问题和难点主要体现在“黑钨矿难浮、微细粒级难回收，白钨矿精选难、选矿工艺流程长”。随着单一的黑钨矿资源的枯竭，深入研究微细粒级钨矿物的新药剂、新设备和新工艺，处理低品位难处理白钨矿、细粒级黑白钨混合矿及综合回收多金属矿中的钨矿物，提高钨资源的综合利用率势在必行。而对于在复杂低品位的多金属矿中回收细粒级黑白钨矿，采用“黑白钨混浮—加温精选”的主干工艺流程，黑钨矿需重选加浮选联合流程回收，导致回收流程长、回收率低，这也是困扰诸多钨矿山选矿的难题。

因此，本书针对复杂黑钨矿的浮选体系，根据矿物表面性质、晶体结构、表面组分、荷电机理、矿浆中固液界面浮选药剂的吸附行为和矿物颗粒间界面作用，实现可控调节，拓展黑钨矿的浮选理论深度；应用旋流-静态微泡浮选柱强化回收微细粒级黑钨矿，开发复杂黑钨矿浮选新技术，提高微细粒难处理黑钨矿资源的利用效率，为我国钨矿山在微细粒钨矿物和钨细泥处理方面提供借鉴参考，为微细粒黑钨矿石的选别和开发利用提供理论和技术支撑。另外，可为其他与黑钨矿相似的微细粒级锌、锡、金、钼、铅锌等资源的分离与富集提供借鉴。

本书分为7章。第1章，主要介绍了黑钨矿的资源现状和研究意义；第2章，主要介绍了黑钨矿的晶体结构、表面组分与界面性质，捕收剂与矿物的可浮性等；第3章，介绍了浮选体系界面作用调控强化黑钨矿的浮选；第4章，主要对黑钨矿浮选过程特征与浮选速度模型进行了研究；第5章，主要对浮选柱强化黑钨矿分选过程及浮选动力学进行了研究；第6章，对微细粒级黑白钨矿短流程分选工艺进行了研究；第7章，介绍了复杂黑钨矿全粒级短流程分选过程强化的实践。

在编写过程中，参考了矿物加工领域部分专家学者的著作和学术论文等资料，在此一并表示感谢。

由于作者水平有限，书中疏漏和不妥之处在所难免，望读者批评指正。

艾光华

2017年11月

目　录

1 绪　　论

1.1 黑钨矿资源现状

钨是稀有金属，也是重要的战略物资，是国家保护开采的特定矿种。目前世界上开采出的钨矿，约50%用于优质钢的冶炼，约35%用于生产硬质钢，约10%用于制钨丝，还有约5%用于其他用途。钨的用途十分广泛，涉及矿山、冶金、机械、交通、电子、化工、航天等各个工业领域。

1.1.1 钨矿的种类

钨的重要矿物均为钨酸盐，在成矿作用过程中能与 $[WO_4]^{2-}$ 络阴离子结合的阳离子仅有几个，主要有 Ca^{2+}、Fe^{2+}、Mn^{2+}、Pb^{2+}，其次为 Cu^{2+}、Zn^{2+}、Al^{3+}、Fe^{3+} 等，因而矿物种类有限。目前在地壳中发现有20余种钨矿物和含钨矿物，如表1-1所示，即黑钨矿族：钨锰矿、钨铁矿、黑钨矿；白钨矿族：白钨矿（钙钨矿）、铜白钨矿；钨华类矿物：钨华、水钨华、高铁钨华、钇钨华、铜钨华、水钨铝矿；不常见的钨矿物：钨铅矿、斜钨铅矿、钼钨铅矿、钨锌矿、钨铋矿、锑钨烧绿石、钛钇钍矿（含钨）、硫钨矿；等。

表1-1　目前自然界中已发现的钨矿物

矿物名称	分子式	矿物名称	分子式
黑钨矿（钨锰铁矿）	$(Fe,Mn)WO_4$	钨铅矿	$PbWO_4$
白钨矿（钨酸钙或钙钨矿）	$CaWO_4$	斜钨铅矿	$PbWO_4$
钨铁矿	$FeWO_4$	钨锌矿	$(Zn,Fe)WO_4$
钨锰矿	$MnWO_4$	钨铋矿	$Bi_2O_3 \cdot WO_3$
钼白钨矿（钼钨钙矿）	$Ca(Mo,W)O_4$	水钨铝矿	$Al(OH)_2(WO_4)_2 \cdot 2H_2O$
铜白钨矿	$(Ca,Cu)WO_4$	钨华	H_2WO_4
蓟县矿	$Pb(W,Fe)_2(O,OH)_7$	水钨华	$H_2WO_4 \cdot H_2O$
辉钨矿	WS_2	高铁钨华	$Fe_2O_3 \cdot WO_3 \cdot 6H_2O$
钨钼铅矿	$Pb(W,Mo)O_4$	铜钨华	$CuWO_4 \cdot H_2O$
钼钨铅矿	$3PbWO_4 \cdot PbMoO_4$	钇钨华	$YW_2O_6(OH)_3$

尽管自然界已发现的钨矿物和含钨矿物有20余种，但其中具有经济开采价值的只有黑钨矿（钨锰铁矿）和白钨矿（钙钨矿）。黑钨矿（Fe,Mn）WO_4中$w(WO_3)$= 76%；白钨矿 $CaWO_4$中$w(WO_3)$= 80.6%。其他诸如钨华 $WO_3 \cdot H_2O$、铜钨华 $CuWO_4 \cdot H_2O$、钨铅矿 $PbWO_4$、钨钼铅矿（Pb,Mo）WO_4等无太大工业价值。主要钨矿物的物理性质见表1-2。

表1-2 主要钨矿物的物理性质

种类	钨铁矿	钨锰矿	钨锰铁矿	白钨矿
韧性	脆	脆	脆	脆
硬度	5~5.5	5~5.5	5~5.5	5~5.5
密度/$kg \cdot m^{-3}$	5900~6200	7100~7500	7200~7500	6800
磁性（比磁化率）	弱磁性（12）	弱磁性（8）	弱磁性（10）	无磁性（0.013）
颜色	黑色	褐红色	褐红及黑色	灰色、白色

（1）黑钨矿（（Fe,Mn）WO_4）。颜色有暗灰、淡红褐、淡褐黑、发褐及铁褐等颜色；半金属光泽、金属光泽及树脂光泽。通常为叶片状、弯曲片状、粒状和致密状，也有的呈厚板状、尖柱状等单斜晶系晶体，常与白色石英一起以脉络的形式充填在花岗岩及其附近的岩石裂缝中。硬度5~5.5，相对密度7.1~7.5，性脆，有弱磁性。黑钨矿是炼钨和制造钨酸盐类的主要原料。三种黑钨矿族矿物的物理化学性质见表1-3。

表1-3 黑钨矿的物理化学性质

物理性质		钨铁矿	黑钨矿	钨锰矿
分子式		$FeWO_4$	$(Fe,Mn)WO_4$	$MnWO_4$
$w(WO_3)/\%$		76.30	76.50	76.60
晶胞参数	a①	4.71	4.79	4.85
	b①	5.70	5.74	5.77
	c①	5.74	4.99	4.98
	β	90°	90°26′	90°53′

① 单位为Å，$1Å = 10^{-10}m$。

（2）白钨矿（$CaWO_4$）。颜色为灰白色，也有黄褐、绿和淡红色等；油脂光泽。属正方晶系，形成双锥状的假八面体或板状晶体，晶面有时可见斜条纹，其中插生双晶者较为常见，也有的晶体呈皮壳状、肾状、粒状和致密块状。硬度4.5~5，相对密度5.9~6.2，性脆，无磁性。受荧光灯照射时，白钨矿可发出浅蓝色荧光。

1.1.2 我国钨矿储量分布及钨矿资源状况

钨在地壳中含量较少，只占地壳重的0.007%左右。世界钨矿资源主要集中于亚洲一带，而我国的钨矿储量占世界总储量的一半以上。我国是产钨大国，钨资源储量520万吨，占世界总储量的65%，产量及出口量均居世界第一，一向被国际称为“钨王国”。全国已探明钨矿储量分布涉及21个省（自治区、直辖市），其中保有储量在20万吨以上的有8个，依次为湖南179.89万吨、江西110.09万吨、河南62.85万吨、广西34.92万吨、福建30.67万吨、广东23.02万吨、甘肃22.29万吨、云南21.66万吨，合计485.39万吨，占全国钨保有储量的91.7%。

湖南、江西、河南三省的钨资源储量居全国前三位，其中湖南、江西两省的钨资源储量占全国的55.48%。湖南以白钨为主，江西以黑钨为主，其黑钨资源占全国黑钨资源总量的42.40%。另外广东、福建及广西等地钨矿也很丰富，矿石的开采品位一般为$w(WO_3)=0.2\%\sim0.5\%$。从全国大行政区分布来看，中南区占全国钨储量的58.2%，居首位，其次是华东区占28%、西北区占4.3%、西南占4.1%、东北区占3.2%、华北区占2.2%。在三大经济地区钨矿储量分布的比例为东部沿海地区占17.1%、中部地区占75.1%、西部地区占7.8%。

中国江西大余，有四百多处星罗棋布的钨矿点，是世界著名的“世界钨都”。我国湖南省郴州柿竹园是个“世界有色金属博物馆”，拥有140多种矿物，其中钨矿储量就占了当前世界总储量的四分之一。中国钨矿储量居世界首位，为国外30多个国家总储量（130万吨）的3倍多。国外钨矿的主要产地是加拿大、俄罗斯和美国。

钨矿是我国的优势矿产资源。现已发现并探明有储量的矿区252处，累计探明储量（WO_3）637.5万吨，其中A+B+C级储量232万吨，占36.4%。钨矿保有储量为529.08万吨，其中A+B+C级储量228.11万吨，占43.1%。

中国钨矿不仅储量居世界第一，而且产量和出口量长期以来也居世界第一，因而被称誉为“世界三个第一”。

1.1.3 我国钨资源特点

我国钨矿床的主要矿床类型。（1）石英脉型黑钨矿床。此类型矿床是我国钨矿的主要类型之一，具代表性的矿床有江西西华山钨矿、大吉山钨矿石英脉型黑钨矿。金属矿物主要为黑钨矿，其次为辉钼矿、辉铋矿、白钨矿、自然铋等。脉石矿物主要为石英，其次为黑云母、方解石等。（2）矽卡岩型白钨矿床。具有代表性的矿床有湖南瑶岗仙钨矿床、新田岭白钨矿床、柿竹园钨矿床、江西荡坪宝山矿床、江西修水香炉山白钨矿床、甘肃塔儿沟矽卡岩型白钨矿床。金属矿物以白钨矿、方铅矿、闪锌矿、黄铜矿、黄铁矿为主，还有少量辉钼矿。脉石矿物为钙铁辉石、萤石、长石、方解石、阳起石、石榴子石、绿泥石等。（3）细粒浸染型矿床。分为花岗岩型、云英岩型和斑岩型三类。代表性矿床为广东莲花山钨矿床、江西阳储岭钨钼矿床等。金属矿物以黑钨矿和白钨矿为主，其次是钨华、锡石、闪锌矿、黄铜矿、绿柱石等。脉石矿物以石英为主，其次为云母、萤石、方解石、叶蜡石等。全国 20 多个大型白钨矿床（白钨为主和含黑、白钨共生矿以及伴生有关的多金属矿床的白钨矿）和 3 个超大型白钨矿床（湖南柿竹园、豫西栾川和闽西行洛坑）。

我国钨资源特点：（1）储量十分丰富，分布高度集中；（2）矿床类型较全，成矿作用多样；（3）矿床伴生组分多，综合利用价值大；（4）富矿少、贫矿多，品位低；（5）开发利用以黑钨矿为主。

我国钨矿资源储量虽然可观，但是无论是单一的黑钨矿床，还是黑白钨混合矿，多数细粒嵌布，极易泥化，表面容易被细粒级脉石矿物污染，失去原有的浮选性能，因此细粒黑钨矿物的回收非常困难，也容易流失。据报道，钨的回收率一般在 45%以下，全世界每年约有五分之一的钨损失在细泥中。钨细泥浮选困难的原因是含有一些易浮的脉石，它们容易泥化，矿泥易浮。这些矿泥进入精矿，不但降低品位，而且影响冶炼。由于细粒矿泥具有质量小、比表面积大等特点，具有较强的药剂吸附力，吸附选择性差，这些均是导致细粒浮选速度变慢、选择性变差、回收率降低、浮选指标明显下降的原因。所以加强对微细粒黑钨矿的综合回收是有效、合理、充分利用黑白钨矿的重要途径，细粒技术的研究则尤显重要[1~5]。

1.2 国内外研究现状与进展

1.2.1 微细粒黑钨矿选矿研究现状

1.2.1.1 微细粒黑钨矿选矿工艺研究现状

黑钨矿主要采用重选的方法，因为黑钨矿和白钨矿的密度比较大，而且采用重选法的优点也是显而易见的，其成本比较低，利于环保，但重选设备处理能力低，细泥回收效果差。磁选和电选在黑钨矿选矿中也有了广泛的应用，主要用于黑钨矿、白钨矿与锡石等矿物的分离。黑钨矿是弱磁性矿物，利用这一点可以把黑钨矿同白钨矿分离，高梯度磁选机和浮选柱的开发和应用为黑钨矿的选矿添加了新的活力。黑钨矿浮选的理论研究和工艺实践有了很大的开发。与重选相比，浮选法也有明显的优点，其设备配置简单，产品质量和回收率高[6]。

王淀佐对 3 种不同的矿泥，给出了 3 种流程和药剂制度。对简单矿石用如图 1-1 所示的流程在弱碱性或中性矿浆中，添加油酸、甲苯胂酸或苯乙烯膦酸作捕收剂，有时油酸作粗选的捕收剂、甲苯胂酸作精选的捕收剂；对较复杂的矿石用如图 1-2 所示的流程，在弱碱性或中性矿浆中粗选；对复杂难选矿石（如与稀土金属磷酸盐矿石的分离等），用如图 1-3 所示的流程在强酸性介质中，用较多的硅氟酸钠[7,8]。

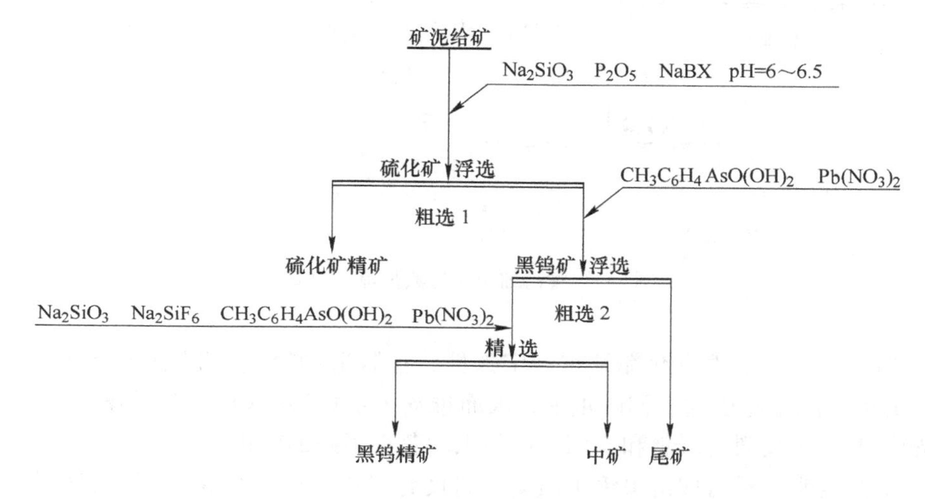

图 1-1 黑钨细泥浮选典型流程（A）

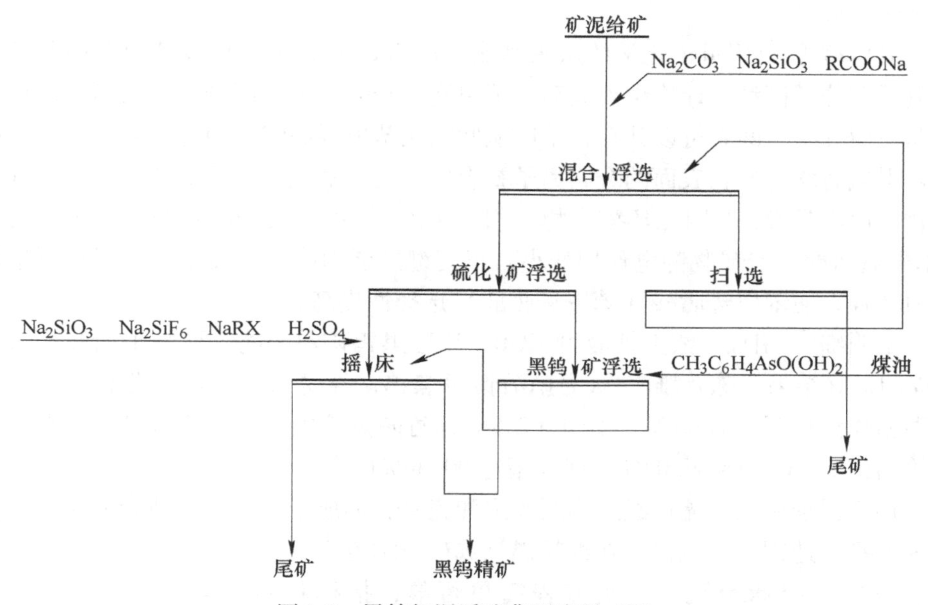

图 1-2 黑钨细泥浮选典型流程（B）

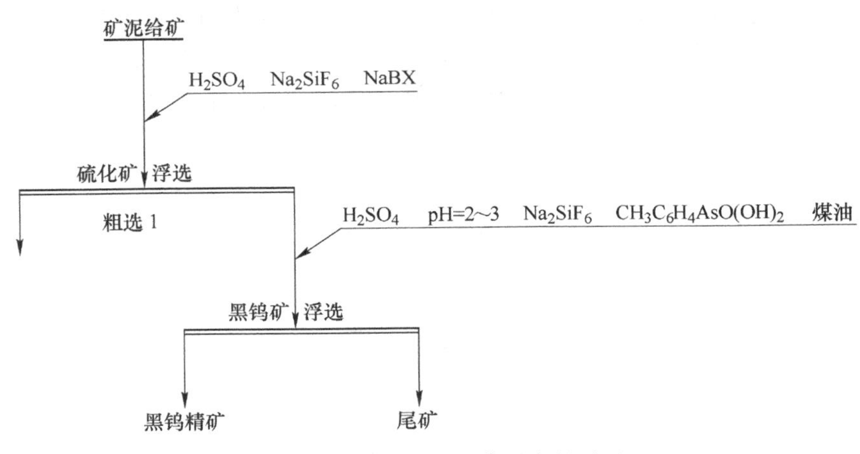

图 1-3 黑钨细泥浮选典型流程（C）

但是，由于上述药剂都具有一定毒性，在制造和使用过程中会造成环境污染，此问题越来越引起人们的重视，因而推动了水杨羟肟酸、萘羟肟酸、苯甲羟肟酸等螯合捕收剂的研制和应用，近年来均获得很好的效果。

实践表明，羟肟酸是黑钨矿的良好捕收剂。高玉德[9]采用以苯甲羟肟酸为主的混合捕收剂，处理柿竹园多金属矿白钨加温精选尾矿，WO_3品位为 1. 74%，经一次粗选、三次扫选、三次精选，能获得 $w(WO_3)>65\%$、回收率大于 90%的闭路试验结果。

夏启斌等[10]用量子化学的从头算法（ab inition 算法）计算苯甲羟肟酸和苯甲氧肟酸分子模型。计算结果表明，苯甲羟肟酸分子为平面分子，而苯甲氧肟酸为非平面分子，两者可以共存，苯甲氧肟酸比苯甲羟肟酸要稳定。当苯甲羟肟酸和苯甲氧肟酸与矿物表面的金属离子螯合时，与金属离子易形成 O，O 五元环螯合物，而不是 O，N 四元环螯合物。相对于乙羟肟酸（乙氧肟酸），苯甲羟肟酸（苯甲氧肟酸）与矿物静电作用变小，正配键的能力降低，接受电子形成反馈键能力增强，使苯甲羟肟酸（苯甲氧肟酸）选择性提高。

王明细[11]用羟肟酸类捕收剂 COBA 浮选黑钨矿单矿物，取得了回收率大于 99%的极好结果。陈万雄[12]认为硝酸铅对黑钨矿浮选有显著的活化作用，采用硝酸铅作活化剂，对 $w(WO_3)=1.62\%$的柿竹园黑钨细泥进行浮选试验，获得了黑钨精矿 $w(WO_3)=66.04\%$、回收率达 90. 36%的良好效果。

钨细泥选矿工艺流程经过不断改进和完善，形成了几种基本适合矿山特性的较为成熟的选别工艺流程，在细粒黑钨选矿技术方面主要的选矿工艺有[13,14]：

（1）全摇床流程。这类流程简单可靠，指标稳定，但回收率低，小于 0. 037mm 的钨几乎不能回收。

（2）分级—摇床—离心选矿流程。细泥浓缩分级后，粗粒用摇床回收，细粒用离心机回收，弥补了全摇床流程的缺陷，但是离心机的富集比比摇床低。

（3）湿式强磁—浮选流程。黑钨有弱磁性，细泥浓缩后，用湿式强磁选进行选别，得到的强磁精矿经过脱硫化矿后，再进行黑钨浮选，可以获得高品位的精矿，回收率60%以上，比直接浮选黑钨细泥，药剂用量大幅度减少，具有流程短、操作简单的优点。但是大部分硫化矿进入磁选尾矿，对于不含硫化矿和白钨高的矿石，会造成资源浪费。

（4）脱硫—离心选矿—脱硫—浮选（磁选）流程。该流程先脱硫，硫化矿尾矿经离心选矿机得到的精矿再次脱硫后，进入钨浮选或湿式强磁，该流程回收率较高，但是对离心机的操作参数要求高，富集比比摇床低，大于-0.074mm 的粒级回收率比摇床低。

随着细粒黑钨矿浮选研究的不断深入，科研工作者推出了许多新的浮选工艺如选择性絮凝、载体浮选、剪切絮凝浮选、油聚团浮选工艺，此外还有两液浮选等，在这些浮选新工艺中，由于许多因素的缺陷，大部分工艺都处于实验室研究阶段，还需要研究者的不断完善后，才能应用到工业生产中。

邓丽红等[15]对 $w(WO_3)=0.21\%\sim0.36\%$，-0.043μm 粒级含量 77.47%的原次生钨细泥进行了浮选—重选、重选预富集—浮选—重选、重选预富集—浮选—磁选—重选的选矿工艺流程研究，3 种流程均可获得 $w(WO_3)=46.74\%\sim55.38\%$ 的白钨浮选精矿和 $w(WO_3)=36.62\%\sim38.76\%$ 的黑钨精矿，回收率分别为 29.82%~47.14%、19.24%~32.51%。采用重选预富集—浮选—重选联合流程更适合于处理该钨细泥。

钟能[16]针对大吉山钨矿的原次生细泥处理流程进行了改造，应用浮选流程代替重选最终精矿品位达到51%左右，回收率达到70%以上，取得了较好的试验结果。

林鸿珍[17]针对漂塘钨矿选厂黑钨细泥生产流程现状，对钨细泥处理工艺进行了改进，增加了磁选—重选流程为主的磁选—浮选—重选细泥回收工艺，使钨细泥精矿品位提高 10%，细泥回收率提高 25%。

周晓彤等[18]针对江西某矿黑白钨细泥进行了浮选回收工艺研究，采用 Na_2CO_3、改性 Na_2SiO_3 和 $Pb(NO_3)_2$ 作调整剂，TA-4 作捕收剂对黑白钨矿进行粗选，然后加温精选分离，其泡沫经酸浸获得白钨精矿，加温精选尾矿经摇床选别获得黑钨精矿。试验结果表明：Na_2CO_3 的合理添加直接影响黑白钨混合浮选的选别效果；采用新型选钨捕收剂 TA-4 是提高钨选别指标的关键，精选中加入 NTA 有利于白钨矿与黑钨矿的分离。当钨细泥给矿品位为 0.2%时，可获得 $w(WO_3)=59.55\%$、回收率 47.21%的白钨精矿，$w(WO_3)=36.62\%$、回收率 19.53%的黑钨精矿，钨精矿的平均品位为 50.60%、总回收率为 66.74%。

高玉德[19]从黑钨细泥浮选剂作用机理入手，在矿浆中以硝酸铅为活化剂，硅酸钠、硫酸铝等为组合抑制剂，苯甲羟肟酸与塔尔皂为组合捕收剂，当给矿品位为1.62%，采用一次粗选、三次精选和三次扫选工艺流程，可获得$w(WO_3)=$66.04%、回收率90.36%的黑钨精矿。

韦大为[20]曾对微细粒（-0.015mm）黑钨矿-石英人工混合矿进行了油团聚分选。在质量浓度为11%、pH=7.3的矿浆中，依次添加活化剂$FeCl_3$、捕收剂NaOL以及燃料油，进行油团聚分选。给矿品位为6.83%，可获得$w(WO_3)=$70.65%、回收率91.62 %的黑钨精矿。

李平[21]针对某选厂原细泥生产流程现状，通过小型试验，对其钨细泥处理工艺进行了改进和完善，增设了以磁选—重选流程为主体的磁选—浮选—重选细泥回收工艺，通过技术改造、调试并投入生产使用后，使钨细泥精矿品位提高19.68%，细泥作业回收率提高29.71%。

林培基[22]确定了“脱硫—离心机—浮钨—磁选”的钨细泥精矿回收工艺流程，获得钨细泥精矿$w(WO_3)=62.08\%$、作业回收率66.36%的理想指标，并获得较好的经济效益。

周晓彤[23]根据钨细泥的矿石特性，采用重—浮—重联合流程回收钨，即先用离心选矿机脱除部分微细粒级可浮性较好的轻矿物，再进行黑白钨混合浮选。经加温浮选获得白钨精矿及摇床重选获得黑钨精矿。在钨细泥$w(WO_3)=0.33\%$时，获得$w(WO_3)=55.38\%$、回收率29.82%的白钨精矿，$w(WO_3)=38.76\%$、回收率32.55%的黑钨精矿，总钨平均品位为45.26%，总钨回收率为62.37%的选别指标。

方夕辉[24]用苯甲羟肟酸与731组合使用，既能有效回收黑钨矿，也能回收白钨矿，在pH=7~8的条件下，钨的回收率达到86.01%，比常规的重选方法提高20%以上。

北京矿冶研究总院采用亚硝酸基苯铵盐系列捕收剂，对柿竹园矿采用常温浮选，一次粗选、五次精选、二次扫选的闭路浮选流程试验，获得黑白钨混合精矿$w(WO_3)=62.40\%$，钨的回收率为84.77%。广州有色金属研究院采用苯甲羟肟酸螯合捕收剂对黑钨细泥进行浮选，当钨细泥给矿品位为1.94%时，获得钨精矿$w(WO_3)=52.77\%$、回收率为68.32%的工业试验指标。

对湖南瑶岗仙钨矿的钨细泥采用高梯度磁选机一次粗选、一次精选、二次扫选的磁选流程试验，当给矿品位为0.43%时，获得精矿品位21.89%，钨细泥回收率为77.11%。研究成果表明，高梯度磁选机用于黑钨细泥选别是可行的，特别对小于0.01mm的微泥回收效果更是优于其他选别方法。柿竹园矿应用CF法浮选获得$w(WO_3)=62.41\%$的黑、白钨混合精矿，经弱磁—高梯度磁选工艺进行黑、白钨分离，获得磁选黑钨精矿品位为66.16%，黑钨矿的总回收率达 81.06%[25]。

戴子林[26]用苯甲羟肟酸为主的混合捕收剂 BH 与组合抑制剂 AD 配合使用，可使细粒黑钨矿与萤石、方解石等含钙矿物有效分离，对于 $w(WO_3)=1.94\%$、$w(CaF_2)=60.35\%$、$w(CaCO_3)=9.77\%$的给矿，经一粗三扫五精流程选别，可获得 $w(WO_3)=52.77\%$、作业回收率 68.32%的浮选黑钨精矿。

邓丽红[27]采用重选预富集—浮选—重选联合流程钨原次生细泥取得较好的选矿指标。

常祝春[28]采用磁—浮—重黑钨细泥选矿新工艺进行工业试验，解决了从加温细泥尾矿中回收细粒黑钨矿的浮选技术和选矿工艺的难题。

朱建光[29]论述了几组混合捕收剂在浮选黑钨和锡石细泥中的协同效果，研究协同效应的机理结果表明协同效应的正、负与各个捕收剂在矿物表面的吸附能力、可溶性、浓度比及加药顺序等因素有关，当混合捕收剂分子间形成复合半胶团时，就发生协同效应。

朱一民[30]用萘羟肟酸浮选黑钨细泥，在给矿的黑钨品位为 1.34%、-0.01mm物料占 30%时，经浮选富集，可获得 $w(WO_3)=19.91\%$、回收率 87.17%的黑钨精矿。

陈万雄[31]研究表明硝酸铅对黑钨矿浮选有显著的活化作用，采用硝酸铅作活化剂，对 $w(WO_3)=1.62\%$的柿竹园黑钨细泥进行浮选试验，可获得 $w(WO_3)=66.04\%$、回收率 90.36%的黑钨精矿。

黄光耀等[32]针对湖南安化湘安钨业公司白钨浮选尾矿中微细粒级未能在浮选机中有效分选的特点，研发了一种微泡浮选柱，浮选柱采用微孔材质发泡，并利用专家系统控制浮选柱关键工作参数。工业试验获得的精矿品位可达 24.52%，回收率为 43.41%，富集比达 35.03。水析试验结果表明：0.005～0.01mm、0.01～0.019mm、0.019～0.038mm 粒级的回收率均达到 65%以上。试验测得的浮选柱内气泡的 Sauter 直径为 0.4mm，仅为机械搅拌浮选机气泡的 1/3，气泡直径减小是浮选柱能有效回收微细粒级白钨矿的主要原因。

1.2.1.2 微细粒黑钨矿和钨细泥回收存在的主要问题

（1）工艺流程不完善。细泥矿物组成比较复杂，重矿物种类、黑白钨矿所占比例、脉石矿物性质及开采矿体矿物特性变化等因素，都对选矿产生一定的影响。应根据黑白钨细泥原料性质，研究制定合适的细泥选别工艺流程，并加强选矿试验研究工作，及时调整工艺设备和工艺参数。

（2）技术检测工作重视不够。目前有些选厂对细泥的检测工作重视不够，如细泥原矿计量测定频率很低，不能准确反映细泥矿量，以致造成生产指标往往偏高，表现在流程测定的指标低于生产指标 10%左右，掩盖了细泥选别中的问题。

(3) 细泥归队和浓缩工作须加强。细泥归队和浓缩是提高钨细泥选别指标的一个重要环节。如粗选段、重选段分级脱泥效果差，细泥归队率低，细泥混入重选段选别回收效果差，浓密机的浓缩效果差，将造成溢流金属损失。

(4) 对微细粒级钨矿物回收重视不够。由于钨细泥回收难度大，金属量所占比例不大，相对成本较高，加之销售价格相对较低，采取被动回收方式，能收多少收多少，这也是造成细泥回收率不高的重要原因之一。

(5) 新型细泥选矿药剂和高效选矿设备得不到应用。离心选矿机是一种良好的细泥粗选设备，皮带溜槽是一种良好的细泥精选设备。离心选矿机具有生产能力大、回收粒度下限低、选别指标好的优点，但对操作管理要求严格，给矿量和给矿浓度要恒定才能更好地发挥设备性能，而实际生产中往往因管理不细，不能保证设备处于最佳状态，甚至发生故障后也未能及时排除，以致大量金属流失。新型高效的选矿药剂得不到推广应用，资金投入不足影响设备更新改造，也是有碍细泥回收率提高的重要因素。

(6) 钨细泥中微细粒矿物损失大。应该开发适合于微细粒级钨和钨细泥回收的新工艺、新药剂和新设备，提高微细粒级的回收[33]。

根据钨矿山钨细泥选矿工艺现状，通过分析钨细泥回收存在的主要问题，提出微细粒钨选矿和细泥回收过程中的建议。

(1) 加强钨细泥的技术检测工作。通过钨细泥的技术检测工作及时准确地反映细泥选别的状况和金属流失动向。有必要对细泥选别流程进行流程测定，掌握原、次生细泥的矿量、品位、粒度组成、矿物组成和伴生有价金属含量。

(2) 严格控制分级脱泥措施。严格控制分级脱泥措施，提高粗选段、重选段脱泥螺旋分级机和水力分级箱分级效率，从而提高细泥的归队率。强化脱粗脱渣，为细泥浓缩、分选创造条件。合理用水提高浓缩前原、次生细泥的矿浆浓度，使浓密机溢流金属损失降低。

(3) 完善微细粒级钨矿和钨细泥回收工艺流程。应根据微细粒级钨和钨细泥原料性质，进行必要的试验研究工作后，对工艺流程进行技术改造。

(4) 推广应用适合于微细粒级钨和钨细泥回收的高效设备和药剂。采用离心选矿机强化现有的细泥粗选流程，它具有流程简单、相对生产能力大、回收指标较高等优点；SLon 立环脉动高梯度磁选机具有处理能力大、有效回收粒度细、操作管理简单、回收率高等优点，特别适合于白钨、锡石含量少的黑钨细泥粗选；浮选柱能强化回收微细粒级钨，提高钨资源综合利用率。根据不同原矿性质，在选矿试验研究基础上，进行工艺流程技术改造，加强高效选矿设备和选矿药剂在微细粒级钨回收中的推广应用，有利于提高钨选别综合回收指标。

(5) 采用选—冶相配工艺提高钨综合利用率。通过降低选别精矿品位直接制取仲钨酸铵，打破选矿、冶金截然分开，统一精矿标准模式，选择合理的选矿和冶金接合点，既可使钨细泥综合利用率提高，又能获得较好的综合经济效益。

1.2.1.3 微细粒黑钨矿选矿的展望

加强对微细粒黑钨矿的综合回收是有效、合理、充分利用黑钨矿的重要途径，细粒技术的研究则尤显重要，一直是钨矿选矿的重要课题之一。对低品位细粒级的黑钨矿和贫、细、杂黑、白钨混合型矿床中微细粒黑钨的回收，以及石英岩型黑钨矿在选矿中产生的细泥回收，必须开发新技术、新工艺和新设备来综合回收利用钨矿资源。根据目前国内外对微细粒的矿物选矿的研究成果，应加强下列技术的应用和研究。

（1）冶炼技术的进步，使得黑白钨在选矿厂无需分离。开发低污染、低成本的黑白钨矿的高效捕收剂和与之相对应的调整剂，已经成为目前钨选矿的方向之一，新药剂的研究和推广应用是黑钨细泥浮选工业发展的关键。

（2）随着钨矿资源的不断枯竭，研究开发高效回收细粒级黑钨的浮选设备和工艺的研究至关重要，如推广高梯度磁选机，引进高效易用细泥选别新设备和能强化细粒高效回收的浮选柱，对整个流程优化，形成高效回收细粒黑钨的选矿新流程。

（3）采用选—冶联合流程，可以通过细泥选矿获得品位适当的细泥精矿直接制取仲钨酸铵，提高了细泥的回收率，又获得较好的综合经济效益。简单有效的钨湿法冶金技术已成为钨选矿的发展趋势之一。

（4）细粒级的黑钨矿用重选法回收难度大、回收率低，用浮选法可以大幅度提高回收率，全流程浮选法处理细粒黑钨是今后工艺发展的方向之一。

（5）载体浮选和选择性絮凝处理黑钨细泥新工艺的研究应加大力度。

（6）细粒钨浮选药剂的理论研究远远落后于实践应用，对药剂组合的规律性、组合药剂间的协同效应及药剂与矿物的作用机理仍需进行进一步研究，开发出针对黑钨细粒高效浮选的特效浮选药剂。

（7）对于复杂难选的多金属黑白钨矿中细粒钨和钨细泥的回收，通常采用的是几种选矿方法相结合，选矿流程很长，针对微细粒级浮选开发短流程高效浮选新工艺也具有非常重要的现实意义。

1.2.2 黑钨矿表面性质和可浮性研究

矿物的表面特性具有复杂性，表面原子键的断裂、表面电荷、表面离子种类、离子半径、表面元素的电负性、极性、表面自由能、表面剩余能、表面不均匀性、表面积、表面溶解性以及表面结构和化学组成等表面特性对矿物可浮性产生直接的影响，利用或改变矿物表面的某些特性能有效分选目的矿物、改善浮选效果[34~36]。因此，研究矿物的表面特性对钨矿的高效回收有重大意义。主要研究集中在黑白钨矿表面键的断裂、表面化学组成、表面异向性、表面电性以及表面溶解组分对钨矿可浮性的影响几个方面。

1.2.2.1 黑钨矿表面键的断裂与可浮性

研究表明矿物表面阳离子质点的性质决定水分子与药剂分子在矿物表面的吸附行为[37]。在黑钨矿类质同象系列中，由于铁、锰可以无限制地互相取代，其构造的物化特性也会发生很大变化，从而影响黑钨矿的可浮性[38,39]。

李云龙[51]研究了黑钨矿的晶体构造与可浮性的关系，通过对黑钨矿晶体构造的讨论，定量地解释了黑钨矿润湿性存在各向异性的原因，黑钨矿在捕收剂油酸钠溶液中疏水性顺序为（001）>(010)>(100)。根据 YSD 静电模型计算，得出 $MnWO_4$的理论零电点为 2.75、$FeWO_4$的理论零电点为 1.95。钨锰矿比钨铁矿具有更低的负电位，可浮性钨锰矿优于钨铁矿。

王淀佐、胡岳华[40]等对黑钨矿的 Mn/Fe 比大小与可选性的关系进行了大量研究工作，研究结果均表明：黑钨矿类质同象系列的可浮性为钨锰矿>钨锰铁矿>钨铁矿；在黑钨矿颗粒表面，Fe^{2+}的晶体场稳定能大于 Mn^{2+}，是较迟钝的离子，捕收剂主要与黑钨矿表面的 Mn^{2+} 发生化学反应。Mn^{2+} 与捕收剂形成络合物的能力决定了黑钨矿的吸附及浮选行为，因而 Mn/Fe 比高的黑钨矿吸附捕收剂的能力较大，可浮性更好，Mn^{2+}对黑钨矿的活化作用优于 Fe^{2+}。

乔光豪[41]借助人工合成矿物 $MnWO_4$和 $FeWO_4$为研究手段，通过四种不同 Mn/Fe 比的天然黑钨矿在油酸、辛基羟肟酸两种类型捕收剂作用下的浮选实验，研究了黑钨矿的可浮性以及黑钨矿表面的锰、铁质点和不同捕收剂之间的关系，探讨了表面锰、铁质点与捕收剂作用的配位化学机理。认为黑钨矿的可浮性与其 Mn/Fe 比有关，且因捕收剂性质的不同，表面锰、铁质点起各不相同的作用。在中性、碱性溶液中，油酸、辛基羟肟酸易与表面锰质点作用，表现出 Mn/Fe 比高的黑钨矿可浮性更好；在酸性溶液中，捕收剂易与形成配合物能力更强的 Fe^{2+}作用，表现出 $FeWO_4$的可浮性高于 $MnWO_4$。

李毓康[42]等通过对捕收剂性质等深入研究，从浮选溶液化学的原理出发，认为黑钨矿浮选活化中心与捕收剂性能有关，当捕收剂在酸性介质中表现出较强捕收能力时，活化中心为 Fe^{2+}及其羟基络合物；当捕收剂在中性、碱性介质中具有较强捕收能力时，起主要活性中心作用的是 Mn^{2+}，含锰高的钨矿物可浮性好。

Cooper 等[43]研究发现，白钨矿表面钙质点易与水分子中的氧发生作用，从而形成很强的离子键。Kundu 等[44]指出脂肪酸类捕收剂捕收含钙矿物硅灰石时，矿物表面钙活性点与脂肪酸基团中的双键氧最先成键。表面活性质点钙的密度、质点未饱和配位键是影响白钨矿可浮性的一个关键因素。

1.2.2.2 黑钨矿表面的化学组成与可浮性

矽卡岩型白钨矿石中，白钨矿常与萤石、方解石及石榴子石等含钙矿物共伴生。由于都是含钙矿物，且其表面物理化学性质相似，白钨矿难以与其有效分离。近年来，一些学者通过改变或调整矿物表面化学组成，可以解决这一难题[45]。于洋[46]在白钨矿与含钙矿物可浮性研究时发现，矿物晶体结构中 Ca—X 强度较弱的其他含钙矿物，其表面 Ca^{2+}容易与络合调整剂作用生成可浮性差的络合物，并覆盖其表面，达到改变其他含钙矿物的表面化学组成的目的，实现白钨矿与其他含钙矿物的选择性分离。

一些调整剂可以在目的矿物表面吸附，改变其表面化学组成，促进捕收剂在矿物表面的吸附。陈万雄[47]通过对硝酸铅活化黑钨矿浮选的研究，发现铅离子在黑钨矿表面产生特性吸附，提高黑钨矿表面的 ζ 电位，在黑钨矿表面形成以 Pb^{2+}、$Pb(OH)^+$为中心的活性区，从而促进捕收剂在黑钨矿表面的吸附，起到活化黑钨矿浮选的作用。

1.2.2.3 黑钨矿的异向性表面与可浮性

在外力作用下，矿物晶体会沿着一定的结晶方向断裂，裂出的光滑平面称为解理面，解理面通常生成于化学键合强度最弱的方位，一般与层间距较大的面、阴阳离子电性中和的面和两层同号离子相邻的面方向平行[48,49]。其中一些解理面表现出异向性，矿物的异向性表面主要分成两大类：（1）疏水性表面，由范德华键断裂形成的表面；（2）亲水性表面，由离子键或共价键断裂形成。在每一大类中，某些矿物的表面疏水或亲水的能力大小也有差异，其异向性表面的比例能对矿物的可浮性产生直接的影响[50]。

黑钨矿不同解理面疏水性存在各向异性。研究表明：黑钨矿（001）、（010）和（100）3 个单位晶面上断裂的（Fe,Mn)—O 键数不同，分别为 0.650、0.626 和 0.417。在捕收剂油酸钠溶液中三者疏水性大小顺序为（001）>（010）>（100）[51]。高志勇[52]在研究白钨矿和方解石的断裂键差异及其对矿物解理性质和表面性质的影响过程中，运用 Materials Studio 软件构建了白钨矿和方解石的晶胞，并依此计算了白钨矿和方解石晶面的断裂键密度、常见解理面、表面钙活性质点密度和活性质点的未饱和键密度，分析得出白钨矿晶体的常见解理面为（001）、（101）和（111），各晶面的疏水性顺序为（001）>（101）>（111）。实际矿石浮选中，可以通过磨矿、添加浮选药剂等方式增加疏水性强的晶面、减少亲水性强的晶面来提高钨矿物对捕收剂的吸附，促进目的矿物的浮选[53]。

1.2.2.4 黑钨矿表面电性与可浮性

黑钨矿表面电性是影响矿物浮选分离的一个重要因素。在黑钨矿的浮选过程中，研究黑钨矿表面电位、动电位以及与捕收剂作用后双电层的变化，能更好地控制浮选过程。黑钨矿表面电荷主要有优先解离（或溶解）、优先吸附、吸附和电离及晶格取代4种类型[54,55]。黑钨矿、白钨矿作为离子型矿物，表面荷电主要是由于在水中表面正、负离子的表面结合能及受水偶极的作用力（水化）不同而产生非等向量向水中转移的结果，使矿物表面荷电。且矿物表面ζ电位随介质pH值变化而变化，矿物可浮性也随着改变，主要体现在大部分矿物浮选回收率与介质pH值呈函数关系，韩兆元研究了黑钨矿表面电性随pH值的变化，做出了黑钨矿在蒸馏水中ζ电位与pH值的关系图。

黑钨矿与捕收剂作用时动电位变化结果表明：当$6.5<pH<9.5$时，黑钨矿的浮选效果最佳[56]。此区间内，黑钨矿表面负动电位相对较小，为“近零区域”，定位离子为Mn^{2+}、Fe^{2+}，既有利于捕收剂的静电力吸附，也有利于捕收剂与Mn^{2+}、Fe^{2+}的化学键合作用。黑钨矿浮选过程中，过高或过低的pH值环境都会导致捕收剂的捕收能力降低，或表面负动电位过高，反而恶化了黑钨矿浮选效果。

1.2.2.5 黑钨矿表面溶解组分与可浮性

矿物尤其是盐类矿物在水或溶液中溶解，溶解组分与矿物表面、浮选药剂作用，从而对矿物表面的物理化学性质、分散聚集状态以及浮选行为产生影响，此外，溶解度大小也是影响矿物浮选的因素之一[57~59]。王淀佐等[60]通过对黑钨矿的浮选溶液化学体系分析认为：在pH<IEP时，Mn^{2+}、Fe^{2+}会大量从黑钨矿表面溶解，表面的定位离子为$[Mn(OH)]^+$、$[Fe(OH)]^+$、HWO_4^-；$[Mn(OH)]^+$和$[Fe(OH)]^+$大于HWO_4^-，黑钨矿表面带正电，但捕收剂没有解离，不利于静电力吸附的阴离子捕收剂对其作用；IEP<pH<6.5时，表面负动电位出现一个峰值，主要是HWO_4^-和$[WO_4]^{2-}$大于$[Mn(OH)]^+$，HWO_4^-随pH值增大而先升高后下降。黑钨矿表面的高负电以及定位离子$MnOH^+$、$FeOH^+$、HWO_4^-都不利于捕收剂的静电力吸附和化学吸附；$6.5<pH<9.5$时，Mn^{2+}、Fe^{2+}从表面溶解量大大减少，但Mn^{2+}、Fe^{2+}比WO_4^{2-}水化能更大而易于从表面溶解，矿物表面负电性低，Mn^{2+}、Fe^{2+}为定位离子，有利于捕收剂的静电力吸附及与定位离子的化学键合作用；pH>9.5时，黑钨矿与OH^-会生成$Mn(OH)_2$、$Fe(OH)_2$沉淀，WO_4^{2-}为定位离子，表面负动电位急剧增大，导致捕收剂难以吸附。根据同种方法分析得出白钨矿的饱和溶液中溶解组分对矿物表面动电位以及可浮性的影响：随着pH值的变化，白钨矿表面的Ca^{2+}溶解后浓度，以及新生成的$CaOH^+$、HWO_4^-等离子浓度也随之发生改变，进而影响矿物表面电性以及定位离子，导致白钨矿的可浮性发生改变。

黑白钨矿与伴生矿物浮选分离一直是世界上公认的选矿难题之一，通过研究黑白钨矿和伴生矿物的表面性质与可浮性之间的关系，有助于找出难选矿物之间差异最大的性质，对浮选分离难选矿物有重要的指导意义[61,62]。随着科学技术的发展，分子轨道理论、量子化学等基础理论应用到了矿物表面性质的研究领域中，大大丰富了矿物的表面特性及其理论。除了 X 射线电子能谱、扫描电镜、紫外光谱、红外光谱等传统测试技术外，Materials Studio 软件模拟计算技术、电子背散射衍射技术（EBSD）[63]等也开始应用于矿物表面性质的分析，能更深入研究钨矿的表面特性，为微细粒黑白钨矿的高效回收创造了条件。

1.2.3　界面作用调控强化矿物浮选的研究

杨久流等[64~67]研究了 Ca^{2+}、Mg^{2+} 对黑钨矿选择性絮凝的影响，结果表明：Ca^{2+}、Mg^{2+} 均通过降低颗粒表面 ζ 电位而使微细矿粒之间产生凝聚或互凝，分选前应添加适宜的调整剂控制矿浆中 Ca^{2+}、Mg^{2+} 的不良影响；矿浆中 Ca^{2+}、Mg^{2+} 的含量显著影响黑钨矿选择性絮凝效果，添加适量的 Na_2CO_3 可克服矿浆中 Ca^{2+}、Mg^{2+} 的不良影响；在含有 Ca^{2+}、Mg^{2+} 的配水中，添加适量的 Na_2CO_3 作调整剂、六偏磷酸钠作分散剂、FD 为絮凝剂，可实现黑钨矿与人工混合矿中 4 种脉石矿物的选择性絮凝分离。

罗家珂[68]研究发现 FD 对微细粒级黑钨矿具有良好的选择性絮凝特性，不影响微细粒级黑钨矿选择性絮凝的前提下，六偏磷酸钠对含钙矿物具有选择性分散的特性。添加微细粒级磁铁矿，可以使黑钨矿与磁铁矿形成复合聚团，增大聚体粒度，强化分选过程。

刘旭[57]对微细粒白钨矿浮选行为研究的结果表明：微细粒白钨矿、萤石和方解石在油酸钠溶液中发生较强的聚团作用，而在硅酸钠和草酸的混合溶液中颗粒呈分散状态。中性和弱碱性时，在混合抑制剂和油酸钠的共同作用下，微细粒白钨矿颗粒发生聚团；微细粒萤石、方解石颗粒间呈分散状态；微细粒白钨矿和萤石、方解石颗粒之间皆存在较高的势垒，体系呈分散状态。

杨井刚[69]对微粒黑钨矿选择性絮凝—浮选研究结果表明：选择性絮凝—浮选工艺处理微粒黑钨矿是十分有效的，对黑钨矿与石英人工混合矿进行分离，获得了钨精矿品位（WO_3）57%、回收率 75%的选矿指标，与常规浮选相比，钨精矿品位提高 9%，回收率提高 20%。并对絮凝剂在黑钨矿表面的键合形式、絮凝剂与捕收剂在黑钨矿表面及溶溶液中的相互作用、絮凝—浮选过程中黑钨矿的粒度变化进行了研究，提出了絮凝剂与捕收剂在黑钨矿表面的吸附模型。

邱显扬[70]考察了4种捕收剂GYB、NaOL、HPC、731及其组合使用对黑钨矿单矿物的浮选作用规律，通过黑钨矿表面润湿性测试、表面电性测试、颗粒间的相互作用研究，探讨了组合捕收剂对黑钨矿颗粒间相互作用的影响。应用EDLVO理论计算的不同捕收剂体系下黑钨矿颗粒间相互作用势能，结果表明：捕收剂组合使用能对黑钨矿浮选产生正协同效应，不仅能提高对黑钨矿的捕收能力，还能拓宽黑钨矿的浮选pH区间。经组合捕收剂作用后的黑钨矿颗粒间相互作用总势能为负值，说明黑钨矿颗粒间更易形成疏水聚团，有利于黑钨矿的上浮。黑钨矿疏水聚团照片显示，经组合捕收剂作用后，黑钨矿疏水聚团更大、更紧密。

韩兆元[56]针对云南马关钨矿的黑、白钨矿混合浮选中，细粒黑钨矿流失严重的问题，采用GYB与ZL为组合捕收剂浮选黑白钨，获得了较理想的指标。黑钨矿表面性质测试结果表明：组合捕收剂的加入使黑钨矿表面动电位负移；经组合捕收剂作用后，黑钨矿接触角增大，疏水性增强。黑钨矿精矿的偏光显微镜照片显示，经组合捕收剂作用后黑钨矿疏水聚团更大、更紧密。应用EDLVO计算的黑钨矿颗粒间相互作用势能表明：经组合捕收剂作用后的黑钨矿颗粒在0~16.25nm之间时，相互作用势能总为负值且最小，易形成疏水聚团。

于洋[71]研究表明柠檬酸可作为黑钨矿与其他含钙矿物分离的选择性调整剂，柠檬酸的加入对黑钨矿可浮性影响不大，能使其浮游速度略有降低，而白钨矿与萤石的可浮性及浮游速度随柠檬酸用量的增加逐渐降低。在适当的浮选条件下，柠檬酸不仅能扩大黑钨矿与其他矿物可浮性之间的差异，而且能扩大其浮游速度之间的差异。选择性抑制机理为：柠檬酸在黑钨矿表面吸附并不牢固，难以阻碍苯甲羟肟酸在其表面吸附；柠檬酸能选择性络合白钨矿与其他含钙矿物表面Ca^{2+}，导致矿物表面与捕收剂作用的活性质点减少，使矿物浮游受到抑制。

钟传刚[72]研究了黑钨矿浮选体系中金属离子的作用，Pb^{2+}能极大地促进BHA在矿物表面的吸附，添加Pb^{2+}后苯甲羟肟酸在黑钨矿表面的吸附方程符合Freundlich吸附方程；Pb^{2+}的活性组分改变了黑钨矿表面Mn质点的化学环境，Mn质点的反应活性提高，成为黑钨矿表面主要的活性质点，与苯甲羟肟酸发生螯合，生成羟肟酸锰盐。

朱阳戈[73]研究了0~0.02mm微细粒钛铁矿浮选中的自载体作用及机理，结果表明：钛铁矿浮选中粗细粒交互作用受二者相对含量影响显著，粗粒载体比例达50%以上时体现出良好的自载体作用；在该浮选体系中，载体作用对载体粒度并不敏感，0.02~0.1mm粒级可不经分级直接作为载体；以载体浮选工艺处理攀枝花难处理微细粒钛铁矿实际矿石，与细粒矿物单独浮选相比，0~0.02mm粒级钛铁矿回收率由 52.56%提高到 61.96%。调浆前后的矿浆粒度分析及颗粒间相互作用计算表明，捕收剂在矿物表面吸附产生疏水力，从而使部分细粒黏附于载体，改善了矿浆粒度组成，优化了浮选环境。

邓传宏[74]研究硅酸钠对微细粒钛铁矿、钛辉石的抑制与分散性能的结果表明：pH=5.5~7.0 的弱酸性环境下，硅酸钠对钛铁矿与钛辉石的抑制表现出良好的选择性，这是因为硅酸钠与钛辉石间的强烈作用阻碍油酸钠在钛辉石表面的吸附，起到抑制作用。硅酸钠与钛辉石发生化学吸附，而在钛铁矿表面吸附较弱；在弱酸性条件下，由于钛铁矿与钛辉石表面带异相电荷而容易发生异相凝聚，添加硅酸钠使二者表面电位均显负电性，矿粒间静电斥力迅速增大，从而减弱矿粒间的异相凝聚。

张国范[75]研究了钛铁矿与钛辉石的表面溶解行为对其浮选分离的影响，结果表明：弱酸性条件下的表面溶解有利于提高钛铁矿与钛辉石的可浮性差异。在弱酸性条件下，由于钛铁矿与油酸钠的作用以 Fe 为主，而表面溶解有利于其在钛铁矿表面的氧化，使钛铁矿可浮性得到提高；同时，油酸钠与 Ca 和 Mg 的作用导致了钛辉石的可浮选，但表面溶解降低了钛辉石表面 Ca 和 Mg 的含量，使钛辉石可浮性明显下降。原矿 TiO_2品位为 8.41%的钛铁矿，经表面溶解处理后浮选可将粗选精矿 TiO_2的品位由 26.7%提高到 31.73%。

在生物选矿过程中，生物作用主要是发生在矿物表面，利用生物的调节作用使矿物表面电性、疏水性及润湿性等发生改变，有利于矿物的生物加工与处理。微生物在矿物表面产生的界面作用涉及的是复杂的物理化学过程。张东晨[76]对矿物表面与微生物之间的静电引力作用、特性吸附作用、黏附作用和微生物对能源物质需求的作用等进行分析，探讨了微生物对矿物表面的作用特点及矿物表面物理化学特性的变化规律，为深入研究和揭示矿物表面的生物调节改性的机理提供了一定的理论参考。

朱阳戈[77]提出了低 pH 值环境强化溶解与超声助溶钛铁矿和钛辉石两种矿物界面性质强化调控措施，增大了二者的可浮性差异。细粒钛辉石可与钛铁矿发生异相凝聚而严重影响钛铁矿的可浮性，硅酸钠对二者的异相凝聚具有良好的分散作用；硅酸钠与 CMC 共同作用可以实现微细粒钛铁矿的选择性絮凝，形成的钛铁矿絮团可与捕收剂作用进行絮团浮选；油酸钠可以使矿物颗粒产生疏水聚团，钛铁矿粗细粒共存体系存在自载体作用，控制载体比例，进行载体/聚团浮选可显著提高细粒钛铁矿的回收率。开发出攀枝花钛铁矿“全粒级絮团浮选”和“分级磁选—载体/聚团浮选”两种全粒级钛铁矿浮选技术，针对原矿品位 9%左右的钛铁矿，采用“全粒级絮团浮选”新技术进行直接浮选，开路试验得到 TiO_2品位 47.90%，回收率 35.07%的钛精矿，尾矿 TiO_2品位降低到 2.07%；采用“分级磁选—载体/聚团浮选”新技术，闭路试验 TiO_2品位 47.93%、回收率 52.11%的精矿。

1.2.4　微细粒黑钨矿浮选过程强化的提出

中国矿业大学成功研制了引入离心力场的旋流-静态微泡浮选柱，借助其高选择性和高回收率的优势，缩短浮选流程，简化工艺等优点，在煤炭选分选方面获得了成功应用，而且在磁铁矿反浮选、萤石浮选、铜精选、钨粗选及铅锌尾矿回收方面都取得了优于传统浮选机分选的良好效果。

旋流-静态微泡浮选柱的分离过程包括柱体分选、旋流分离和管流矿化三部分，整个分离过程在柱体内完成，如图 1-4 所示[78~80]。

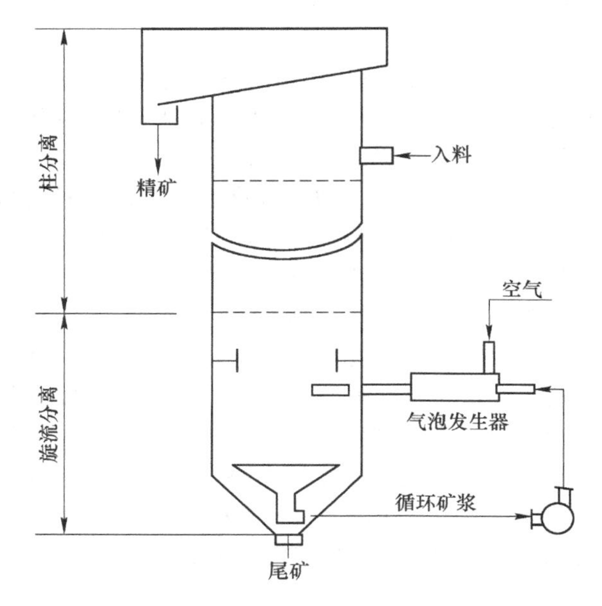

图 1-4　旋流-静态微泡柱分选结构原理图

旋流-静态微泡浮选柱将柱分离、旋流分离、高度紊流矿化有机地结合起来，实现了物料的梯级优化分选。柱分离段位于整个柱体上部，采用逆流碰撞矿化的浮选原理，在低紊流的静态分选环境中实现物料的分离，主要起到粗选和精选的作用。旋流分离段与柱分离段呈上、下结构连接，实现按密度的重力分离以及在旋流力场下的旋流浮选。旋流分离段的高效矿化模式使浮选粒度大大降低，浮选速度大大提高。旋流分离段以其强回收能力主要起到扫选柱分离中矿的作用。管流矿化段利用射流原理，通过引入气体并将其粉碎成泡，在管流中形成循环中矿的气固液三相体系并实现高度紊流矿化。管流矿化段沿切向与旋流分离段相连，形成中矿的循环分选[81~83]。

旋流-静态微泡浮选柱提供了一种对微细颗粒分选效果好，提高浮选精矿品位和回收率的有效途径。旋流-静态微泡浮选柱在过程设计的理念和技术层面上实现了关键性的突破，并在大量实践的基础上不断优化设备系统，形成一套完善的技术体系，在微细粒级物料分选方面具有独特的优势，高富集比和高选择性为优化现有“硫化矿浮选—黑白钨混合浮选—白钨加温精选—黑钨摇床—黑钨细泥浮选”工艺，缩短工艺流程，提供了非常有利的条件，旋流-静态微泡浮选柱分选方法及工艺对微细粒级物料的强回收能力，可以作为提高微细粒矿物回收率低的一种有效方法，有利于提高钨资源的综合回收利用率。

从微细粒复杂的钨钼铋多金属矿石中回收黑钨矿来说，在研究黑钨矿表面键的断裂、表面化学组成、表面异向性、表面电性以及表面溶解组分对黑钨矿可浮性的影响的基础上，可以调控固液界面的亲水/疏水性质（表面力因素）和运用旋流-静态微泡浮选柱强化微细粒级黑钨矿的回收（流体力因素），分别解决黑钨矿浮选过程中品位和回收率低的问题。

在黑钨矿浮选体系中，通过对固液界面矿物表面溶解与捕收剂定向吸附、固液界面浮选药剂分子间协同竞争作用机制、矿物颗粒间聚集和分散行为调控、矿物颗粒表面性质调控与颗粒间相互作用、黑钨矿浮选过程特征和浮选柱强化黑钨矿分选过程的研究，以固液界面作用调控和浮选柱强化回收机制为核心，提出强化黑钨矿浮选过程的技术思路，以期实现复杂黑钨矿全粒级短流程新技术的原型。

1.3 本书关注的问题与解决办法

1.3.1 存在的主要问题

针对细粒浮选进行的工作主要围绕：（1）选择性团聚浮选微细粒矿物；（2）改变运载介质的种类以提高疏水性颗粒的运载效率；（3）高效微细粒浮选设备研制。虽然有些微细粒级矿物回收技术和设备在部分矿山得到应用，但由于技术本身的缺陷和机理不明，微细粒矿物没有得到高效回收，有用矿物的实际回收率很低。

我国钨资源储量虽然可观，但是由于钨的性质和分选工艺中存在的问题等原因，全世界每年有五分之一的钨以微细粒级流失掉，所以加强对微细粒级钨矿高效回收是合理利用钨资源的有效途径。结合高效的选矿药剂和选矿设备来解决细粒选矿问题，开发细粒浮选的新工艺，对钨选矿来说具有非常重要的意义。

例如，柿竹园多金属选矿厂所处理的矿石种类多，组成复杂，主要回收的有用矿物有辉钼矿、辉铋矿、黑钨矿、白钨矿和萤石，采用硫化矿浮选先获得钼精矿和铋精矿，硫化矿浮选的尾矿回收黑、白钨矿，黑白钨混合浮选尾矿再浮选回收萤石的选矿方案。目前采用“硫化矿浮选—黑白钨混浮—白钨矿加温精选—黑钨摇床重选—黑钨细泥浮选”的流程（图 1-5），无论采用现在的主干流程，还是采用“硫化矿浮选—弱磁选—黑钨摇床加浮选—白钨浮选”（图 1-6）和“硫化矿浮选—黑白钨混浮—弱磁选—黑钨摇床加浮选—白钨加温浮选”（图 1-7）的主干流程，都存在微细粒级黑钨矿回收率低的问题，而且黑钨矿回收均采用重选加浮选的流程，导致钨的总回收率低、选矿流程长。

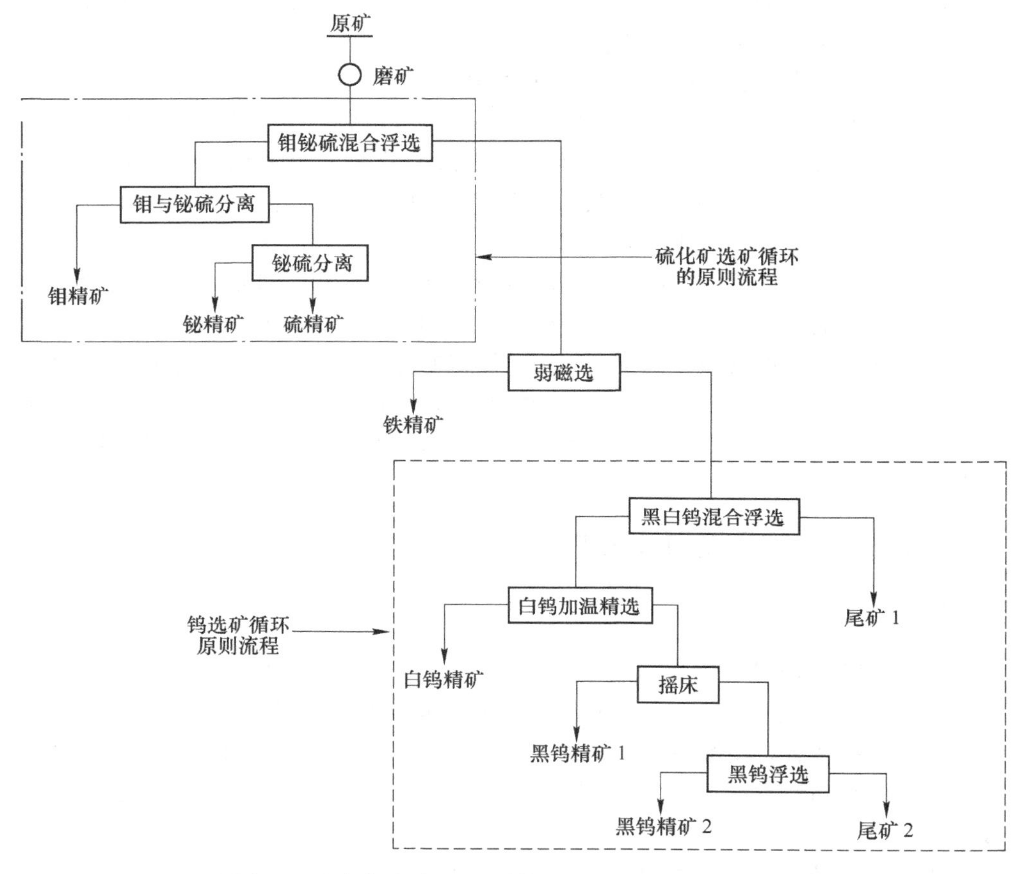

图 1-5　“硫化矿浮选—黑白钨混浮—白钨加温精选—黑钨摇床—黑钨浮选”方案原则流程图

原矿经过硫化矿浮选后，黑白钨混合浮选后加温精选分离的主干流程，主要存在以下几方面的问题：

（1）黑钨矿和白钨矿的最佳浮选 pH 值不一致，白钨矿的最佳浮选 pH 值范围高于黑钨矿的最佳浮选 pH 值范围，在黑白钨矿混合浮选过程时，需要降低浮选矿浆的碱度来适应黑钨矿的浮选要求，影响到了白钨矿的选别指标。

（2）采用螯合捕收剂进行黑白钨混合浮选，螯合捕收剂价格高，用量相对

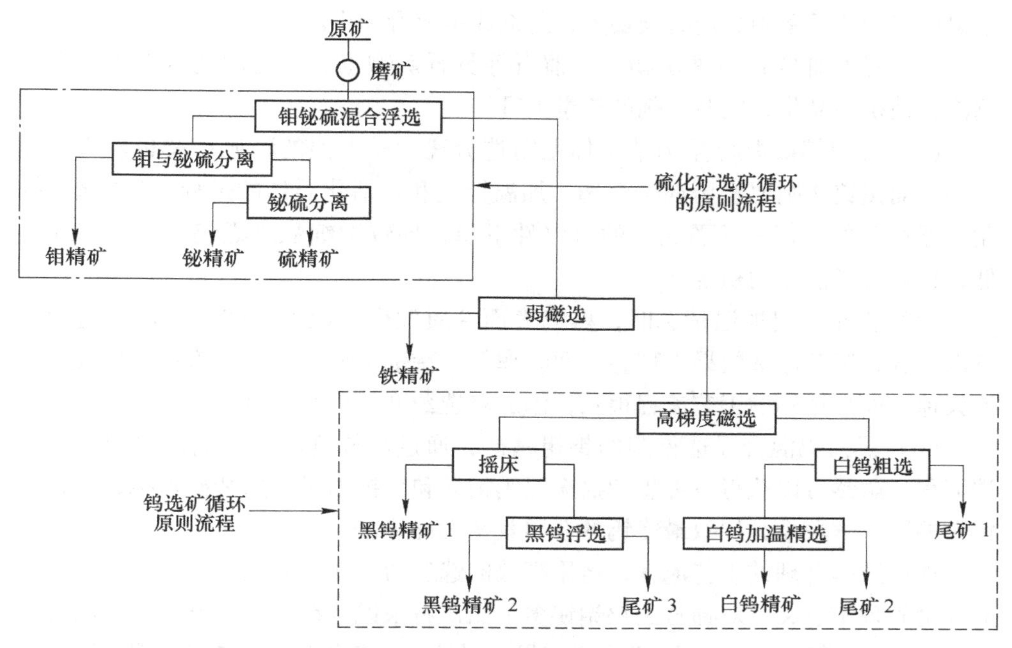

图 1-6 “硫化矿浮选—高梯度磁选—黑钨浮选—白钨浮选”方案原则流程图

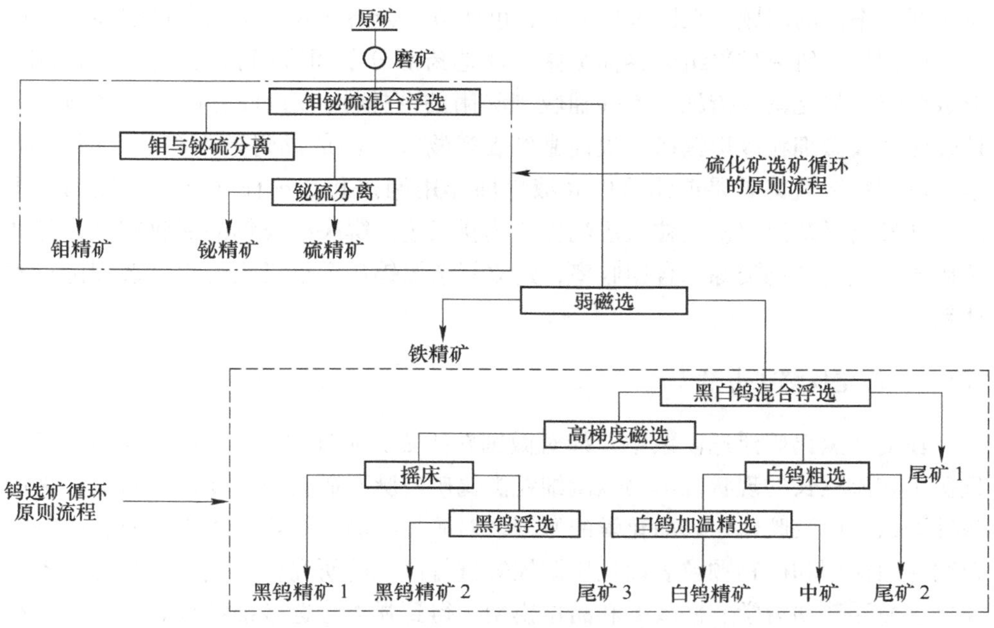

图 1-7 “硫化矿浮选—黑白钨混浮—高梯度磁选—黑钨浮选—白钨浮选”方案原则流程图

于黑白钨分流后单独分选时候要大，药剂成本上升和生产成本增加。

（3）螯合捕收剂对铁矿物、石榴石等脉石矿物也有一定的捕收能力，会影响混合精矿的品位，同时药剂的耗量上升。

（4）黑白钨矿混合浮选精矿加温精选分离，需加温的精矿产率也较大，能耗高；而黑钨矿则要经历混合浮选、加温抑制和再活化浮选的过程，“浮选—抑制—浮选”的过程造成黑钨矿的可浮性下降，导致微细粒级黑钨矿浮选回收率低，也违背了混浮的初衷。

（5）由于白钨加温精选时，黑钨表面性质发生了改变，在后续浮选过程中难以回收，黑钨浮选效果不理想、回收率低，特别是细粒级的黑钨最终形成尾矿流失掉，而且选别的工艺流程很长，添加浮选药剂的种类也很多。

（6）黑白钨混合浮选得到的钨粗精矿，通过高梯度磁选分离后单独分流浮选流程，虽然可以获得较理想的摇床黑钨精矿和黑钨细泥浮选精矿指标，但是白钨矿的回收率较低，导致最终钨的总回收率无优势。

如何选择合理的工艺流程，运用高效的选矿药剂和选矿设备，具有非常重要的理论和现实意义。对柿竹园钨钼铋多金属矿石来说，在复杂的浮选体系高效回收黑钨矿的关键，一方面是调控固液界面的亲水/疏水性质（表面力因素），解决品位低的问题；另一方面是强化微细粒级黑钨矿的分选过程（流体力因素），解决回收率低的问题。在固液界面上，可调节组分溶解和吸附两个过程实现浮选过程的调控，研究矿浆组分界面吸附、浮选药剂分子间协同和竞争作用的机制，形成黑钨矿强化调控措施，增强捕收剂吸附的选择性。通过旋流-静态微泡浮选柱强化回收微细粒级黑钨矿，提高微细粒矿物和气泡的黏附概率和浮选回收率。基于微细粒级黑钨矿浮选体系中固液界面作用调控和浮选柱强化回收黑钨矿机制，开发出复杂黑钨矿全粒级短流程分选新工艺，解决细粒钨的回收问题，降低选矿成本，提高钨资源综合回收率，建立复杂黑钨矿全粒级短流程分选理论技术体系。

1.3.2 研究及解决办法

在复杂黑钨矿浮选体系中，针对微细粒级黑钨矿难浮选、回收率和品位低、选矿工艺流程长的现状，本书以微细粒黑钨矿与脉石矿物为主要研究对象，采用各种测试手段及胶体、表面化学的原理，对矿物的晶体结构、表面性质、矿物颗粒间界面作用和矿物颗粒表面性质调控等进行深入的研究；通过建立浮选柱各个浮选区域浮选动力学、回收率和品位模型，得到强化分选微细粒级黑钨矿方法和途径。基于界面性质的调控与浮选柱强化回收机制，形成微细粒级黑钨矿浮选分离技术原型。主要内容为以下几个方面：

（1）矿物的表面性质与可浮性研究。进行黑钨矿、白钨矿、方解石、萤石和石英的晶体结构、表面组分、界面性质和表面电性的研究，为矿物的可浮性差异提供理论依据，并重点考察不同捕收剂和调整剂作用下矿物的可浮性差异，找到微细粒级黑钨矿浮选效果较好的浮选药剂制度，及微细粒级黑钨矿浮选的最佳pH值区间等，从而为实际矿物的浮选提供依据。

（2）固液界面矿物表面离子溶解与捕收剂吸附机制。进行矿物表面溶解过程中捕收剂吸附的研究，探讨捕收剂在不同矿浆环境中与矿物表面吸附的内在关联，阐明矿物表面离子溶解、捕收剂吸附与矿物可浮性的关联，在此基础上，通过改变矿物表面性质来强化矿物浮选分离，为确定浮选工艺提供理论指导。

（3）浮选药剂的协同竞争机制及颗粒间相互作用。研究组合捕收剂的协同作用、调整剂的竞争吸附、调整剂与捕收剂的竞争吸附、矿物颗粒间界面作用的调控、矿物颗粒表面性质和润湿性调控与颗粒间相互作用，探讨矿物表面性质与矿物颗粒间相互作用的关系，建立矿物表面性质、矿物颗粒间的界面作用与矿物在浮选体系中选择性聚集/分散之间的关联与关系，为颗粒间分散聚集行为的调控提供指导，旨在黑钨矿浮选体系中实现矿物颗粒选择性的分散和聚集。

（4）微细粒级黑钨矿的可浮性过程特征研究。探索随着浮选进行微细粒级黑钨矿可浮性的变化特征，得出浮选速率常数随时间变化的规律，建立微细粒级黑钨矿浮选动力学模型，揭示黑钨矿浮选过程特征，为微细粒级黑钨矿柱式分选过程设计提供依据。

（5）微细粒级黑钨矿柱式浮选过程的设计与强化。提出三段柱分选流程分选过程设计的原则，建立微细粒级黑钨矿柱式非线性浮选过程，通过对浮选柱各个分选特性区域和分选过程流体动力学研究，建立各个分选区域的回收率模型，并根据回收率模型推导了柱分选区、旋流分选区和精选区的品位分布模型，提出浮选柱设计和优化的原则。通过微细粒级黑钨矿一粗二精三段柱式分选过程强化研究，比较三段式柱分选过程与一段式柱分选过程的差异，推导并建立一粗二精三段柱式分选过程的总回收率模型。

（6）复杂黑钨矿分选过程强化应用实践研究。基于微细粒级黑钨矿浮选体系界面作用调控和柱强化回收机制的研究结果，形成复杂黑钨矿浮选新技术的原型，在对现场矿石性质和工艺流程详细研究的基础上，对现场工艺进行了流程改造，对比柱分选系统（短流程）和浮选机分选系统（长流程）的分选效果，开发微细粒级复杂黑钨矿全粒级浮选新工艺，以期实现短流程高效回收。

技术方案如图1-8所示。

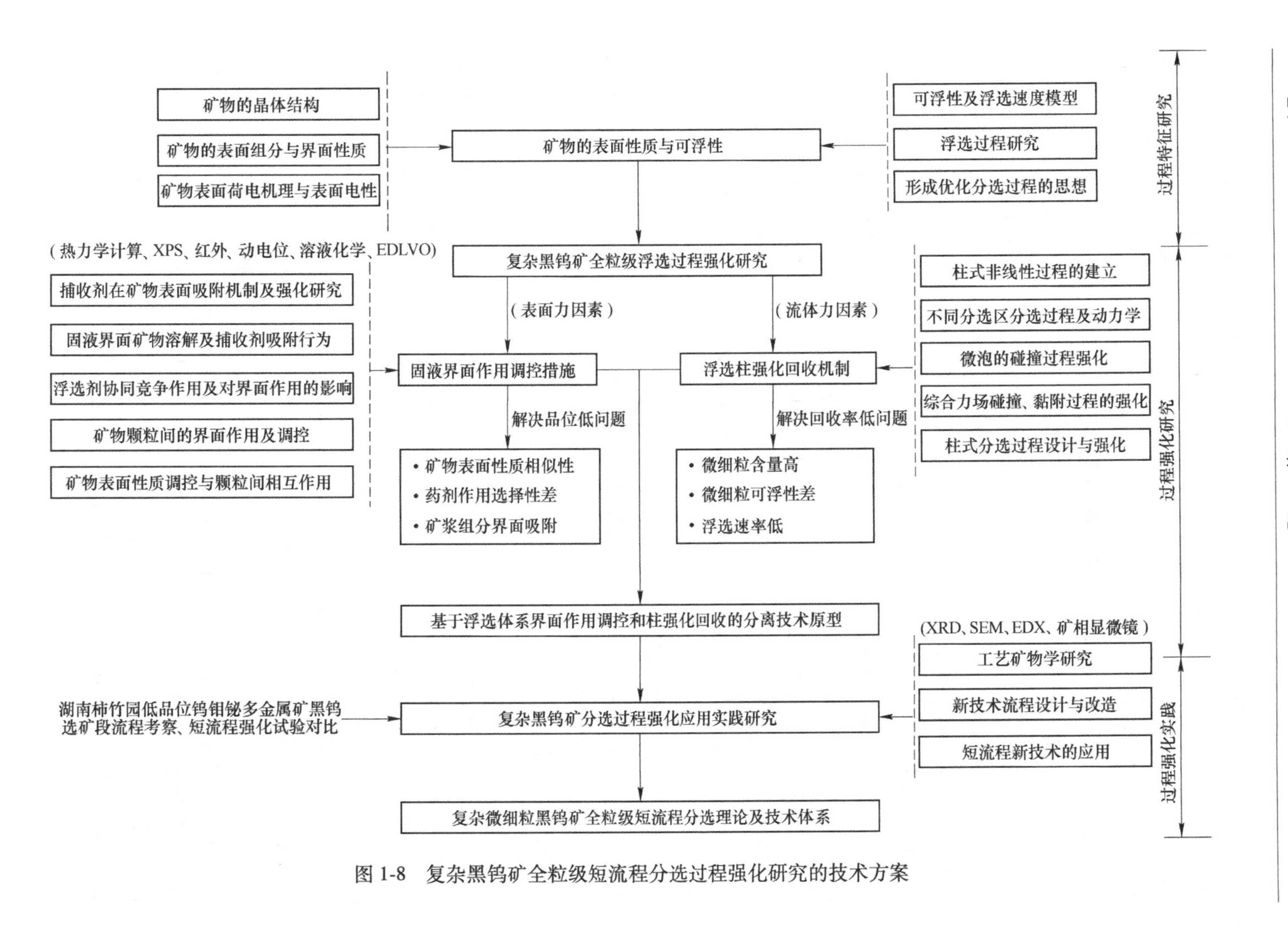

图 1-8 复杂黑钨矿全粒级短流程分选过程强化研究的技术方案

2 矿物表面性质与可浮性

矿物晶体结构的差异会导致其表面性质的差异，直接影响其可浮性。在矿物浮选分离过程中，利用捕收剂在目的矿物表面的选择性吸附，增大其疏水性，与气泡碰撞并黏附气泡上浮；对脉石则利用调整剂增大其表面亲水性，以实现目的矿物和脉石矿物的分离。因此，对浮选体系中不同矿物晶体结构、表面性质与可浮性之间的内在联系的研究，是实现矿物选择性浮选分离的内在因素和基础。柿竹园钨钼铋多金属矿组分复杂，黑钨矿浮选分离的重点和难点在于实现黑钨矿与含钙矿物及石英的分离。为查明影响两者浮选分离的主要因素，本章通过 X 射线光电子能谱分析、动电位测试、溶液化学分析及矿物可浮性试验，考察几种矿物在浮选药剂共同作用下的可浮性差异，探讨黑钨矿与含钙矿物的晶体结构、表面性质与可浮性三者间的内在联系，为后续的研究提供理论基础。

2.1 矿物的晶体结构

矿物的晶体化学特征主要包括其化学组成、化学键、晶体结构及其与性质的联系。晶体化学特性是矿物最本质特征，是影响矿物可浮性的内在因素。在矿物浮选体系下，晶体结构特征决定其表面特性，进而影响其与药剂的作用，因此研究矿物晶体化学特征旨在揭示晶体结构特征与表面性质及可浮性的内在联系。可从晶体化学的角度分析不同矿物可浮性，建立矿物晶体结构与矿物浮选行为之间的联系，以便更好地理解不同矿物间浮选行为的差异，进而利用药剂、设备及工艺的调控，扩大其差异性，达到最佳的回收效果。

2.1.1 黑钨矿的晶体结构

黑钨矿分子式为 $(Mn,Fe)WO_4$，是钨铁矿及钨锰矿的类质同象混合物。晶体结构见图 2-1（a）。常见混入物有 Mg、Ca、Nb、Ta、Sc、Y、Sn 等，Nb、Ta、Sc 等可以类质同象形式替代，其余呈微细包裹体形式。在黑钨矿的晶体结构中，6 个 O^{2-} 与 Mn^{2+}、Fe^{2+}、WO_4^{2-} 形成配位 $[(Mn,Fe)O_6]$ 八面体，以共棱方式连接成折线状，并且不存在钨酸根络阴离子，钨锰矿与钨铁矿具有一样的晶格，晶格常数亦相近。所以铁、锰原子能在晶格结点上相互替代[84,85]。

属单斜晶系，$Z=2$，黑钨矿、钨铁矿和钨锰矿的 a_0 分别为 0.479、0.4753、

0.4829nm，b_0 分别为 0.574、0.5709、0.5759nm，c_0 分别为 0.499、0.4964、0.4997nm，β 分别为 90°26′、90°、91°10′。

酸性介质中，捕收剂主要吸附于黑钨矿表面的 Fe^{2+}，含铁高较好浮；碱性介质中，捕收剂主要吸附于黑钨矿表面的 Mn^{2+}，含锰高较好浮。这种可浮性差异主要归因于单位晶面上断裂的（Mn,Fe）—O 键数的差异，导致表面疏水性不同。

2.1.2　白钨矿的晶体结构

白钨矿分子式为 $CaWO_4$，岛状钨酸盐矿物，四方晶系，晶体结构见图 2-1（b），是由 Ca^{2+}沿 c 轴与［WO_4］四面体相间排列而成。W—O 为共价键，W 配位数为 4，Ca—O 为离子键，Ca^{2+}为 8 配位；静电价强度分别为 6/4 = 3/2 和 2/8 = 1/4。1 个 W 和 2 个 Ca^{2+}与 1 个 O 连接，矿物在破碎的过程中，因为 W—O 键不易断裂，所以主要沿 Ca—O 键断裂，矿物表面解离时，其表面会产生带负电荷的 O^{2-}离子和带正电荷的 Ca^{2+}，［WO_4］四面体中的 4 个 O 离子，其中的 3 个 O 离子都位于 Ca^{2+}下面，只有一个 O 离子与 Ca^{2+}在同一平面上，在矿物浮选过程中，捕收剂易与解离断面上突出的 Ca^{2+}发生吸附作用，因此白钨具有较高的可浮性。

2.1.3　方解石的晶体结构

方解石分子式为 $CaCO_3$，岛状硅酸盐矿物，三方晶系，晶体结构见图 2-1（c），结构可视为 NaCl 型结构的衍生。C 的配位数是 3，Ca^{2+}为 6 配位，静电价强度分别为 4/3 和 2/6 = 1/3。1 个 C 和 2 个 Ca^{2+}与 1 个 O 连接，矿物在破碎的过程中，因为 C—O 键不易断裂，所以主要沿 Ca—O 键断裂，矿物表面裂开时，［CO_3］$^{2-}$基团中的 3 个 O 离子，1 个 O 离子与 Ca^{2+}处于同一平面，一个 O 比 Ca^{2+}高，另外一个 O 比 Ca^{2+}低，在浮选过程中，捕收剂与方解石表面钙离子产生的化学吸附不如白钨矿强，但是其 ΣCa^{2+}与 ΣO^{2-}比值高于后者，故少量油酸捕收剂亦可浮出方解石。

2.1.4　萤石的晶体结构

萤石的分子式为 CaF_2，配位基型氟化物，等轴晶系，晶体结构见图 2-1（d）。Ca^{2+}和 F^-的配位数分别为 8 和 4，Ca^{2+}的静电价强度为 2/8 = 1/4。萤石矿物在破碎的过程中，矿物表面裂开时，F^-和 Ca^{2+}均匀分布，3 个 F^-与一个 Ca^{2+}相连接，在矿物浮选时，矿物表面的 F^-可能会对 Ca^{2+}产生一定的屏蔽效果，阻碍捕收剂和 Ca^{2+}产生化学吸附，但是表面的 ΣCa^{2+}与 ΣO^{2-}的比值高于白钨矿，因此，少量的苯甲羟肟酸类捕收剂也能使萤石上浮。由于萤石的离子性高于白钨矿、方解石，萤石在水中易水化，其疏水性会变差。但其表面的 ΣCa^{2+} 与 ΣF^{-} 比值较大，故油酸类捕收剂亦可有较好地回收萤石。

2.1.5 石榴石的晶体结构

石榴石分子式为 $(Ca,Fe)_3(Fe,Al)_2[SiO_4]_3$，岛状硅酸盐矿物，等轴晶系，晶体结构见图 2-1（e）。4 个 O^{2-} 与 1 个 Si^{4+} 连接形成［SiO_4］四面体，Si 的配位数和静电价强度分别为 4 和 4/4=1，［$(Al,Fe)O_6$］八面体连接［SiO_4］四面体，其间形成可视为畸变的立方体的十二面体空隙，中心位置为 Fe^{2+} 或者 Ca^{2+}，顶角都是 O^{2-}。如铁铝石榴石（$Fe_3Al_2[SiO_4]_3$），Fe 的配位数和静电价强度分别为 8 配位和 2/8=1/4，Al 的配位数和静电价强度分别为 6 配位和 3/6=1/2，1 个 Si、Al 和 2 个 Fe 与 1 个 O 连接。矿物破碎后 Si—O 不易断裂，主要沿 Ca—O、Fe—O

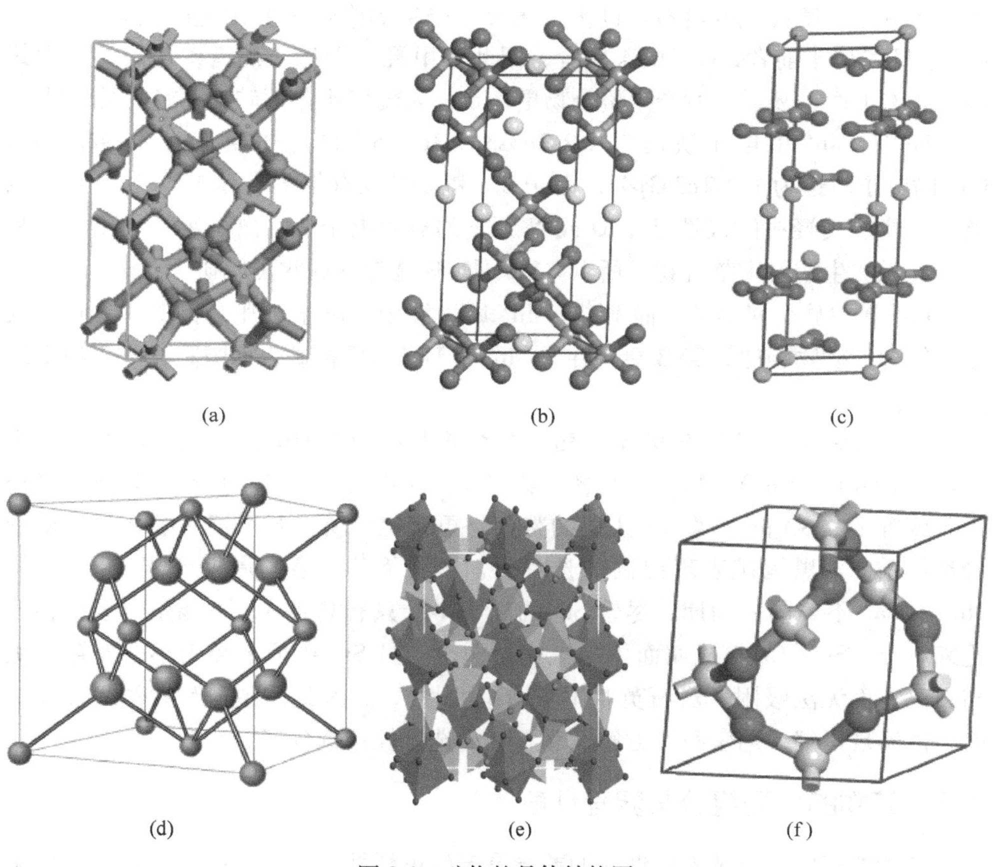

(a) (b) (c) (d) (e) (f)

图 2-1 矿物的晶体结构图

（a）黑钨矿；（b）白钨矿；（c）方解石；（d）萤石；（e）石榴子石；（f）石英

及 Al—O 键断裂，Ca^{2+}、Fe^{2+}与 Al^{3+}会暴露。矿物表面 ΣCa^{2+}与 ΣO^{2-}的比值较低，小半径高电价的 Fe^{3+}或 Al^{3+}易键合 OH^-，与 Si 相连的 O 能键合 H^+，使得矿物表面的亲水性增加，需要加大药剂捕收剂才有较好的可浮性[46]。

矿物晶体结构的差异导致表面性质的差异。黑、白钨矿为钨酸盐矿，其晶体结构中 W^{6+}与 O^{2-}间是共价键连接，Ca^{2+}、Fe^{2+}、Mn^{2+}和 O^{2-}为离子键连接，故矿物解理时，Fe—O 和 Mn—O 的原子间距大于 W—O。W—O 不易断裂，主要沿 Fe—O、Mn—O 键处断裂，矿物表面就会露出 Fe^{2+}、Mn^{2+}和 Ca^{2+}。由于矿物表面性质差异，矿物浮选体系中，捕收剂分别与黑钨矿表面的 Fe^{2+}、Mn^{2+}和白钨矿表面的 Ca^{2+}发生化学吸附，产生稳定螯合物。苯甲羟肟酸浮选黑钨矿的体系下，Fe^{2+}和 Mn^{2+}是表面与捕收剂作用的活性中心。

金属离子特性直接关系到它与配位体原子的成键类型，随 Me^{n+}电荷增大和离子半径减小，配位强度增强。过渡金属离子产生的络合物要比主族金属更稳定，Fe^{2+}、Mn^{2+}属于前者，Ca^{2+}属于后者，因此苯甲羟肟酸易与黑钨矿作用，因为其表面含有 Fe^{2+}、Mn^{2+}，所产生螯合物更稳定，表现出比含钙矿物更好的可浮性。

Fe^{2+}和 Mn^{2+}的电子轨道为 1s2s2p3s3p4s3d，Si^{4+}的电子轨道为 1s2s2p3s3p，Ca^{2+}的电子轨道为 1s2s2p3s3p4s，由于 Si^{4+}和 Ca^{2+}没有像 Fe^{2+}和 Mn^{2+}多余空 d 轨道，不能接受羟肟酸极性基中 O 或 N 原子的孤对电子，且离子半径大于 Fe^{2+}和 Mn^{2+}，无法生成稳定螯合物，所以 GYB 可实现选择性回收黑钨矿[86]。

Ca^{2+}属主族金属离子，而 Fe^{2+}、Mn^{2+}属过渡金属离子，和白钨矿、方解石及萤石等含钙矿物相比，GYB 更易在含 Mn^{2+}、Fe^{2+}的黑钨矿表面吸附，产生稳定的螯合物。

Ca^{2+}的离子半径为 0.99Å，Mn^{2+}的离子半径为 0.80Å，Fe^{2+}的离子半径为 0.74Å（1Å=0.1nm）。捕收剂与各矿物可浮性研究可知，苯甲羟肟酸与离子半径小于或等于 0.8Å 的金属离子生成的螯合物更稳定，所以苯甲羟肟酸在实际矿物分选体系中对黑钨矿表现出高的选择性。因为 Si^{4+}（第三周期元素）与 Fe^{2+}、Mn^{2+}、Ca^{2+}不属同一周期，尽管 Si^{4+}的离子半径只有 0.42Å，不能用离子半径理论来解释。Si^{4+}与氧组成四面体被氧完全包裹，且 Si^{4+}离子半径太小，使羟肟酸与石英表面无法吸附，对石英基本没有捕收性[87]。因此，在羟肟酸作为捕收剂时，能实现黑钨矿与萤石、方解石和石英的选择性浮选分离。

2.2　矿物的表面组分与界面性质

矿物的表面性质及界面性质的差异是产生可浮性差异的基础，可研究黑钨矿浮选过程中，矿浆体系中各种欲分离的矿物表面元素组成、表面电性、固液界面上的相同点和差异性等，为实际矿物分离提供基础。

2.2.1 矿物表面的 XPS 分析

黑钨矿与白钨矿、萤石、方解石、石英及石榴子石的化学成分存在明显的差异，晶体结构的差异会导致矿物表面性质、解离特性和浮选行为的差别。为考察矿物表面元素分布，对几种矿物表面作 XPS 分析，结果见表 2-1。

表 2-1 几种矿物表面的 XPS 分析结果 (%)

矿物	W	Ca	O	Fe	Mn	F	Al	C
黑钨矿	12.22	1.02	56.23	6.96	3.39	—	—	20.18
白钨矿	10.20	14.98	54.85	—	—	—	—	19.97
方解石	—	19.01	52.44	—	—	—	—	28.55
萤石	—	35.10	—	—	—	50.64	—	14.26
石榴子石	—	14.20	60.14	4.07	—	—	5.73	15.86

几种矿物表面 XPS 分析结果表明：

（1）黑钨矿与白钨矿等含钙矿物表面元素分布具有一定的相似性，黑钨矿表面主要元素是 W、Fe、Mn、O；白钨矿表面主要是 W、Ca 和 O 元素；方解石表面主要是 Ca、O 元素；萤石表面主要是 Ca、F 元素；石榴子石表面主要是 Ca、Al、O，还有 Fe、Mn 元素；黑钨表面也含有少量 Ca 等元素。

（2）不同元素在几种矿物表面的分布不同，Fe 和 Mn 在黑钨矿表面含量较高，分别为 6.96%和 3.39%；Ca 在白钨矿、方解石、萤石和石榴子石表面含量分别为 14.98%、19.01%、35.10%和 14.20%。

（3）除 O、Fe、Ca、Mn 外，萤石表面还分布有大量的 F(50.64%)，石榴子石表面分布有 Al(5.73%)。

通过各种矿物表面的 XPS 分析可知，黑钨矿和含钙矿物表面均不同程度分布有 Fe、Mn、Ca、Al 等活性质点，理论上均可以与捕收剂发生作用，将导致其选择性下降和分离困难，所得精矿品位低；但各元素的含量具有一定的差异性，在浮选过程中，为捕收剂选择性吸附提供了可能性，各种矿物表面元素的密度不一样，黑钨矿表面上 Fe、Mn 含量高，而白钨矿、方解石、萤石及石榴子石表面的钙含量高，应该强化捕收剂在 Fe、Mn 质点作用；同理，应强化抑制剂在 Ca 质点吸附，加强含钙矿物表面吸附抑制剂，实现选择性浮选分离。

2.2.2 矿物表面电性和黑钨矿的溶液化学

去离子水环境中，黑钨矿、白钨矿、方解石、萤石表面动电位与 pH 值的关系如图 2-2 所示。

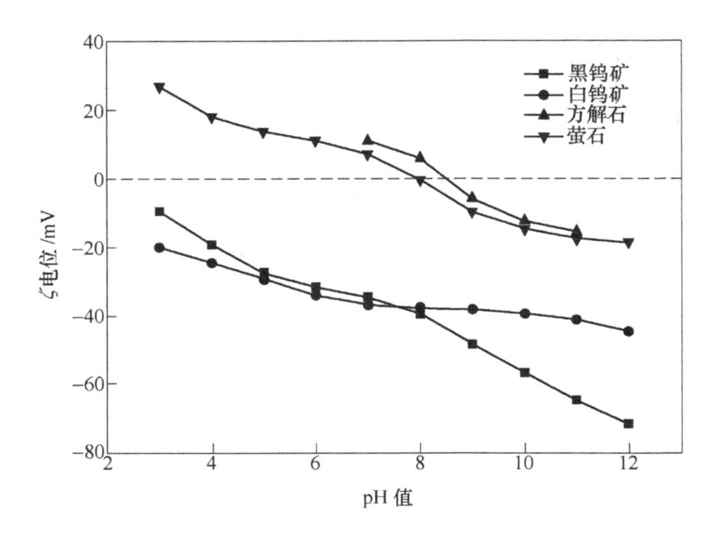

图 2-2　各种矿物表面动电位与 pH 值的关系

由图 2-2 可知，几种矿物表面动电位随 pH 值的改变呈现类似的变化趋势。各矿物表面动电位随 pH 值增大都逐渐降低。四种矿物零电点不同，黑、白钨矿表面动电位在研究的 pH 值区间内均呈负电性，无零电点；方解石、萤石零电点各位于 pH=8.0、8.5 附近，它们的表面电性随 pH 值区间的不同而存在一定差异。

（1）pH<8.0 区间，方解石、萤石表面动电位均为正，黑钨矿和白钨矿表面动电位为负，电性相反，在调浆过程中容易发生异相凝聚，在实际黑钨矿浮选体系中，应该加入合适的调整剂和捕收剂，改变矿物表面的电性和表面润湿性，克服异相矿物颗粒间作用势能的势垒，调控矿物的凝聚和分散状态，使同相矿物聚集，异相矿物分散；黑钨表面动电位绝对值大于萤石、方解石。

（2）在 pH=8.0~8.5 区间内，方解石表面动电位为正，黑钨矿、白钨矿和萤石三种矿物表面均带负电，且黑、白钨矿表面动电位绝对值较大。

（3）当 pH>8.5 时，黑钨矿、白钨矿、方解石、萤石矿物均荷负电，随着 pH 的增加，表面动电位不断负移，几种矿物的表面电性逐渐趋于一致。

黑钨矿表面以 Fe^{2+}、Mn^{2+}、WO_4^{2-}定位，去离子水环境下，较大 pH 值区间黑钨矿电位为负，黑钨矿晶格离子 Fe^{2+}、Mn^{2+}和 WO_4^{2-} 的水化能分别为 1952.06、1864.28 和 836kJ/mol，水化能大和离子半径小的 Fe^{2+}、Mn^{2+}首先迁移至溶液，则黑钨矿表面主要以 WO_4^{2-}定位，黑钨矿物表面 WO_4^{2-}过剩，使得黑钨矿表面电位呈负值[88,89]。

$MnWO_4$饱和溶液中有如下平衡[90,91]：

$$MnWO_4(s) \rightleftharpoons Mn^{2+} + WO_4^{2-} \qquad K_{sp1} = 10^{-8.85} \tag{2-1}$$

$$Mn^{2+}+OH^- \rightleftharpoons MnOH^+ \quad K_1=10^{3.5} \tag{2-2}$$

$$Mn^{2+}+2OH^- \rightleftharpoons Mn(OH)_2(aq) \quad K_2=10^{5.8} \tag{2-3}$$

$$Mn^{2+}+3OH^- \rightleftharpoons Mn(OH)_3^{3-} \quad K_3=10^{7.2} \tag{2-4}$$

$$Mn^{2+}+4OH^- \rightleftharpoons Mn(OH)_4^{2-} \quad K_4=10^{7.3} \tag{2-5}$$

$$2Mn^{2+}+OH^- \rightleftharpoons Mn_2OH^{3+} \quad K_5=10^{4.13} \tag{2-6}$$

$$2Mn^{2+}+3OH^- \rightleftharpoons Mn_2(OH)_3^+ \quad K_6=10^{16.53} \tag{2-7}$$

$$Mn(OH)_2(s) \rightleftharpoons Mn^{2+}+2OH^- \quad K_{s1}=10^{-12.6} \tag{2-8}$$

$$H^++WO_4^{2-} \rightleftharpoons HWO_4^- \quad K_1^H=10^{3.5} \tag{2-9}$$

$$H^++HWO_4^- \rightleftharpoons H_2WO_4(aq) \quad K_2^H=10^{4.6} \tag{2-10}$$

$$WO_3(s)+H_2O \rightleftharpoons 2H^++WO_4^{2-} \quad K_{s0}=10^{-14.05} \tag{2-11}$$

$$WO_3(s)+H_2O \rightleftharpoons H_2WO_4(aq) \quad K_7=10^{-5.95} \tag{2-12}$$

由上面的各式，可得到式（2-13）~式（2-21）：

$$\log[WO_4^{2-}]=-14.05+2pH \tag{2-13}$$

$$\log[HWO_4^-]=-10.55+pH \tag{2-14}$$

$$\log[H_2WO_4(aq)]=-5.95 \tag{2-15}$$

$$\log[Mn^{2+}]=5.2-2pH \tag{2-16}$$

$$\log[MnOH^+]=-5.26-pH \tag{2-17}$$

$$\log[Mn(OH)_3]=-29.6+pH \tag{2-18}$$

$$\log[Mn(OH)_4^{2-}]=-43.5+2pH \tag{2-19}$$

$$\log[Mn_2OH^{3+}]=0.53-3pH \tag{2-20}$$

$$\log[Mn_2(OH)_3^+]=-15.07-pH \tag{2-21}$$

由式（2-5）~式（2-13）绘制 $MnWO_4(s)$ 的溶解度对数图，结果见图 2-3。

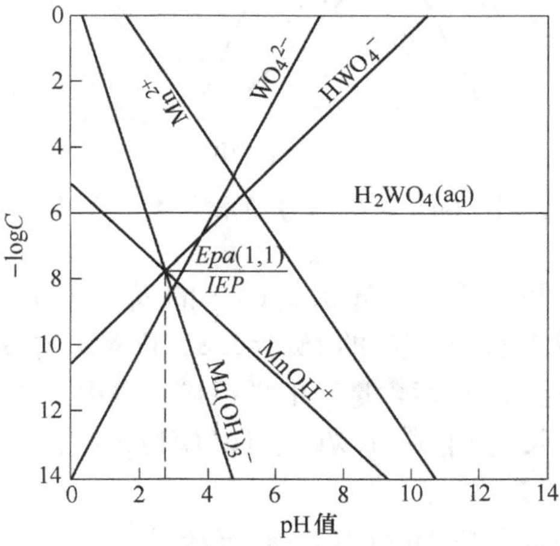

图 2-3 $MnWO_4(s)$ 的溶解度对数图

同理 $FeWO_4$饱和溶液有如下平衡：

$$FeWO_4(s) \rightleftharpoons Fe^{2+}+WO_4^{2-} \qquad K_{sp2}=10^{-11.04} \tag{2-22}$$

$$Fe^{2+}+OH^- \rightleftharpoons FeOH^+ \qquad K'_1=10^{4.5} \tag{2-23}$$

$$Fe^{2+}+2OH^- \rightleftharpoons Fe(OH)_2(aq) \qquad K'_2=10^{7.2} \tag{2-24}$$

$$Fe^{2+}+3OH^- \rightleftharpoons Fe(OH)_3^- \qquad K'_3=10^{11.0} \tag{2-25}$$

$$Fe^{2+}+4OH^- \rightleftharpoons Fe(OH)_4^{2-} \qquad K'_4=10^{10.0} \tag{2-26}$$

$$Fe(OH)_2(s) \rightleftharpoons Fe^{2+}+2OH^- \qquad K_{s2}=10^{-14.95} \tag{2-27}$$

此外，式（2-9）~式（2-12）的平衡关系存在 $FeWO_4(s)$ 饱和溶液中，式（2-13）~式（2-15）的浓度不变，其他组分的浓度为：

$$\log[Fe^{2+}]=3.01-2pH \tag{2-28}$$

$$\log[FeOH^+]=-6.49-pH \tag{2-29}$$

$$\log[Fe(OH)_3^-]=-27.99+pH \tag{2-30}$$

$$\log[Fe(OH)_4^{2-}]=-42.99+2pH \tag{2-31}$$

由式（2-13）~式（2-15）和式（2-28）~式（2-31）绘制 $FeWO_4(s)$ 的溶解度对数图，结果见图 2-4。

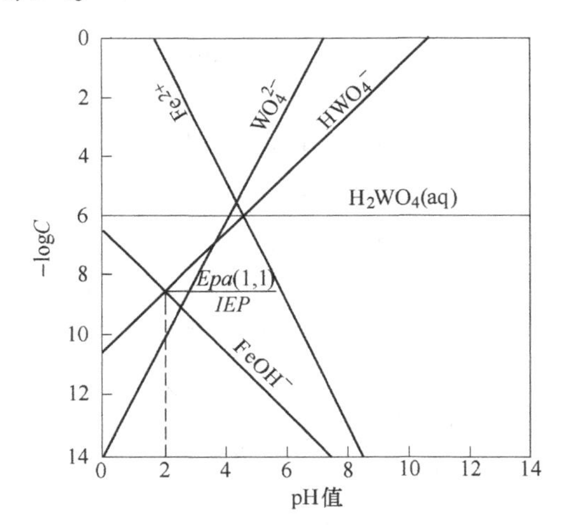

图 2-4 $FeWO_4(s)$ 的溶解度对数图

由图 2-3 和图 2-4 可以看出，$MnWO_4(s)$ 的 $Epa(1,1)=2.8$，$FeWO_4(s)$ 的 $Epa(1,1)=2.0$，所以 $MnWO_4$理论的 $IEP=2.8$，$FeWO_4$的 $IEP=2.0$。含铁量高的黑钨矿，等电点更靠近 2.0；锰含量高的黑钨矿，等电点更靠近 2.8。

当达到一定条件后，会生成 H_2WO_4、$Fe(OH)_2(s)$、$Mn(OH)_2(s)$ 三种沉淀物，导致 pH 值发生突变。

（1）在 $MnWO_4$表面形成 $Mn(OH)_2(s)$沉淀时：

$$MnWO_4(s)+2OH^- \rightleftharpoons Mn(OH)_2(s)+WO_4^{2-} \qquad K_{11}=10^{3.75} \tag{2-32}$$

$\dfrac{[WO_4^{2-}]}{[OH^-]}=3.75$，$\dfrac{\sqrt{K_{sp1}}}{[OH^-]}=3.75$，得 $pH_s=9.9$，负 ζ 电位急剧上升。

$pH>9.9$ 时，$Mn(OH)_2(s)$ 沉淀与其他组分有以下平衡：

$$\log[Mn^{2+}]=15.4-2pH \tag{2-33}$$

$$\log[MnOH^+]=4.94-pH \tag{2-34}$$

$$\log[Mn(OH)_2(aq)]=-6.8 \tag{2-35}$$

$$\log[Mn(OH)_3^-]=-19.4+pH \tag{2-36}$$

$$\log[Mn(OH)_4^{2-}]=-32.5+2pH \tag{2-37}$$

$$\log[WO_4^{2-}]=-24.25+2pH \tag{2-38}$$

$$\log[HWO_4^-]=20.75+pH \tag{2-39}$$

$$\log[Mn(OH)_3^+]=5.33-pH \tag{2-40}$$

同理，$FeWO_4(s)$ 形成 $Fe(OH)_2(s)$ 的沉淀时：

$$FeWO_4(s)+2OH^- \rightleftharpoons Fe(OH)_2(s)+WO_4^{2-} \qquad K_{12}=10^{3.91} \tag{2-41}$$

$\dfrac{[WO_4^{2-}]}{[OH^-]}=10^{3.91}$，求得 $pH_s=9.3$。

在 $pH>9.3$，各组分与 $Fe(OH)_2(s)$ 沉淀与其他组分有以下平衡：

$$\log[Fe^{2+}]=13.05-2pH \tag{2-42}$$

$$\log[WO_4^{2-}]=-24.09+2pH \tag{2-43}$$

$$\log[HWO_4^-]=-20.59+pH \tag{2-44}$$

$$\log[FeOH^+]=3.55-pH \tag{2-45}$$

$$\log[Fe(OH)_2(aq)]=-7.75 \tag{2-46}$$

$$\log[Fe(OH)_3^-]=-17.95+pH \tag{2-47}$$

$$\log[Fe(OH)_4^{2-}]=-32.95+2pH \tag{2-48}$$

（2）在 $MnWO_4$ 表面形成 $WO_3(s)$ 沉淀时：

$$MnWO_4(s)+2H^+ \rightleftharpoons WO_3(s)+Mn^{2+}+H_2O \qquad K_{13}=10^{5.2} \tag{2-49}$$

$\dfrac{[Mn^{2+}]}{[H^+]^2}=10^{5.2}$，即 $\dfrac{\sqrt{K_{sp1}}}{[H^+]}=10^{5.2}$，得 $pH_m=4.8$。

$pH<4.8$ 时，各组分与 $WO_3(s)$ 沉淀有以下平衡：

$$\log[WO_4^{2-}]=-14.05+2pH \tag{2-50}$$

$$\log[HWO_4^-]=-10.55+pH \tag{2-51}$$

$$\log[H_2WO_4(aq)]=-5.95 \tag{2-52}$$

$$\log[Mn^{2+}]=5.2-2pH \tag{2-53}$$

$$\log[MnOH^+]=-5.26-pH \tag{2-54}$$

$$\log[Mn_2OH^{3+}] = 0.53 - 3pH \quad (2\text{-}55)$$

在 $FeWO_4$ 表面形成 $WO_3(s)$ 沉淀时：

$$FeWO_4(s) + 2H^+ \rightleftharpoons WO_3(s) + Fe^{2+} + H_2O \qquad K_{14} = 10^{3.01} \quad (2\text{-}56)$$

$\dfrac{[Fe^{2+}]}{[H^+]} = 10^{3.01}$，得 $pH_m = 4.3$。

$pH_m < 4.3$ 时，各组分与 $WO_3(s)$ 沉淀有以下平衡：

$$\log[Fe^{2+}] = 3.01 - 2pH \quad (2\text{-}57)$$

$$\log[FeOH^+] = -6.49 - pH \quad (2\text{-}58)$$

$$\log[WO_4^{2-}] = -14.05 + 2pH \quad (2\text{-}59)$$

$$\log[HWO_4^-] = -10.55 + pH \quad (2\text{-}60)$$

$$\log[H_2WO_4(aq)] = -5.95 \quad (2\text{-}61)$$

（3）$4.8 < pH < 9.9$，$MnWO_4$ 饱和溶液中无 $WO_3(s)$ 及 $Mn(OH)_2(s)$ 沉淀形成：

$$[Mn(OH)_2(s)] = [H_2WO_4(s)] = 0$$

$$K'_{sp1} = K_{sp1} \cdot a_{Mn} \cdot a_{WO_4(H)} \quad (2\text{-}62)$$

$$a_{Mn} = 1 + K_1[OH^-] + K_2[OH^-]^2 + K_3[OH^-]^3 + K_4[OH^-]^4 \quad (2\text{-}63)$$

$$a_{WO_4(H)} = 1 + K_1^H[H^+] + K_2^H \cdot K_1^H[H^+]^2[Mn]'$$

$$= \sqrt{K'_{sp1}} = \sqrt{K_{sp1} \cdot a_{Mn} \cdot a_{WO_4(H)}} \quad (2\text{-}64)$$

$$[Mn^{2+}] = \frac{[Mn]'}{a_{Mn}} = \sqrt{K_{sp1} \cdot \frac{a_{WO_4(H)}}{a_{Mn}}} \quad (2\text{-}65)$$

因此，各组分的浓度为：

$$\log[Mn^{2+}] = \frac{1}{2}(\log K_{sp1} + \log a_{WO_4(H)} - \log a_{Mn}) \quad (2\text{-}66)$$

$$\log[WO_4^{2-}] = \frac{1}{2}(\log K_{sp1} + \log a_{Mn} - \log a_{WO_4(H)}) \quad (2\text{-}67)$$

$$\log[MnOH^+] = -10.46 + pH + \log[Mn^{2+}] \quad (2\text{-}68)$$

$$\log[Mn(OH)_2(aq)] = -22.2 + 2pH + \log[Mn^{2+}] \quad (2\text{-}69)$$

$$\log[Mn_2OH_3^+] = -25.47 + 3pH + 2\log[Mn^{2+}] \quad (2\text{-}70)$$

$$\log[HWO_4^-] = 3.5 - pH + \log[WO_4^{2-}] \quad (2\text{-}71)$$

$$\log[H_2WO_4(aq)] = 8.1 - 2pH + \log[WO_4^{2-}] \quad (2\text{-}72)$$

$$\log[Mn(OH)_3^-] = -34.8 + 3pH + \log[Mn^{2+}] \quad (2\text{-}73)$$

$4.3 < pH < 9.3$ 时，无 $WO_3(s)$ 和 $Fe(OH)_2(s)$ 生成，$FeWO_4(s)$ 饱和溶液各

组分的浓度：

$$\log[Mn^{2+}] = \frac{1}{2}(\log K_{sp2} + \log a_{WO_4(H)} - \log a_{Fe}) \tag{2-74}$$

$$\log[WO_4^{2-}] = \frac{1}{2}(\log K_{sp2} + \log a_{Fe} - \log a_{WO_4(H)}) \tag{2-75}$$

$$\log[FeOH^+] = -9.5 + pH + \log[Fe^{2+}] \tag{2-76}$$

$$\log[Fe(OH)_2(aq)] = -20.4 + 2pH + \log[Fe^{2+}] \tag{2-77}$$

$$\log[Fe(OH)_3^-] = -31 + 3pH + \log[Fe^{2+}] \tag{2-78}$$

$$\log[Fe(OH)_4^{2-}] = -46 + 4pH + \log[Fe^{2+}] \tag{2-79}$$

$$\log[HWO_4^-] = 3.5 - pH + \log[WO_4^{2-}] \tag{2-80}$$

$$\log[H_2WO_4(aq)] = 8.1 - 2pH + \log[WO_4^{2-}] \tag{2-81}$$

通过计算 $FeWO_4(s)$ 及 $MnWO_4(s)$ 饱和溶液中各组分浓度与 pH 值的关系，绘制出 $FeWO_4(s)$ 及 $MnWO_4(s)$ 的浓度对数图，如图 2-5 和图 2-6 所示。

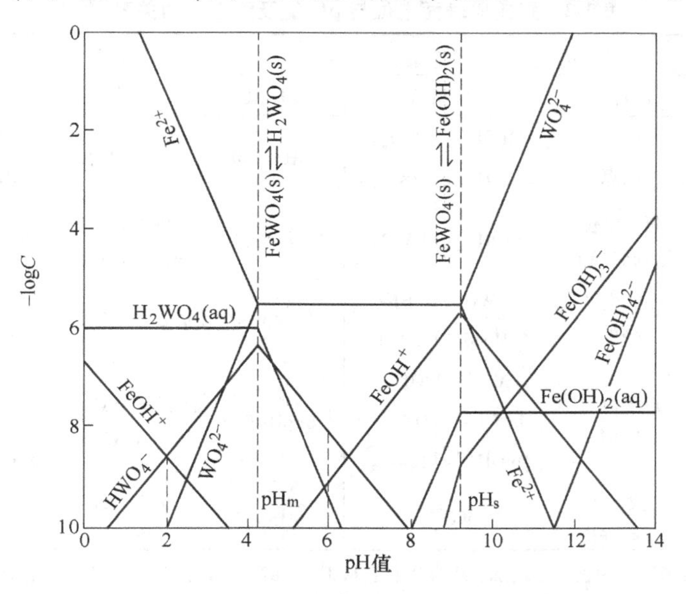

图 2-5 $FeWO_4(s)$ 饱和溶液中各组分的浓度对数图

利用图 2-5 和图 2-6 可以从理论上分析钨锰矿和钨铁矿表面的电位随 pH 值的变化的情况，分析黑钨矿的浮选行为，黑钨矿表面 ζ 电位与 pH 值关系及浮选行为见表 2-2。

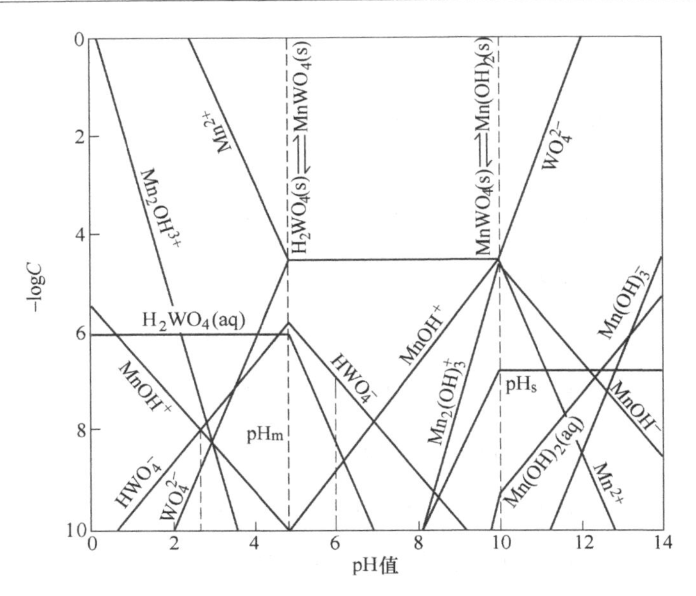

图 2-6　$MnWO_4(s)$ 饱和溶液中各组分的浓度对数图

表 2-2　黑钨矿表面电位与 pH 值及浮选行为关系[90,91]

钨锰矿			钨铁矿		
pH 值	ζ 电位	定位离子	pH 值	ζ 电位	定位离子
pH≤2.8	理论等电点	$MnOH^+$、HWO_4^- $[MnOH^+]>[HWO_4^-]$	pH≤2.0	理论等电点	$FeOH^+$、HWO_4^- $[FeOH^+]=[HWO_4^-]$
2.8<pH<4.8	负 ζ 电位增加到峰值	$[MnOH^+]<[HWO_4^-]$	2.0<pH<4.3	负 ζ 电位增加到峰值	$[MnOH^+]<[HWO_4^-]$
4.8<pH<6	负 ζ 电位降低	$[HWO_4{}^-]$ 下降 $[MnOH^+]$ 增加	4.3<pH<6	负 ζ 电位降低	$[HWO_4^-]$ 下降 $[FeOH^+]$ 增加
6<pH<9.9	近零电点区域	Mn^{2+}、WO_4^{2-} $[Mn^{2+}]=[WO_4^{2-}]\gg[MnOH^+]<[HWO_4^-]$	6<pH<9.3	近零电点区域	Fe^{2+}、WO_4^{2-} $[Fe^{2+}]=[WO_4^{2-}]\gg[FeOH^+]<[HWO_4^-]$
pH>9.9	负 ζ 电位急剧降低	WO_4^{2-}	pH>9.3	负 ζ 电位急剧增大	WO_4^{2-}

注：1. 随着黑钨矿中铁含量增加，电性质将更接近于 $FeWO_4(s)$，随着含锰量的增加，电性质将更接近于 $MnWO_4(s)$；
2. pH<*IEP*，不能产生静电力吸附与化学吸附；
3. *IEP*<pH<6，矿物表面负 ζ 高，也不利于静电作用与化学吸附；
4. $pH>pH_s$，矿物表面带高负电荷，阻碍静电作用与化学吸附；
5. pH=6.0~9.5，Mn^{2+} 或 Fe^{2+} 易与捕收剂发生化学吸附，捕收剂将在“近零电点区域”达到黑钨最佳浮选。

2.3 捕收剂与矿物的可浮性

以上矿物晶体结构、表面组分、界面性质和表面电性的研究表明，黑钨矿与白钨矿等含钙矿物的表面性质存在一定的相似性，会给浮选分离带来困难；同时也存在差异性，也为分离提供可能性。为了实现微细粒级黑钨矿高效回收，在油酸钠、GYR、水杨醛肟、GYB及组合捕收剂浮选体系中，研究了黑钨矿、白钨矿、萤石、方解石和石英五种单矿物的浮选行为，考察pH值和捕收剂对黑钨矿的捕收能力的影响，筛选出效果好的捕收剂及最佳pH值范围。在最佳pH值区间内，考察不同捕收剂体系下硝酸铅的用量对黑钨矿单矿物浮选的影响、组合捕收剂对黑钨矿及含钙矿物的捕收效果，为实际微细粒级黑钨矿浮选提供依据，旨在探索适用于微细粒级黑钨矿浮选的药剂制度，改善其浮选指标。

2.3.1 GYR对单矿物捕收性能的影响

GYR经脂肪酸类改性而成，黄色黏稠液体（低温为固体），对某些难选矿石有较好适应性，常与螯合捕收剂联用浮选黑白钨混合矿。H_2SO_4和NaOH调节矿浆的pH值，当活化剂$Pb(NO_3)_2$用量为100mg/L、GYR用量为200mg/L条件下，考察在GYR浮选体系中，pH值变化对黑钨矿、白钨矿、方解石、萤石和石英五种单矿物浮选效果的影响，浮选试验流程见图2-7，试验结果见图2-8。

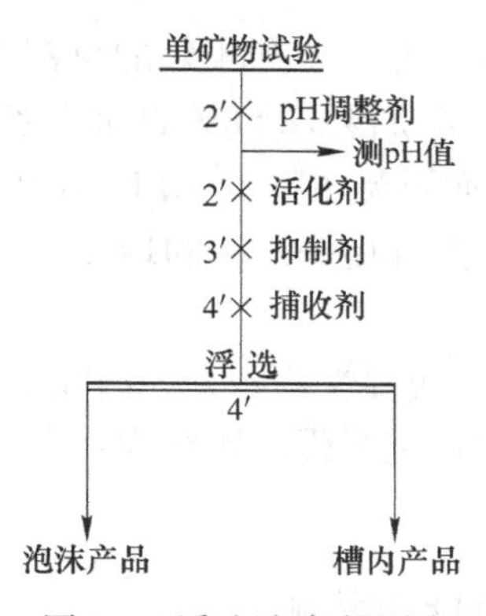

图2-7 浮选试验流程图

从图2-8的试验结果可知，GYR浮选体系中：

（1）在酸性矿浆中，黑钨矿回收率偏低，其最适浮选范围是pH=7~9，pH=8.0处，黑钨矿可浮性最佳，回收率达54.56%，其可浮性随pH值升高而变差，可能是因为pH>9.5时，矿浆$Pb(OH)_3^-$较多，有较多负离子附于黑钨矿物表面阳区，排斥阴离子捕收剂在上面吸附，而使硝酸铅无法活化。

（2）在pH=8~12区间，白钨矿都有不错的回收效果，在pH=9附近，白钨

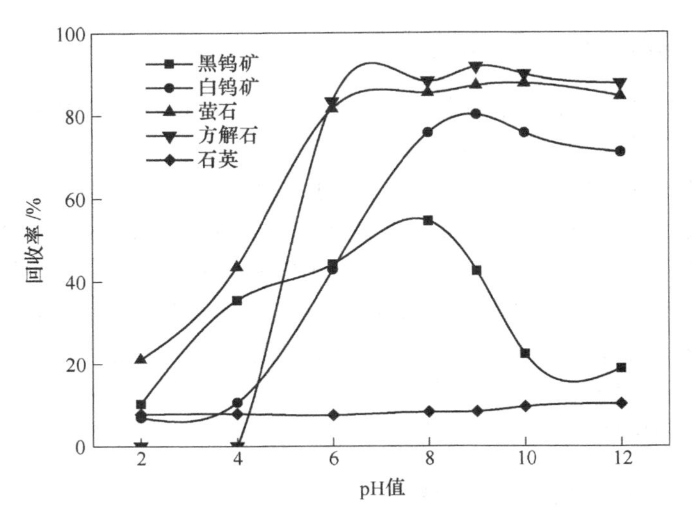

图 2-8　GYR 体系中 pH 值对单矿物可浮性影响

$Pb(NO_3)_2$用量=100mg/L；GYR 用量=200mg/L

矿可浮性最好，回收率最佳；在 pH<4 范围，白钨矿可浮性极差，基本难以被捕收；在强碱区间内，白钨矿回收率缓慢下降。在强酸及强碱矿浆环境下，白钨矿的回收效果均较差。

（3）在 pH=7～11 区间，萤石具有较好的可浮性，回收率大于 80%，pH=10.0 处附近，可浮性最佳，可获得 87.68%的回收率；仅在 pH<4.0 或 pH>12.0 区间内，萤石可浮性较差，而石英在整个 pH 区间内可浮性均较低。

（4）方解石的可浮性与萤石相似，在 pH=6～12 区间，具有较高的可浮性；pH=9 时，可浮性最好。

（5）石英在整个 pH 区间可浮性都很差，回收率小于 10%。

（6）GYR 捕收各单矿物的能力强弱顺序为：方解石>萤石>白钨矿>黑钨矿>石英。

2.3.2　油酸钠对矿物捕收性能的影响

氧化矿浮选常选用油酸及油酸钠作为捕收剂，油酸钠可较好地耐低温，可得到较稳定的浮选指标。因其捕收力较强，故其选择性较差，需与高选择性抑制剂联合使用，方可获得理想的浮选指标。

H_2SO_4和 NaOH 调节矿浆的 pH 值，当活化剂 $Pb(NO_3)_2$用量为 100mg/L、油酸钠用量为 200mg/L 时，考察油酸钠作捕收剂时，pH 值对黑钨矿、白钨矿、方解石、萤石和石英等五种单矿物浮选效果的影响，浮选试验流程见图 2-7，试验结果见图 2-9。

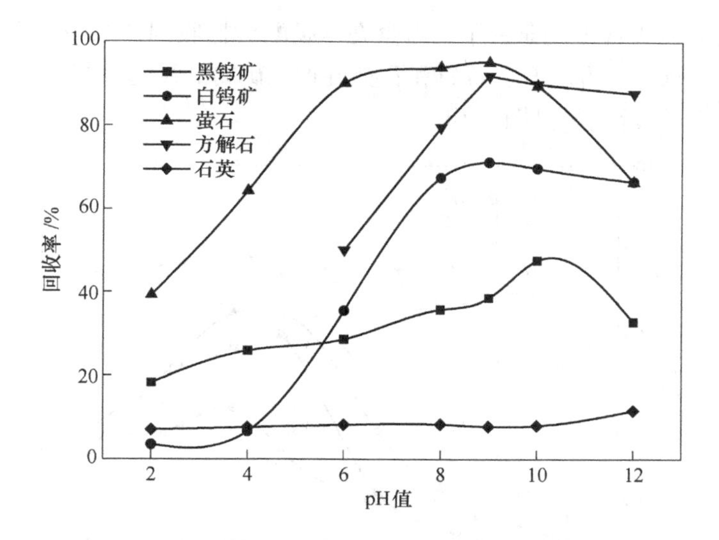

图 2-9　油酸钠体系中 pH 值对单矿物可浮性影响

$Pb(NO_3)_2$ 用量=100mg/L；油酸钠用量=200mg/L

从图 2-9 的结果可知，油酸钠浮选体系中：

（1）黑钨矿于 pH=8.0~11.0 区间能获得较好且稳定的指标，回收率均大于 34%，在 pH=9.0 时，黑钨矿可浮性最高，回收率为 47.58%。

（2）在强酸环境下，白钨矿回收率极低，基本不可浮；pH=8~12 范围，白钨矿可浮性较高，在 pH=9 时，能获得最高的回收率，pH 值继续升高后，其回收率反而缓慢降低。

（3）在 pH=8~12 范围，方解石具有较好的可浮性，在 pH=9 时，回收率最高。

（4）在 pH=6~11 范围，萤石具有较好的可浮性，回收率均大于 80%，在 pH=9 时，达到最大值。

（5）在整个 pH 区间，石英回收率均很低，基本不上浮。

（6）油酸钠捕收各单矿物的能力强弱顺序为：萤石>方解石>白钨矿>黑钨矿>石英。

2.3.3　水杨醛肟对矿物捕收性能的影响

水杨醛肟为螯合型氧化矿捕收剂，主要成分为 $C_7H_7NO_2$，可与众多金属离子产生螯合作用，与矿物表面金属离子产生螯合物附于矿物表面，使其疏水上浮。

H_2SO_4和 NaOH 调节矿浆的 pH 值，当活化剂 $Pb(NO_3)_2$用量为 100mg/L、水

杨醛肟用量为 200mg/L 的条件下，考察在水杨醛肟捕收剂体系中，不同的 pH 值对黑钨矿、白钨矿、方解石、萤石和石英五种单矿物的浮选性能影响，浮选试验流程见图 2-7，试验结果见图 2-10。

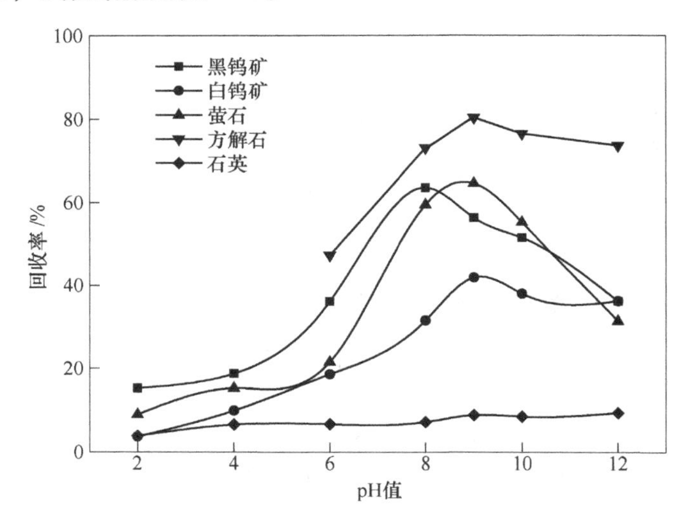

图 2-10　水杨醛肟体系中 pH 值对单矿物可浮性影响

$Pb(NO_3)_2$用量＝100mg/L；水杨醛肟用量＝200mg/L

从图 2-10 的试验结果可知，水杨醛肟体系中：

（1）黑钨矿适于在 pH＝7.0～9.0 范围矿浆中进行选别，在 pH＝8.0 时，可获得 63.55%回收率，黑钨矿浮选效果最佳。

（2）整个 pH 值区间，白钨矿回收效果均不理想；强酸环境下，白钨矿基本不可浮，回收率极低；在 pH＝8～10 弱碱范围的环境下，回收效果较好，在 pH＝9 时，回收效果最佳；随 pH 值继续增加，回收率缓慢下降。造成这种现象的可能原因是：在低 pH 值矿浆中，由于可与金属离子发生螯合作用的水杨醛肟离子的减少，造成捕收作用降低；在高 pH 值矿浆中，虽然解离度升高，但金属羟基络合物和 OH^- 发生竞争，使得水杨醛肟离子减少，造成水杨醛肟捕收作用降低。

（3）在 pH＝8～12 范围，方解石可浮性要好于萤石、白钨矿。

（4）在 pH＝6.5～9.5 范围，萤石可获得较好的浮选效果，在 pH＝9.0 时，萤石回收率达 64.55%，可浮性最佳。

（5）在整个 pH 值区间范围内，石英回收率均小于 10%，基本不上浮。

（6）水杨醛肟捕收各单矿物的能力强弱顺序为：方解石>黑钨矿>萤石>白钨矿>石英。

2.3.4 苯甲羟肟酸对矿物捕收性能的影响

苯甲羟肟酸呈红棕色固体，弱酸性，成分为 $C_7H_7NO_2$。由于苯甲羟肟酸毒性低，捕收能力强，被广泛的应用于黑钨矿、锡石等矿物的浮选。

以 H_2SO_4 及 NaOH 调节矿浆酸碱性，在 $Pb(NO_3)_2$ 用量 100mg/L、苯甲羟肟酸用量 200mg/L 的条件下，考察在苯甲羟肟酸捕收剂体系中，不同的 pH 值对黑钨矿、白钨矿、方解石、萤石和石英五种单矿物的浮选性能影响，浮选试验流程见图 2-7，试验结果见图 2-11。

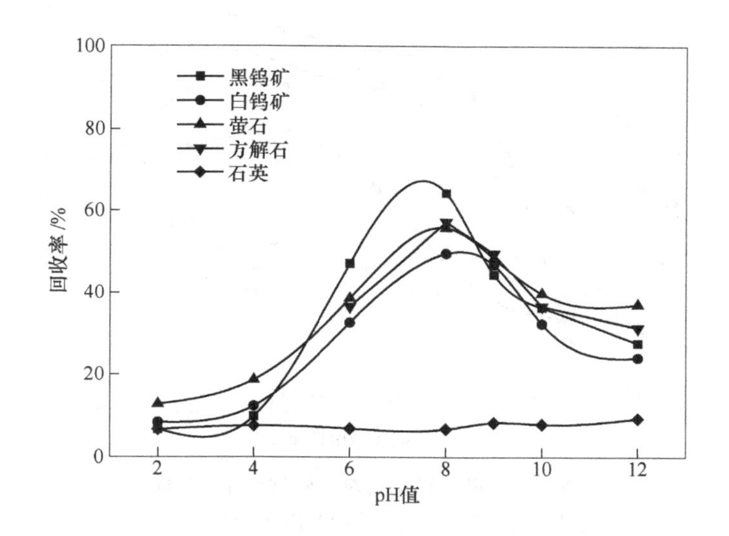

图 2-11 苯甲羟肟酸体系中 pH 值对单矿物可浮性影响

$Pb(NO_3)_2$ 用量 = 100mg/L；苯甲羟肟酸用量 = 200mg/L

从图 2-11 的试验结果可知，苯甲羟肟酸体系中：

（1）黑钨矿仅于 pH = 6.0 ~ 8.0 较小的范围内具有较好的可浮性，在 pH = 8.0 时，黑钨矿回收率最高达 64.25%。

（2）强酸及强碱性环境下，白钨矿均较难上浮，在弱碱环境下（pH = 9），可浮性最佳，回收率达 49.68%。

（3）方解石于 pH = 6 ~ 10 区间均有较好的可浮性，pH = 10.0 时，可浮性最好，回收率达 57.23%。

（4）萤石具有与方解石相类似的可浮性，在 pH = 6.0 ~ 10.0 区间具有较好可浮性，在 pH = 8.0 时，回收率最高达 57.23%。

（5）在整个 pH 值区间内，石英回收率均小于 10%，基本不上浮。

2.3.5　不同捕收剂体系下硝酸铅用量对黑钨矿单矿物可浮性影响

添加 $Pb(NO_3)_2$ 可使黑钨矿可浮性显著变好，黑钨矿最适浮选 pH 值为 8.0 左右，回收率高达 64.25%，说明 $Pb(NO_3)_2$ 在苯甲羟肟酸捕收剂体系中，可显著改善黑钨矿的浮选效果，且基本不影响捕收剂的作用 pH 值。在 pH = 8 时，捕收剂用量均为 200mg/L，在油酸钠、GYR、水杨醛肟及 GYB 捕收剂体系中，考察硝酸铅用量对黑钨矿回收指标的影响，试验结果见图 2-12。

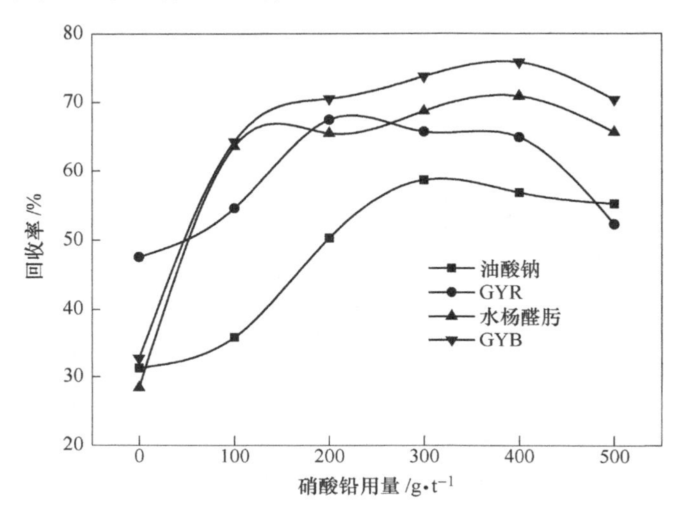

图 2-12　硝酸铅用量对单矿物可浮性影响

油酸钠用量 = 200mg/L；GYR 用量 = 200mg/L；

水杨醛肟用量 = 200mg/L；GYB 用量 = 200mg/L

由图 2-12 结果表明，在油酸钠、GYR、水杨醛肟和 GYB 捕收剂体系下，黑钨回收率均随活化剂用量增加而升高，当超过一定值的用量，其回收率缓慢降低。油酸钠及 GYR 作捕收剂时，硝酸铅超过 300mg/L 后，回收率开始下降；水杨醛肟及 GYB 作捕收剂时，硝酸铅超过 400mg/L 后，回收率开始下降。硝酸铅活化黑钨矿浮选的机理在第 3 章中有详细解释。

2.3.6　组合捕收剂对黑钨矿的捕收性能的影响

在实际矿物浮选的体系中，组合药剂之间往往会产生 1+1>2 的协同作用，利用单一药剂各自的优点，组合使用后能够表现出更好的效果，很多组合药剂广泛应用到不同矿物浮选的实际生产实践中。针对难选微细粒级黑钨矿，很多实践都表明采用组合捕收剂能改善其选矿指标，本试验拟筛选出对微细粒级黑钨矿回收效果好的组合捕收剂，为实际矿石浮选提供依据。

采用 GYB 为主捕收剂，在 GYB 中添加辅助捕收剂联用，以改善黑钨矿的回收效果，考察 GYB 分别与 GYR、油酸钠、水杨醛肟和 TAB-3 组合使用的效果，了解组合捕收剂对微细粒级黑钨矿和脉石矿物回收指标的影响。在 pH = 8、硝酸铅用量为 400mg/L、GYB 用量为 200mg/L 试验条件下，考察四种不同辅助捕收剂的用量对黑钨矿回收指标的影响，试验结果见图 2-13。

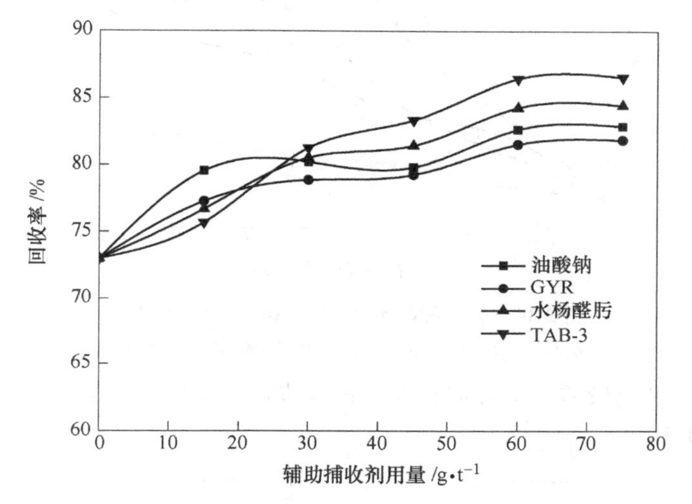

图 2-13　辅助捕收剂对黑钨矿单矿物可浮性影响

$Pb(NO_3)_2$用量 = 100mg/L；苯甲羟肟酸用量 = 300mg/L

由图 2-13 可知，无论 GYB 与何种捕收剂组合使用，黑钨矿回收率均随辅助捕收剂用量增加而升高，用量大于 60mg/L 后，其回收率增幅变小；用量小于 30mg/L 时，油酸钠对回收率增幅最大，效果最好，TAB-3 增幅最小；在此范围内，各组合捕收剂对黑钨矿捕收作用强弱顺序：油酸钠>GYR>水杨醛肟>TAB-3；辅助捕收剂用量高于 30mg/L 后，TAB-3 对黑钨矿捕收能力最强，浮选效果最好，GYR 对黑钨矿回收率增幅最小，在这个范围，组合捕收剂对黑钨矿捕收作用强弱顺序：TAB-3>水杨醛肟>油酸钠>GYR；在整个区间内，TAB-3 作用的回收曲线斜率最大，对黑钨矿的捕收能力最强。

2.3.7　组合捕收剂对脉石矿物的捕收性能的影响

以螯合捕收剂 GYB 与四种辅助捕收剂组合使用为微细粒级黑钨矿浮选捕收剂，硝酸铅作为活化剂，在 pH = 8 时，硝酸铅用量为 400mg/L，GYB 用量为 200mg/L 的试验条件下，考察四种辅助组合捕收剂的用量对石英、萤石和方解石可浮性的影响，试验结果见图 2-14～图 2-16。

由图 2-14 可知，添加四种辅助捕收剂后，石英回收率有一定量的增加，但

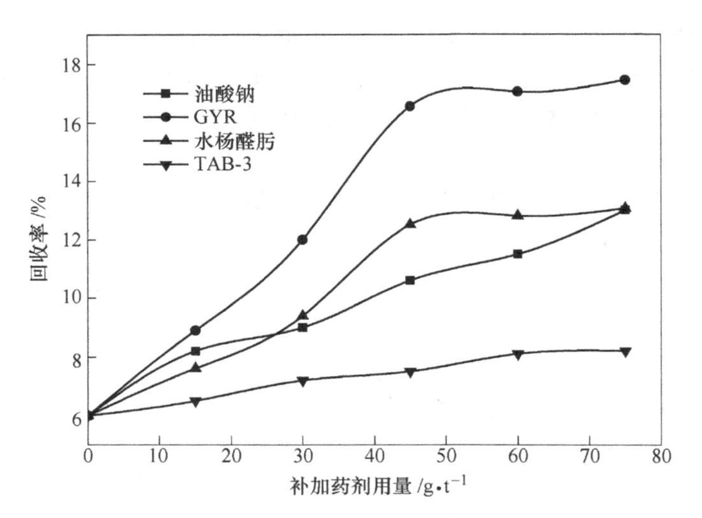

图 2-14　辅助捕收剂对石英单矿物可浮性影响

$Pb(NO_3)_2$用量=100mg/L；苯甲羟肟酸用量=300mg/L

仍较低，可浮性仍较差，组合捕收剂对石英捕收性能强弱顺序：GYR>水杨醛肟>油酸钠>TAB-3。

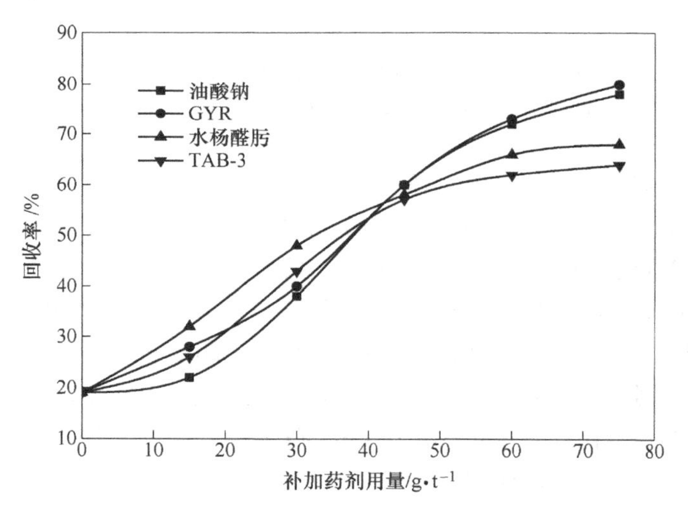

图 2-15　辅助捕收剂对萤石单矿物可浮性影响

$Pb(NO_3)_2$用量=100mg/L；苯甲羟肟酸用量=300mg/L

图 2-15 的试验研究结果可知，无论 GYB 和何种捕收剂组合，萤石回收率均随辅助捕收剂用量增加而升高；各辅助捕收剂的性能存在差别，辅助捕收剂用量低于 45mg/L 时，水杨醛肟捕收性能最好，油酸钠对回收率的增幅最小，在此区间内，组合捕收剂对萤石捕收作用强弱顺序为：水杨醛肟>TAB-3>GYR>油酸钠；

当辅助捕收剂用量大于 45mg/L 后，GYR 捕收性能最好，浮选效果最佳，TAB-3 对萤石回收率的增幅最小，在此区间内，组合捕收剂对萤石捕收作用强弱顺序为：GYR>油酸钠>水杨醛肟>TAB-3；在组合捕收剂对萤石捕收性能影响的整个区间内，GYR 对萤石作用的回收率曲线斜率最大，捕收效果最佳，TAB-3 对萤石的捕收作用最小；对于含萤石高的微细粒级黑钨矿，用 GYB 和 TAB-3 作为组合捕收剂，在 TAB-3 用量较大时，组合捕收剂对黑钨矿捕收能力与对萤石捕收能力差别较大，可以获得较好的浮选指标。

由图 2-16 可知，无论 GYB 与何种捕收剂组合使用，方解石回收率均随辅助捕收剂用量增加而升高，但是其捕收性能也有差别；整个浮选区间内，组合捕收剂对方解石捕收作用强弱顺序为：GYR>油酸钠>水杨醛肟>TAB-3；GYR 对方解石捕收性能最好，TAB-3 对方解石回收率增幅最小，捕收性能最小。对于含方解石高的微细粒级黑钨矿，用 GYB 和 TAB-3 作为组合捕收剂，组合捕收剂对黑钨矿捕收能力与对萤石捕收能力差别较大，可以获得较好的浮选指标。

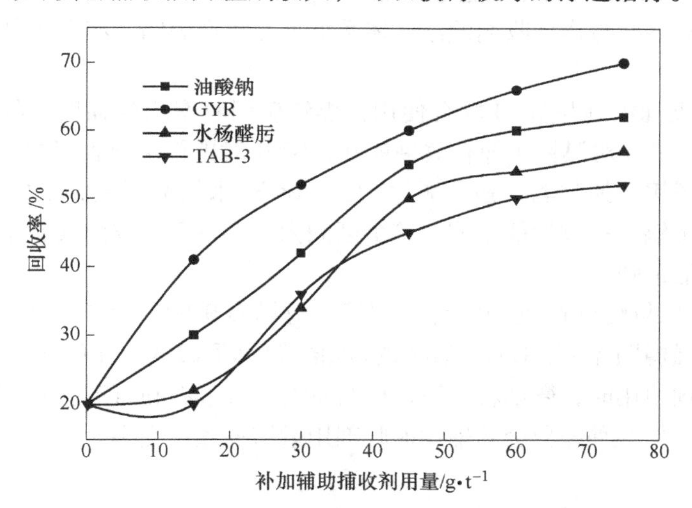

图 2-16　辅助捕收剂对方解石单矿物可浮性影响

$Pb(NO_3)_2$用量 = 100mg/L；苯甲羟肟酸用量 = 300mg/L

GYB 与 GYR、油酸钠、水杨醛肟和 TAB-3 组合使用后，黑钨回收率均随着辅助捕收剂用量增加而上升，其中与 TAB-3 组合后，回收率增幅最大。四种组合捕收剂对三种脉石矿物的回收指标影响差异较明显，GYB 与辅助捕收剂联合使用后，对三种脉石矿物的捕收作用强弱顺序为：GYR>油酸钠>水杨醛肟>TAB-3。当 GYB 与 TAB-3 组合为组合捕收剂使用时，微细粒级黑钨矿与萤石、方解石和石英脉石矿物间的回收率差异最大，但这种差异性会随辅助捕收剂用量的增加而变小。

2.4　小结

（1）黑钨矿表面分布了 Fe、Mn、Ca 等活性质点，但是含量有较大的差异性。黑钨矿表面 Mn、Fe 含量高于 Ca；黑钨矿和捕收剂作用的活性质点主要为 Mn^{2+}、Fe^{2+}，且在不同浮选介质中作用质点不同，脉石矿物的活性质点主要是 Ca^{2+}。

（2）矿物晶体结构差异将导致表面元素、电性和可浮性的不同，在 pH = 8 的矿浆环境中，黑钨矿和含钙矿物表面元素的溶解具有选择性，前者表面 Mn、Fe 溶出很少，而后者表面有大量 Ca 溶出，Ca^{2+}会进入矿浆，使活性质点含量减少，减弱捕收剂的吸附能力，而使其可浮性下降。

（3）Si^{4+}和 Ca^{2+}没有 Fe^{2+}和 Mn^{2+}多余空的 d 轨道，不能接受羟肟酸极性基中氧或氮的孤对电子，且 Ca^{2+}的离子半径大于 Fe^{2+}和 Mn^{2+}，无法产生稳定螯合物；Si^{4+}与氧组成四面体被氧完全包裹，且 Si^{4+}离子半径太小，使羟肟酸与石英表面无法吸附。故羟肟酸作捕收剂的浮选体系下，易实现黑钨矿和含钙脉石选择性浮选分离。

（4）辅助捕收剂与 GYB 联合使用，黑钨矿回收率均随辅助捕收剂用量的增加而升高，TAB-3 对黑钨矿捕收效果最好，GYR 对黑钨矿回收率的增幅最小，组合捕收剂对黑钨矿捕收能力强弱顺序为：TAB-3>水杨醛肟>油酸钠>GYR；在组合捕收剂对黑钨矿捕收性能影响的整个区间内，TAB-3 回收曲线斜率最大，对黑钨矿捕收性能最强。

（5）GYB 与辅助捕收剂联合使用后，对脉石矿物（萤石、方解石、石英）的捕收能力强弱顺序为：GYR>油酸钠>水杨醛肟>TAB-3。当 GYB 与 TAB-3 组合为组合捕收剂使用时，微细粒级黑钨矿与萤石、方解石和石英脉石矿物间的回收率差异最大，但这种差异会随辅助捕收剂用量增加逐步变小。

3 浮选体系界面作用调控强化黑钨矿浮选

3.1 固液界面矿物表面离子溶解与捕收剂定向吸附

矿物浮选体系下的固液界面，存在着矿物组分的溶解以及药剂在矿物表面吸附两个过程，实现矿物分离的关键是调控固液界面与水的亲疏特性，因此，研究固液界面组分溶解与捕收剂吸附的相关机制，既可深入认识矿物分离的过程，也可为选矿工艺改造、浮选药剂开发提供依据。目前关于柿竹园黑钨矿浮选过程的研究，主要集中在新药剂研制与应用上，而忽视了对固液界面组分溶解与捕收剂吸附两个基本过程的研究。

黑钨矿表面主要含有锰、铁、钙、镁离子，而白钨矿、萤石、方解石矿物表面主要含钙、镁离子，这些金属离子在一定的矿浆环境中可以从矿物表面向矿浆中迁移，矿浆中的金属离子也会向矿物表面迁移，从而改变矿物表面的性质。为明晰不同矿浆体系中，捕收剂在矿物表面定向吸附的问题，本章拟探讨捕收剂在矿物表面不同质点作用的吸附产物、吸附行为的差异性。同时，基于矿物表面与矿浆中的离子双向迁移，考察矿物表面溶解与矿物表面性质及矿浆环境的变化关系，并探究其对捕收剂吸附的影响。在此基础上，通过对黑钨矿浮选体系中离子选择性迁移的强化调控，增强捕收剂吸附的选择性，形成捕收剂定向吸附机制，为黑钨浮选流程制定提供依据。

3.1.1 捕收剂在矿物表面吸附的特征

选择在黑钨矿浮选中广泛应用的捕收剂——苯甲羟肟酸为研究对象，通过动电位测试、XPS 和红外光谱分析等不同方法，系统研究 pH 值不同时，苯甲羟肟酸与黑白钨矿及脉石矿物表面活性质点作用的差异，明晰苯甲羟肟酸在不同矿物表面的活性质点。

苯甲羟肟酸在不同 pH 值条件下与黑钨矿及含钙矿物吸附，矿物表面与羟肟酸根作用活性质点不同，苯甲羟肟酸在黑钨矿表面主要作用于锰、铁质点，白钨矿、萤石、方解石则主要作用于钙质点。在不同矿浆 pH 值条件下，白钨矿、萤石、方解石与苯甲羟肟酸的作用均主要为以不同方式与矿物表面的钙离子吸附，主要归因于这三种矿物表面钙元素相对密度要明显高于铁、锰。

浮选体系中，药剂吸附于矿物表面后，矿物表面性质亦随之变化。硅酸钠、

GYB 与不同矿物作用前后，矿物表面动电位随 pH 值变化规律分别见图 3-1～图 3-4。

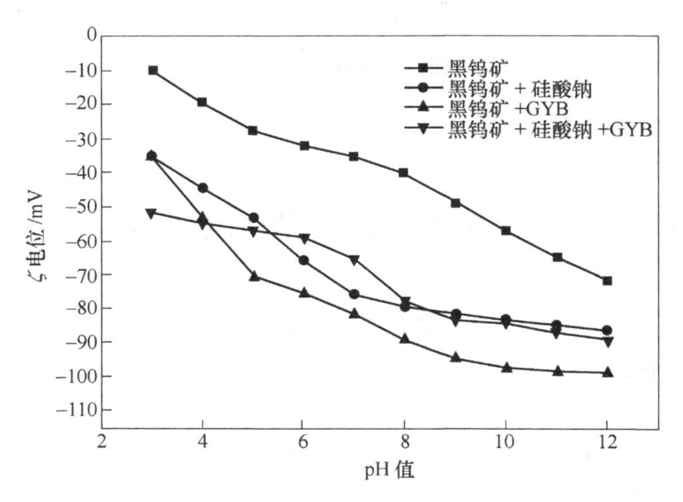

图 3-1　药剂作用前后黑钨矿表面动电位与 pH 值的关系

由图 3-1 可知，黑钨矿经硅酸钠作用后，其动电位产生负移，表明硅酸钠化学吸附于黑钨矿表面；与单用硅酸钠或 GYB 比较，经硅酸钠、GYB 共同作用后，黑钨矿表面动电位负移较少，表明 GYB 和硅酸钠在其表面存在竞争吸附。

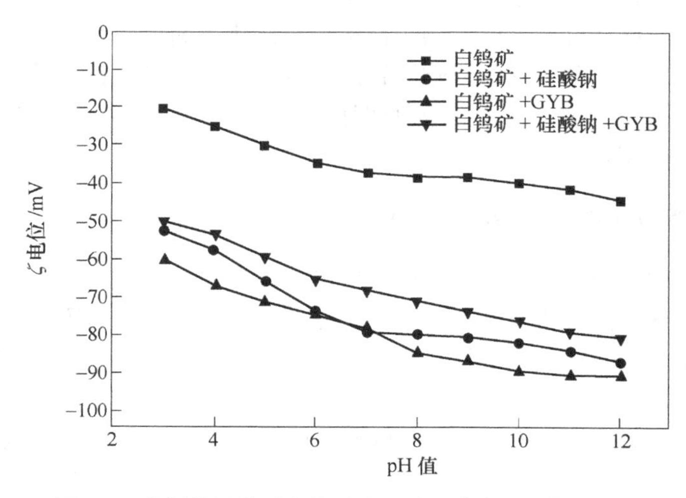

图 3-2　药剂作用前后白钨矿表面动电位与 pH 值的关系

由图 3-2 可知，白钨矿表面经硅酸钠作用后，其动电位负移，且电位值较负，负移趋势随 pH 值增大而逐渐变大，表明硅酸钠化学吸附于白钨矿表面；与单用硅酸钠或 GYB 比较，经硅酸钠、GYB 共同作用后，白钨矿表面动电位负移较少，表明 GYB 和硅酸钠在其表面存在竞争吸附。

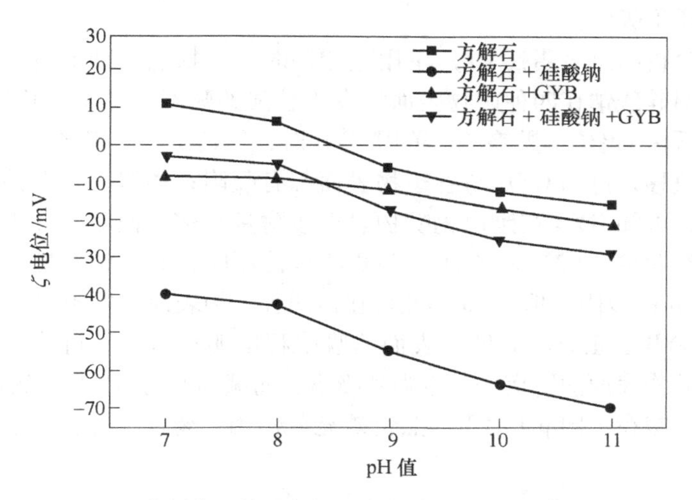

图 3-3 药剂作用前后方解石表面动电位与 pH 值的关系

由图 3-3 可知，方解石表面经硅酸钠作用过后，其动电位整体较大程度负移，表明硅酸钠化学吸附于方解石矿物表面；与单用硅酸钠比较，硅酸钠、GYB 联合作用下，方解石电位负移较少，仍比单用 GYB 大，可能是 H_2SiO_3吸附了矿物表面的钙离子，从而减弱 GYB 与钙点的作用。

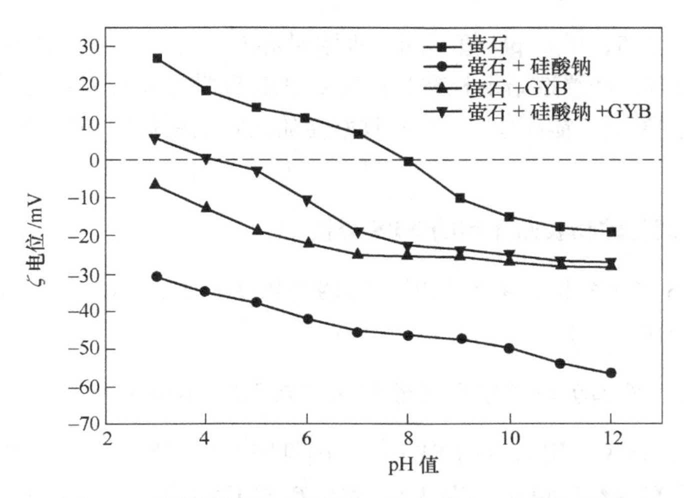

图 3-4 药剂作用前后萤石表面动电位与 pH 值的关系

由图 3-4 可知，萤石表面经硅酸钠作用后，动电位负移，且随 pH 值的增大，尚有较多负移，表明硅酸钠与其表面钙离子产生了较强的作用；与单用硅酸钠或GYB相比，在硅酸钠、GYB联合作用下，动电位负移少，表明硅酸钠与GYB在其表面存在竞争吸附。

动电位分析结果表明：（1）单用硅酸钠时，矿物表面动电位均出现较大程度负移，表明硅酸钠在四种矿物表面均发生较强的吸附，电位负移量排序如下：方解石≈萤石>白钨矿≈黑钨矿；单用GYB时，黑钨矿、白钨矿、萤石、方解石电位都发生负移，可知GYB与各矿物表面都有吸附；黑钨矿、白钨矿动电位负移量更明显，可知GYB在黑白钨矿物表面吸附量较多，而吸附在方解石、萤石表面的量相对较少；（2）硅酸钠、GYB联合使用时，硅酸钠在黑白钨表面的吸附削弱了GYB的吸附，但GYB仍然可在这两种矿物表面产生较多吸附。随着pH值的增加，GYB在萤石、方解石表面的吸附程度明显减弱，可能为硅酸钠水解组分与两种矿物表面的钙离子产生强烈吸附，而减弱其对GYB的吸附。

苯甲羟肟酸在不同pH值下与黑钨矿充分作用，药剂在黑钨矿表面的吸附量见表3-1。

表3-1　不同pH值条件下水溶液分析结果

pH值	4.0	6.0	8.0	9.0	10.0	11.0
剩余浓度/mg · L^{-1}	194	185	147	178	193	199
吸附量/mg · g^{-1}	1.12	1.30	2.06	1.44	1.14	1.02

由表3-1可知，矿浆pH值不同，吸附量亦有变化，黑钨矿表面的吸附量在pH=8.0时最多，和浮选结果相吻合；吸附量随药剂用量增加亦逐渐变大，且增幅逐渐趋于平缓。浮选黑钨时，其回收率会随捕收剂用量增加得到提高，但增幅逐步变缓。

3.1.2　捕收剂与矿物表面作用的XPS分析

结合XPS能谱分析，考察苯甲羟肟酸与黑钨矿、白钨矿、萤石、方解石和石英作用的规律。

3.1.2.1　黑钨矿与苯甲羟肟酸作用前后XPS能谱分析

黑钨矿与GYB作用前后的XPS全谱图见图3-5，黑钨矿与GYB作用前后表面Fe 2p元素XPS窄区谱图见图3-6，黑钨矿与GYB作用前后表面Mn 2p3元素XPS窄区谱图见图3-7，黑钨矿与GYB作用前后表面元素结合能与元素相对浓度见表3-2。

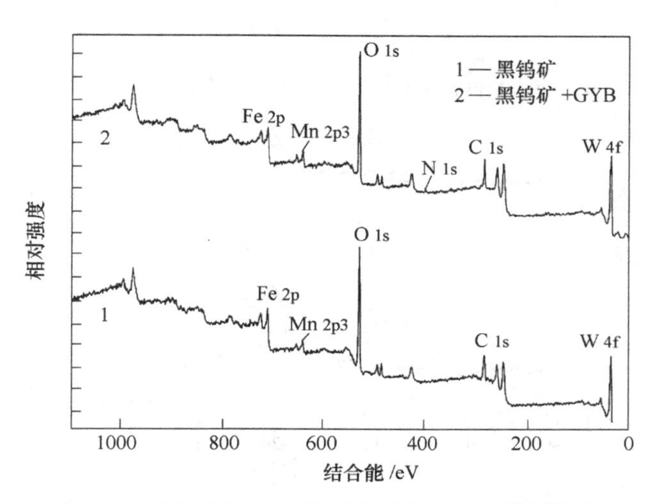

图 3-5 黑钨矿与 GYB 作用前后的 XPS 全谱扫描图

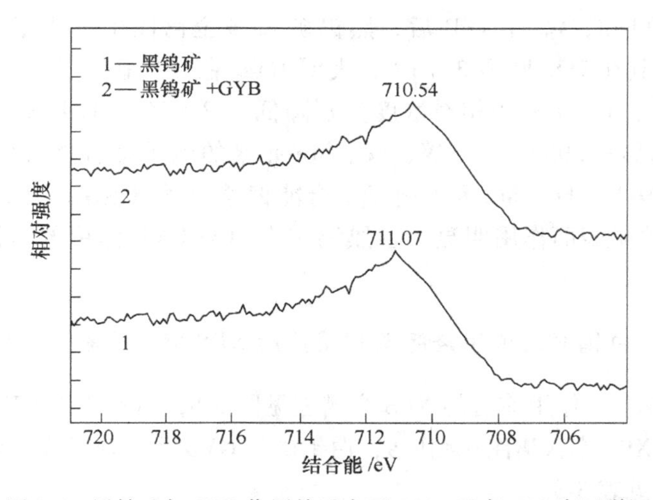

图 3-6 黑钨矿与 GYB 作用前后表面 Fe 2p 元素 XPS 窄区谱图

表 3-2 GYB 与黑钨矿作用前后黑钨矿表面元素结合能与元素相对浓度

原子轨道		N 1s	O 1s	变化	W 4f	变化	Fe 2p	变化	Mn 2p3	变化
结合能 /eV	黑钨矿		530.48	0.03	35.22	-0.11	711.07	-0.53	640.55	-0.39
	黑钨矿+GYB	401.03	530.51		35.11		710.54		640.16	
相对浓度 /%	黑钨矿		56.35	2.05	12.35	2.19	6.74	-2.92	3.23	-1.47
	黑钨矿+GYB	3.76	58.40		14.54		3.82		1.76	

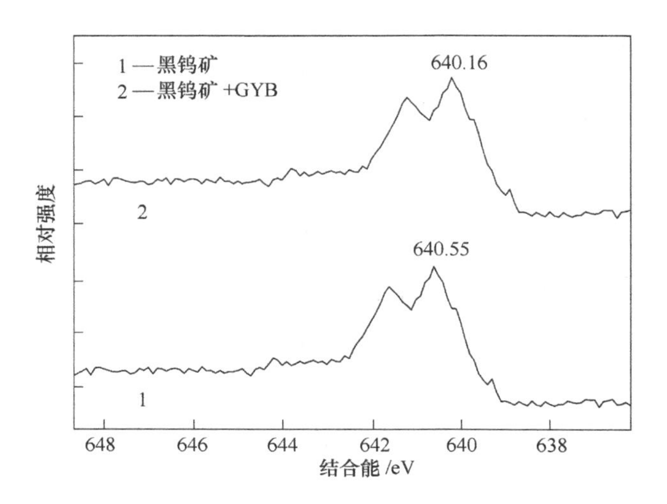

图 3-7　黑钨矿与 GYB 作用前后表面 Mn 2p3 元素 XPS 窄区谱图

由图 3-5 可知，添加 GYB 后，黑钨矿 XPS 全谱图中产生了 N 的特征峰，由表 3-2 可知其相对浓度为 3. 76%，表明 GYB 在黑钨矿表面产生吸附，且吸附量较大，Fe、Mn 元素的相对浓度分别降低了 2. 92%、1. 47%。表面 O 元素电子结合能偏移+0. 03eV，而 W、Fe、Mn 元素的电子结合能分别偏移-0. 11、-0. 53、-0. 39eV，Fe、Mn 元素电子结合能偏移显著（见图 3-6、图 3-7），表明 GYB 与黑钨矿表面作用明显，且黑钨矿表面与 GYB 作用的活性质点为 Fe、Mn 质点。

3. 1. 2. 2　白钨矿与苯甲羟肟酸作用前后 XPS 能谱分析

白钨矿与 GYB 作用前后的 XPS 全谱图见图 3-8，白钨矿与 GYB 作用前后表面 Ca 2p 元素 XPS 窄区谱图见图 3-9，白钨矿与 GYB 作用前后表面元素结合能与元素相对浓度见表 3-3。

表 3-3　GYB 与白钨矿作用前后白钨矿表面元素结合能与元素相对浓度

原子轨道		N 1s	O 1s	变化	W 4f	变化	Ca 2p	变化
结合能/eV	白钨矿		530. 50	0. 06	35. 2	-0. 09	346. 76	-0. 36
	白钨矿+GYB	401. 01	530. 56		35. 11		346. 4	
相对浓度/%	白钨矿		55. 04	0. 83	10. 43	1. 32	14. 46	-2. 73
	白钨矿+GYB	2. 48	55. 87		11. 75		11. 73	

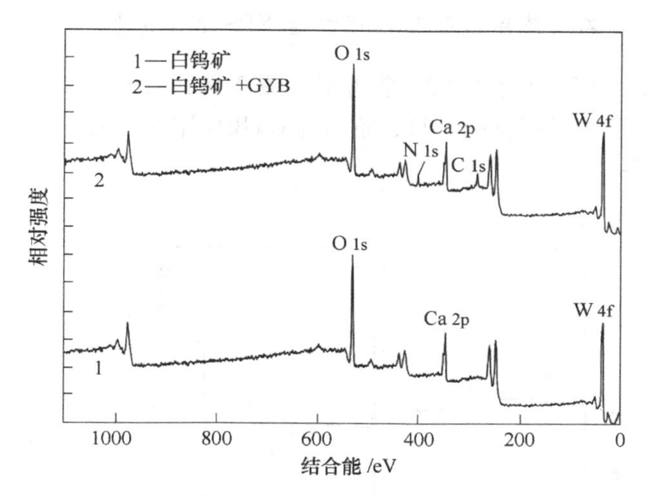

图 3-8 白钨矿与 GYB 作用前后的 XPS 全谱扫描图

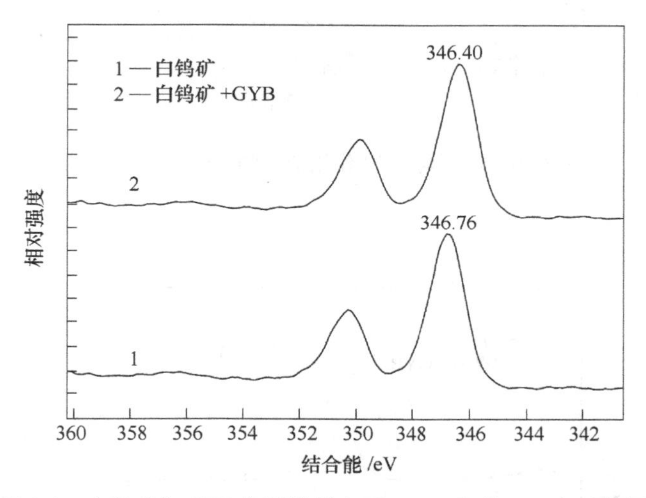

图 3-9 白钨矿与 GYB 作用前后表面 Ca 2p 元素 XPS 窄区谱图

由图 3-8 可知，添加 GYB 后，白钨矿 XPS 全谱图中产生了 N 的特征峰，由表 3-3 可知其相对浓度为 2.48%，表明 GYB 在白钨矿表面产生了较多吸附，Ca 元素相对浓度降低了 2.73%。白钨矿表面的 O 元素电子结合能偏移+0.06eV，而 W、Ca 元素的电子结合能分别偏移-0.09、-0.36eV，Ca 元素电子结合能偏移显著（见图 3-9），表明 GYB 与白钨矿作用明显且白钨矿表面与 GYB 作用的活性质点为 Ca 质点。

3.1.2.3　萤石与苯甲羟肟酸作用前后 XPS 能谱分析

萤石与 GYB 作用前后的 XPS 全谱图见图 3-10，萤石与 GYB 作用前后表面 Ca 2p 元素 XPS 窄区谱图见图 3-11，萤石与 GYB 作用前后表面元素结合能与元素相对浓度见表 3-4。

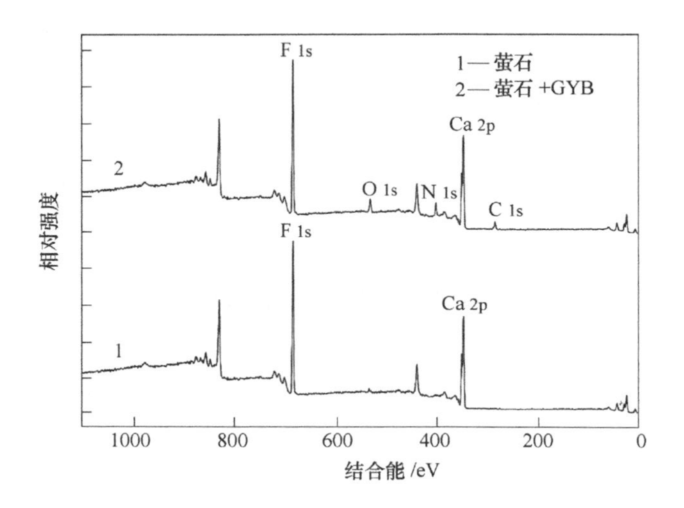

图 3-10　萤石与 GYB 作用前后的 XPS 全谱扫描图

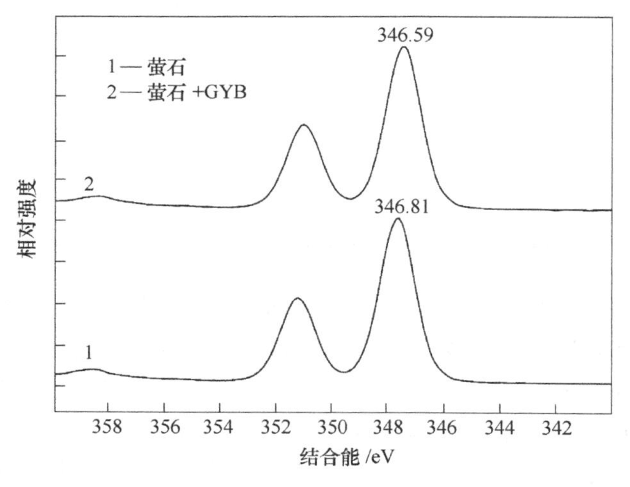

图 3-11　萤石与 GYB 作用前后表面 Ca 2p 元素 XPS 窄区谱图

表 3-4 GYB 与萤石作用前后萤石表面元素结合能与元素相对浓度

原子轨道		N 1s	O 1s	F 1s	变化	Ca 2p	变化
结合能/eV	萤石			684.66	-0.11	346.81	-0.22
	萤石+GYB	401.02	530.5	684.55		346.59	
相对浓度/%	萤石			51.6	1.05	34.14	-1.73
	萤石+GYB	1.07	3.65	52.65		32.41	

由图 3-10 可知，添加 GYB 后，萤石 XPS 全谱图中产生了 N 的特征峰，由表 3-4 可知其相对浓度为 1.07%，表明 GYB 在萤石表面产生了吸附，Ca 元素相对浓度降低了 1.73%。萤石表面 F、Ca 元素电子结合能分别偏移-0.11、-0.22eV（见图 3-11），表明 GYB 对萤石具有一定的捕收效果且萤石表面与 GYB 作用的活性质点为 Ca 质点。

3.1.2.4 方解石与苯甲羟肟酸作用前后 XPS 能谱分析

方解石与 GYB 作用前后的 XPS 全谱图见图 3-12，方解石与 GYB 作用前后表面 Ca 2p 元素 XPS 窄区谱图见图 3-13，方解石与 GYB 作用前后表面元素结合能与元素相对浓度见表 3-5。

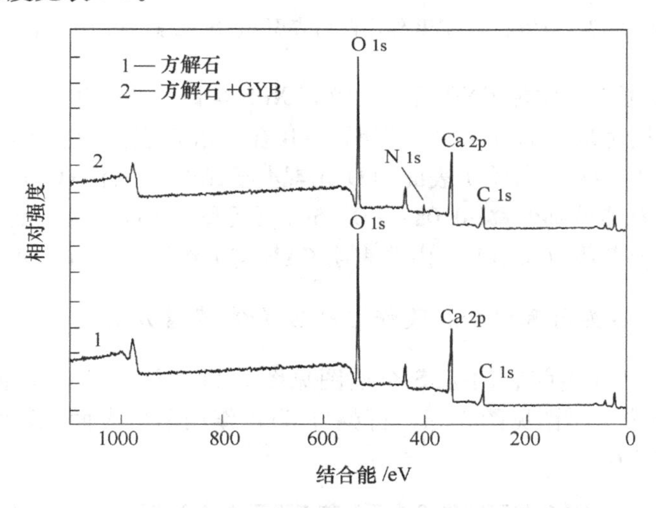

图 3-12 方解石与 GYB 作用前后的 XPS 全谱扫描图

表 3-5 GYB 与方解石作用前后方解石表面元素结合能与元素相对浓度

原子轨道		N 1s	O 1s	变化	C 1s	变化	Ca 2p	变化
结合能/eV	方解石		530.47	0.09	284.81	-0.08	346.8	-0.15
	方解石+GYB	401.03	530.56		284.73		346.65	

续表 3-5

原子轨道		N 1s	O 1s	变化	C 1s	变化	Ca 2p	变化
相对浓度/%	方解石		53.08	0.44	29.17	0.48	17.75	-1.64
	方解石+GYB	0.72	53.52		29.65		16.11	

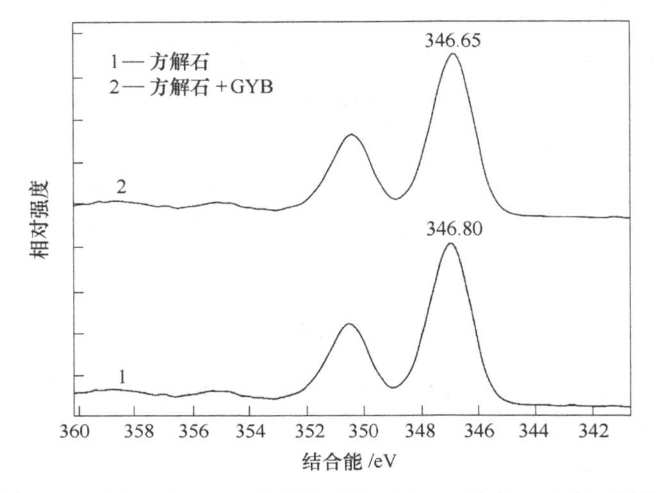

图 3-13　方解石与 GYB 作用前后表面 Ca 2p 元素 XPS 窄区谱图

由图 3-12 可知，添加 GYB 后，方解石 XPS 全谱图中产生了 N 的特征峰，由表 3-5 可知其相对浓度为 0.72%，表明 GYB 在方解石表面产生了吸附，Ca 元素相对浓度降低 1.64%。白钨矿表面的 O 元素电子结合能偏移+0.09eV，而 C、Ca 元素的电子结合能分别偏移-0.08、-0.15eV（见图 3-13），各元素电子结合能偏移均在仪器误差范围（0.2eV）内，表明 GYB 与方解石表面作用不明显。

3.1.2.5　石英与苯甲羟肟酸作用前后 XPS 能谱分析

石英与 GYB 作用前后的 XPS 全谱图见图 3-14，石英与 GYB 作用前后表面 Si 2p元素 XPS 窄区谱图见图 3-15，石英与 GYB 作用前后表面元素结合能与元素相对浓度见表 3-6。

表 3-6　GYB 与石英作用前后石英表面元素结合能与元素相对浓度

原子轨道		N 1s	O 1s	变化	Si 2p	变化
结合能/eV	石英		530.52	0.02	103.16	0.1
	石英+GYB	401.00	530.54		103.26	
相对浓度/%	石英		63.7	3.32	32.14	-1.31
	石英+GYB	0.63	67.02		30.83	

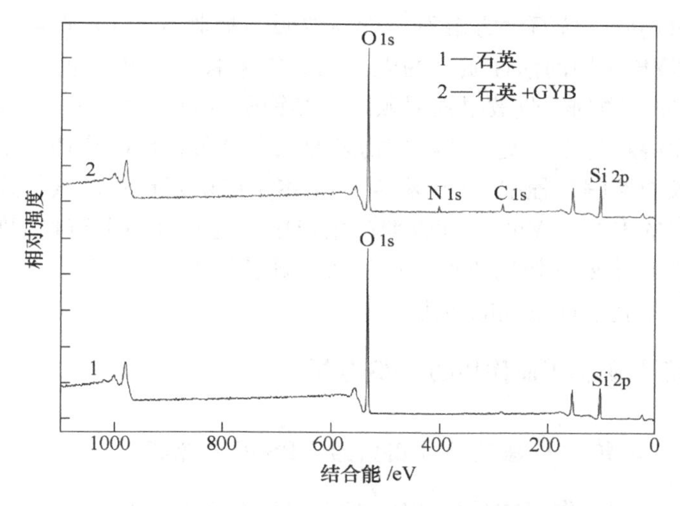

图 3-14 石英与 GYB 作用前后的 XPS 全谱扫描图

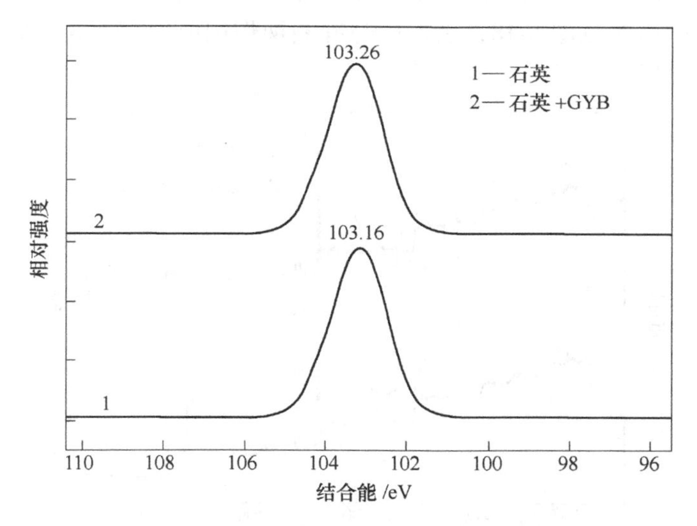

图 3-15 石英与 GYB 作用前后表面 Si 2p 元素 XPS 窄区谱图

由图 3-14 可知，添加 GYB 后，石英 XPS 全谱图中产生了 N 的特征峰，由表 3-6 可知其相对浓度为 0.63%，石英表面的 O、Si 元素电子结合能分别偏移 +0.02、+0.1eV（见图 3-15），电子结合能偏移均在仪器误差范围（0.2eV）内，表明 GYB 与石英基本未发生作用。

通过比较 GYB 与各矿物作用后矿物表面出现的 N 元素的相对浓度大小，可以得出 GYB 在以上五种矿物表面的吸附量大小顺序：黑钨矿>白钨矿>萤石>方解石>石英。在弱碱性条件下，黑钨矿表面与 GYB 作用的活性质点为 Fe、Mn，且吸附量大，白钨矿、萤石、方解石表面主要吸附捕收剂于 Ca 质点，通过比较各矿物表面与 GYB 作用的活性质点的电子结合能偏移量（绝对值）大小，可以得出 GYB 对五种矿物的捕收效果强弱顺序：黑钨矿>白钨矿>萤石>方解石>石英。

矿物表面溶解显著改变了两种矿物表面元素分布，也影响捕收剂的吸附，对于黑钨矿，表面溶解过程中，Fe^{2+}和 Mn^{2+}基本不向矿浆迁移，其他元素向矿浆迁移，导致更多的 Fe^{2+}和 Mn^{2+}与捕收剂产生作用，进而有利于捕收剂吸附；Ca^{2+}是 GYB 与含钙矿物主要的作用质点，在表面溶解过程中，Ca^{2+}会进入至矿浆内，作用质点减少，不利于捕收剂的吸附。

3.1.3　抑制剂与矿物表面作用的 XPS 分析

3.1.3.1　黑钨矿与硅酸钠作用前后 XPS 能谱分析

黑钨矿与硅酸钠作用前后的 XPS 全谱图见图 3-16，黑钨矿与硅酸钠作用前后表面 Fe 2p 元素 XPS 窄区谱图见图 3-17，黑钨矿与硅酸钠作用前后表面 Mn 2p3 元素 XPS 窄区谱图见图 3-18，黑钨矿与硅酸钠作用前后表面元素结合能与元素相对浓度见表 3-7。

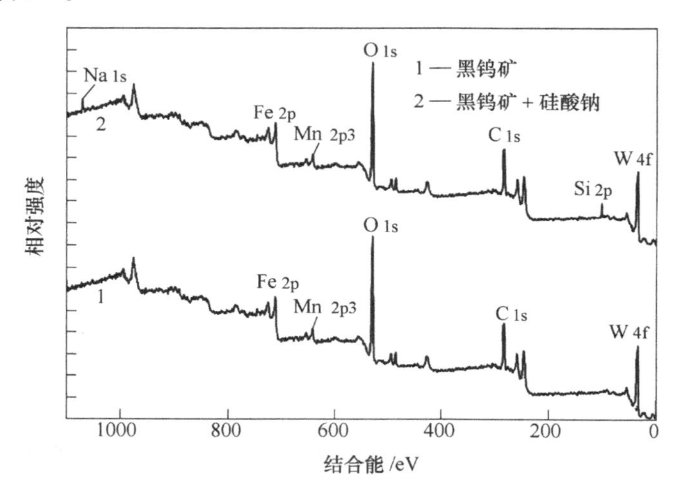

图 3-16　黑钨矿与硅酸钠作用前后的 XPS 全谱扫描图

表 3-7　黑钨矿与硅酸钠作用前后表面元素结合能与元素相对浓度

原子轨道		Si 2p	Na 1s	O 1s	变化	W 4f	变化	Fe 2p	变化	Mn 2p3	变化
结合能 /eV	黑钨矿			530.48	0.03	35.22	0.04	711.07	0.08	640.55	0.05
	黑钨矿+硅酸钠	102.28	1071.3	530.51		35.26		711.15		640.60	

续表 3-7

原子轨道		Si 2p	Na 1s	O 1s	变化	W 4f	变化	Fe 2p	变化	Mn 2p3	变化
相对浓度/%	黑钨矿			56.35	0.73	12.35	0.23	6.74	-0.32	3.23	-0.54
	黑钨矿+硅酸钠	1.04	1.08	57.08		12.58		6.42		2.69	

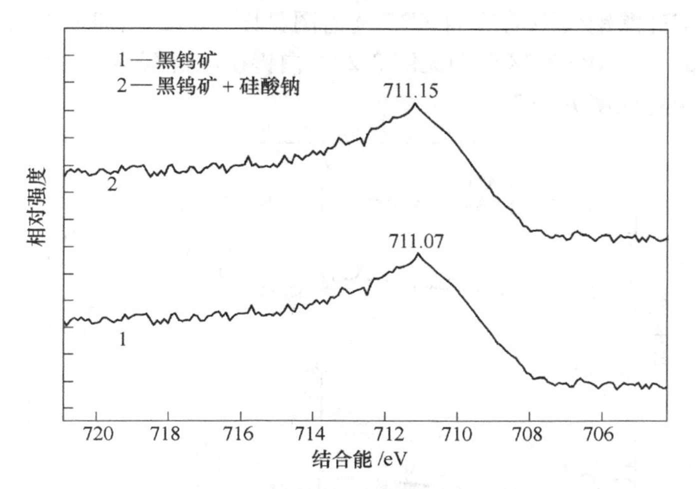

图 3-17 黑钨矿与硅酸钠作用前后表面 Fe 2p 元素 XPS 窄区谱图

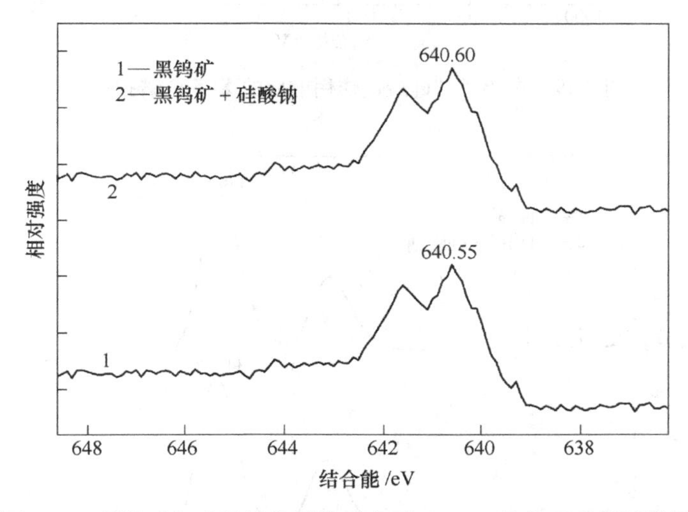

图 3-18 黑钨矿与硅酸钠作用前后表面 Mn 2p3 元素 XPS 窄区谱图

由图 3-16 可知，添加硅酸钠后，黑钨矿 XPS 全谱图中产生了 Si、Na 元素的特征峰，由表 3-7 可知其相对浓度分别为 1.04%、1.08%，表明硅酸钠少量吸附于黑钨矿表面。同时硅酸钠使得矿物表面与捕收剂作用的活性质点 Fe、Mn 含量略微降低，表明硅酸钠对黑钨矿具有略微抑制作用。由图 3-17、图 3-18 和表 3-7 可知 Fe、Mn 各元素电子结合能基本无变化，均在 0.1eV 以内，小于仪器误差（0.2eV），表明硅酸钠在黑钨矿表面基本不发生作用，与实际浮选效果相一致。

3.1.3.2　白钨矿与硅酸钠作用前后 XPS 能谱分析

白钨矿与硅酸钠作用前后的 XPS 全谱图见图 3-19，白钨矿与硅酸钠作用前后表面 Ca 2p 元素 XPS 窄区谱图见图 3-20，白钨矿与硅酸钠作用前后表面元素结合能与元素相对浓度见表 3-8。

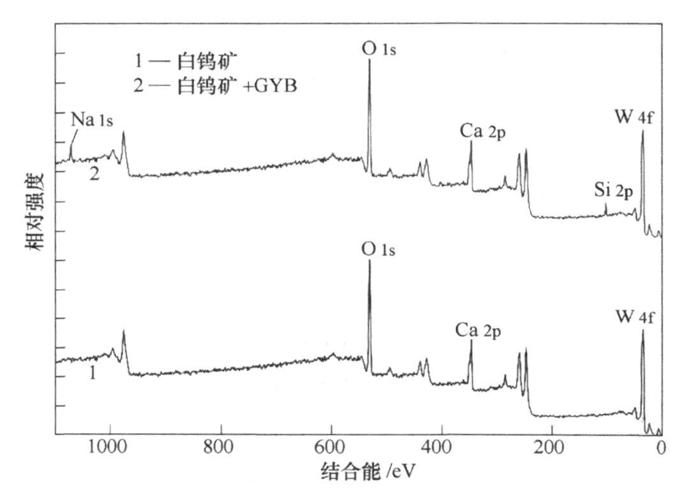

图 3-19　白钨矿与硅酸钠作用前后的 XPS 全谱扫描图

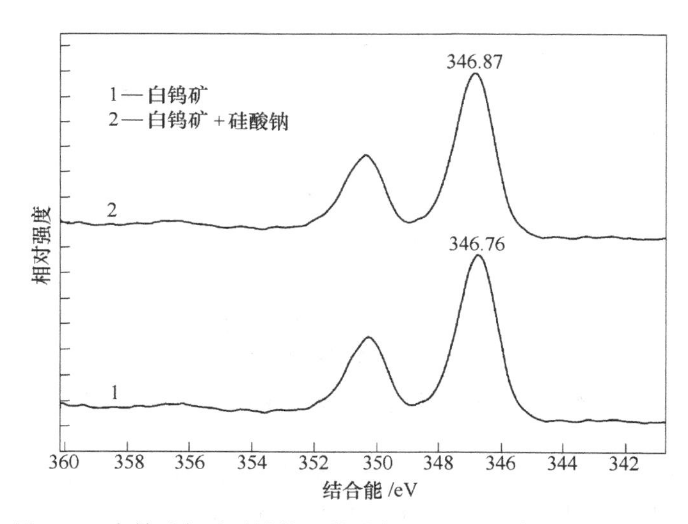

图 3-20　白钨矿与硅酸钠作用前后表面 Ca 2p 元素 XPS 窄区谱图

表 3-8 白钨矿与硅酸钠作用前后表面元素结合能与元素相对浓度

原子轨道		Si 2p	Na 1s	O 1s	变化	W 4f	变化	Ca 2p	变化
结合能 /eV	白钨矿			530.50	0.04	35.2	0.09	346.76	0.11
	白钨矿+硅酸钠	102.29	1071.3	530.54		35.29		346.87	
相对浓度 /%	白钨矿			55.04	1.03	10.43	0.45	14.46	−0.79
	白钨矿+硅酸钠	1.39	1.43	56.07		10.88		13.67	

由图 3-19 可知，添加硅酸钠后，白钨矿 XPS 全谱图中产生了 Si、Na 元素的特征峰，由表 3-8 可知，其相对浓度分别为 1.39%、1.43%，表明硅酸钠少量吸附在白钨矿表面。同时硅酸钠使得白钨矿表面与捕收剂作用的活性质点 Ca 含量降低 0.79%，表明硅酸钠对白钨矿具有微弱的抑制作用。白钨矿表面 O、W 元素的电子结合能各偏移+0.04、+0.09eV，Ca 元素电子结合能偏移+0.11eV（见图 3-20），均在仪器误差（0.2eV）范围，说明硅酸钠在白钨矿表面作用不明显。

3.1.3.3 萤石与硅酸钠作用前后 XPS 能谱分析

萤石与硅酸钠作用前后的 XPS 全谱图见图 3-21，萤石与硅酸钠作用前后表面 Ca 2p 元素 XPS 窄区谱图见图 3-22，萤石与硅酸钠作用前后表面元素结合能与元素相对浓度见表 3-9。

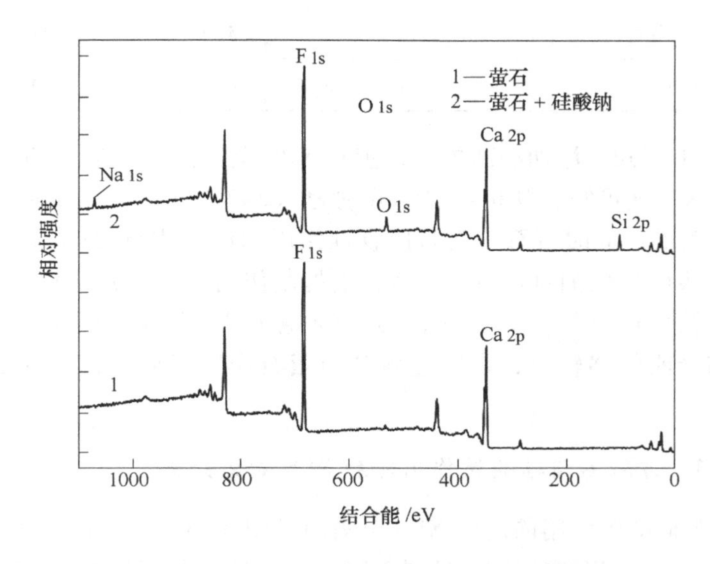

图 3-21 萤石与硅酸钠作用前后的 XPS 全谱扫描图

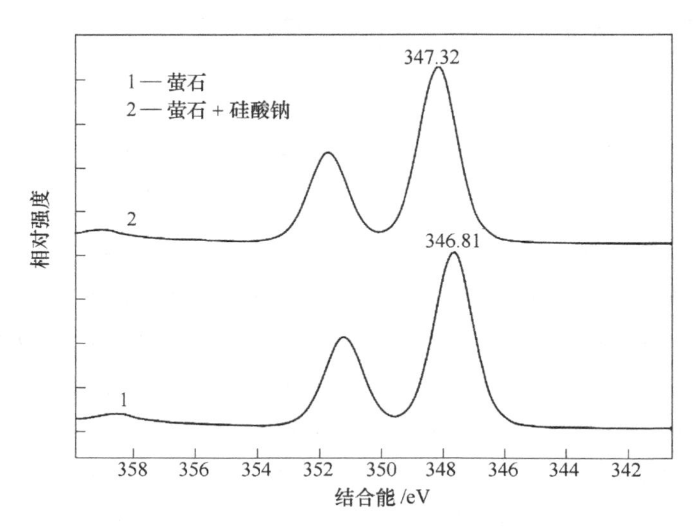

图 3-22　萤石与硅酸钠作用前后表面 Ca 2p 元素 XPS 窄区谱图

表 3-9　萤石与硅酸钠作用前后表面元素结合能与元素相对浓度

原子轨道		Si 2p	Na 1s	O 1s	F 1s	变化	Ca 2p	变化
结合能 /eV	萤石				684. 66	0. 17	346. 81	0. 51
	萤石+硅酸钠	102. 31	1071. 32	530. 47	684. 83		347. 32	
相对浓度 /%	萤石				51. 6	0. 16	34. 14	−3. 23
	萤石+硅酸钠	3. 34	3. 42	5. 17	51. 76		30. 91	

由图 3-21 可知，添加硅酸钠后，萤石 XPS 全谱图中产生了 Si、Na 元素的特征峰，由表 3-9 可知，其相对浓度分别为 3. 34%、3. 42%，表明硅酸钠大量吸附在萤石表面。同时萤石表面与捕收剂作用的活性质点 Ca 元素相对浓度降低 3. 23%，表明硅酸钠对萤石具有较强的抑制作用。萤石表面 F、Ca 元素的电子结合能各偏移+0. 17、+0. 51eV，其中 Ca 电子结合能偏移明显（见图 3-22），而 F 电子结合能偏移较小，表明硅酸钠与萤石作用明显且作用的活性质点为 Ca 质点。

3. 1. 3. 4　*方解石与硅酸钠作用前后 XPS 能谱分析*

方解石与硅酸钠作用前后的 XPS 全谱图见图 3-23，方解石与硅酸钠作用前后表面 Ca 2p 元素 XPS 窄区谱图见图 3-24，方解石与硅酸钠作用前后表面元素结合能与元素相对浓度见表 3-10。

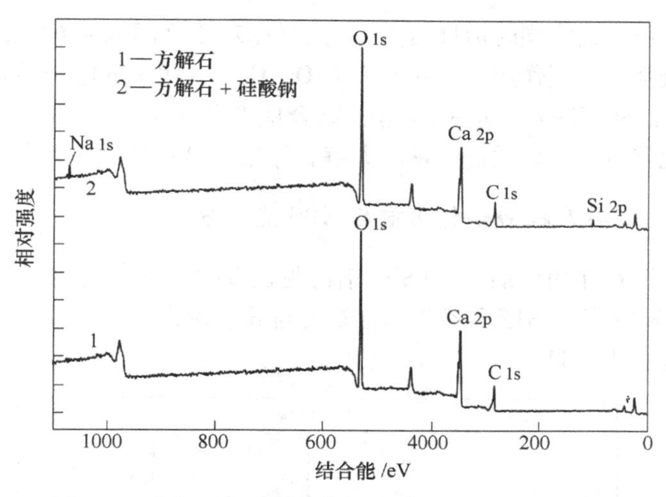

图 3-23 方解石与硅酸钠作用前后的 XPS 全谱扫描图

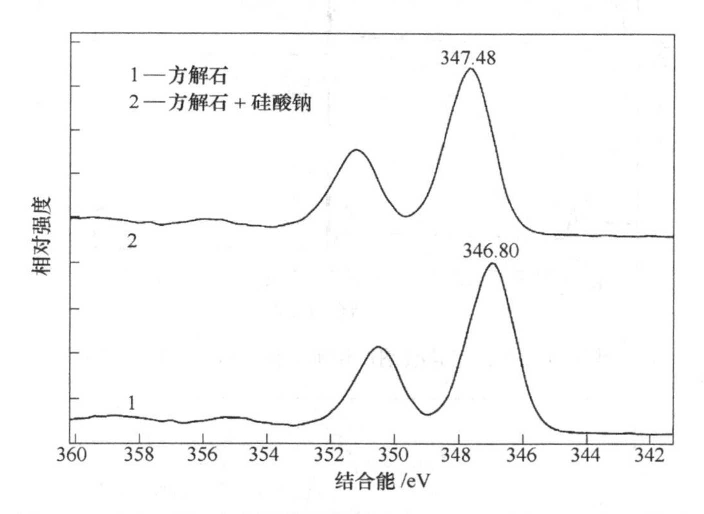

图 3-24 方解石与硅酸钠作用前后表面 Ca 2p 元素 XPS 窄区谱图

表 3-10 方解石与硅酸钠作用前后表面元素结合能与元素相对浓度

原子轨道		Si 2p	Na 1s	O 1s	变化	C 1s	变化	Ca 2p	变化
结合能 /eV	方解石			530.47	0.16	284.81	0.2	346.8	0.68
	方解石+硅酸钠	102.28	1071.3	530.63		285.01		347.48	
相对浓度 /%	方解石			53.08	−2.29	29.17	−1.28	17.75	−4.64
	方解石+硅酸钠	4.09	4.12	50.79		27.89		13.11	

由图 3-23 可知，添加硅酸钠后，方解石 XPS 全谱图中产生了 Si、Na 元素的特征峰，由表 3-10 可知，其相对浓度分别为 4.09%、4.12%，表明有较多的硅酸

钠吸附在方解石表面。同时活性质点 Ca 元素相对浓度降低 4.64%，表明硅酸钠对方解石有较强的抑制作用。方解石表面 O、C、Ca 元素的电子结合能分别偏移 +0.16、+0.2、+0.68eV，其中 Ca 电子结合能变化明显（见图 3-24），而 O、C 电子结合能偏移较少，表明硅酸钠和方解石作用明显且其活性质点为 Ca 质点。

3.1.3.5　石英与硅酸钠作用前后 XPS 能谱分析

石英与硅酸钠作用前后的 XPS 全谱图见图 3-25，石英与硅酸钠作用前后表面 Si 2p 元素 XPS 窄区谱图见图 3-26，石英与硅酸钠作用前后表面元素结合能与元素相对浓度见表 3-11。

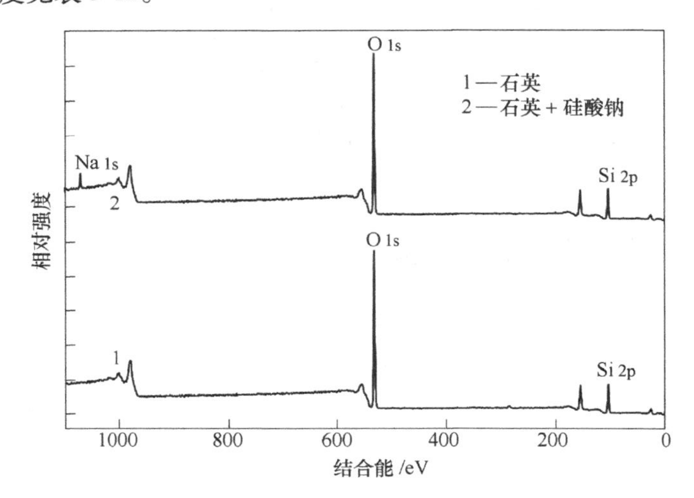

图 3-25　石英与硅酸钠作用前后的 XPS 全谱扫描图

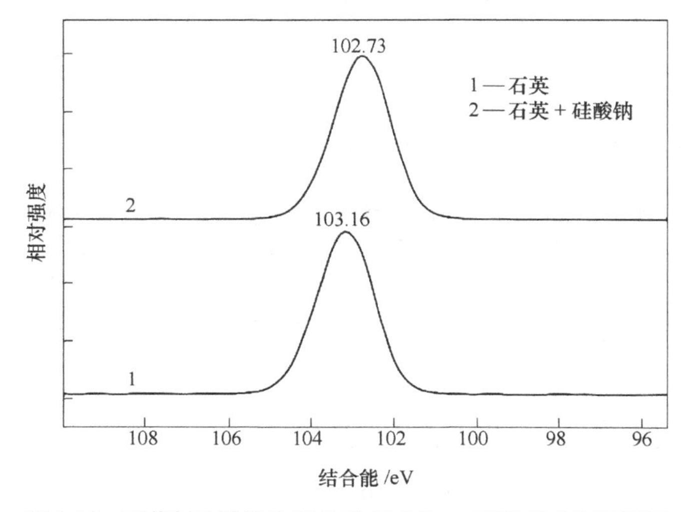

图 3-26　石英与硅酸钠作用前后表面 Si 2p 元素 XPS 窄区谱图

表 3-11 石英与硅酸钠作用前后表面元素结合能与元素相对浓度

原子轨道		Si 2p	变化	Na 1s	O 1s	变化
结合能/eV	石英	103.16	-0.43		530.47	0.14
	石英+硅酸钠	102.73		1071.32	530.61	
相对浓度/%	石英	32.14	-2.09		63.7	1.56
	石英+硅酸钠	30.05		3.16	65.26	

由图 3-25 可知，添加硅酸钠后，石英 XPS 全谱图产生了 Na 元素的特征峰，由表 3-11 可知，其相对浓度为 3.16%，表明硅酸钠在石英表面产生了吸附，硅酸钠对石英具有较强的抑制作用，石英表面的 Si 元素的电子结合能偏移 -0.43eV。

通过比较硅酸钠与各矿物作用后矿物表面 XPS 分析结果，可得出硅酸钠在以上五种矿物表面的吸附量大小顺序：方解石>萤石>石英>白钨矿>黑钨矿。黑钨矿表面与硅酸钠作用的活性质点为 Fe、Mn，白钨矿、萤石、方解石与硅酸钠作用的活性质点为 Ca，通过比较各矿物表面与硅酸钠作用的活性质点的电子结合能偏移量（绝对值）大小，可以得出硅酸钠对五种矿物的抑制作用强弱顺序为：方解石>萤石>石英>白钨矿>黑钨矿。

在柿竹园黑钨矿浮选体系下，在弱酸环境时，Ca^{2+}、Mg^{2+} 大量存在于矿浆中，矿浆中的 Ca^{2+}、Mg^{2+} 会迁移到黑钨矿表面，加剧异相凝聚，造成捕收剂与矿物作用和吸附减弱，调浆过程中固液界面矿物表面溶解减弱了抑制剂与含钙矿物的作用，不利于浮选分离；弱碱性时，难免离子含量少，异相凝聚影响小，捕收剂在黑钨矿与含钙矿物矿表作用质点有差异，含钙脉石矿物表面钙离子选择性溶出，削弱捕收剂与脉石矿物的作用，增大了二者的可浮性差异。故柿竹园复杂黑钨矿适合在弱碱中进行选择性浮选分离。

3.2 固液界面浮选药剂分子间协同竞争作用机制

在实际矿石浮选的复杂体系中，浮选药剂按照一定的规律组合使用时，其分离效果往往要优于单独使用其中一种药剂。目前的研究与生产中，黑钨矿浮选大多为组合药剂，包括捕收剂、调整剂。但令人遗憾的是，目前对黑钨矿浮选的组合药剂研究主要是对其进行的作用效果尝试的研究，且考虑知识产权问题，这些黑钨矿浮选组合药剂成分不清楚，组合药剂在矿物表面协同和竞争的作用机制研究更无从谈起。

本节拟采用矿物表面电位测定、红外光谱分析、溶液化学分析以及浮选试验，对不同组合浮选药剂在固液界面上的协同和竞争作用、行为以及必要性进行深入探讨。考察组合捕收剂协同作用、硝酸铅活化机理、调整剂与捕收剂竞争吸附及对矿物可浮性的影响，揭示组合捕收剂间的协同效果；比较不同调整剂、捕收剂与调整剂在黑钨矿浮选的固液界面上的竞争吸附能力。基于捕收剂协同作用和调整剂在固液界面上竞争吸附能力的探讨，形成黑钨矿浮选体系中固液界面浮选药剂分子间协同竞争作用机制。

3.2.1　组合捕收剂的协同作用

两种或多种药剂按照一定规律组合使用，药剂之间会产生协同效应，常常能获得比单一药剂更理想的指标。药剂在矿物表面吸附后，将造成动电位的改变，影响矿物表面电性和可浮性。故可通过浮选药剂作用后黑钨矿表面电位的变化，来解释黑钨矿表面与捕收剂吸附的区别，推断捕收剂与黑钨矿表面的作用关系，判定捕收剂对黑钨矿的捕收性能。

GYB 和 TAB-3 捕收体系及无药剂体系中黑钨矿表面电位与 pH 值的关系见图 3-27。

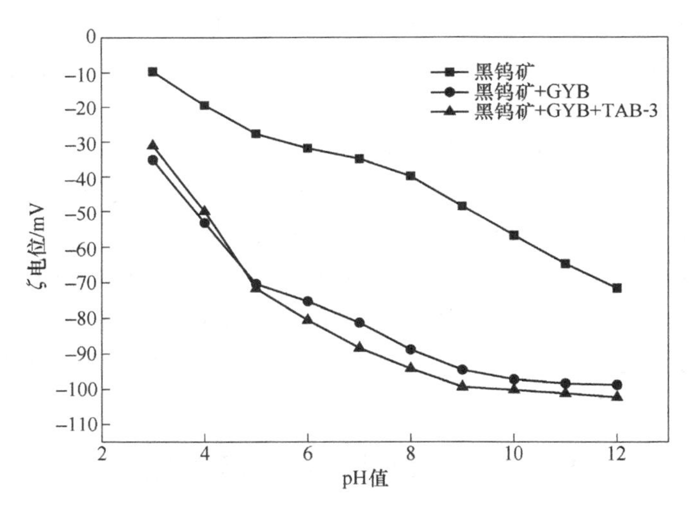

图 3-27　GYB 和 TAB-3 作用前后黑钨矿表面电位与 pH 值的关系

由图 3-27 可知，随 pH 值增大，黑钨矿表面电位负移，pH 值大于 8 后，变化幅度不大，可推断 pH＝8.0 条件下，捕收剂在矿物表面吸附更多。添加捕收剂后，黑钨矿电位负移，表明药剂在其表面产生了化学吸附。黑钨矿表面电位比未加捕收剂时低，GYB 与 TAB-3 联用时，能吸附在带负电的黑钨矿表面，表面电位比单用 GYB 时更低，表明 GYB 与 TAB-3 联用可于黑钨矿表面产生更强作用，与实际浮选效果相一致。

微细粒级黑钨矿可浮性试验研究表明，用 GYB+TAB-3 作为组合捕收剂，可以获得较好的浮选指标，通过红外光谱分析了黑钨矿经过硝酸铅活化后，黑钨矿与 GYB+TAB-3 作用后表面的吸附情况，如图 3-28～图 3-31 所示。

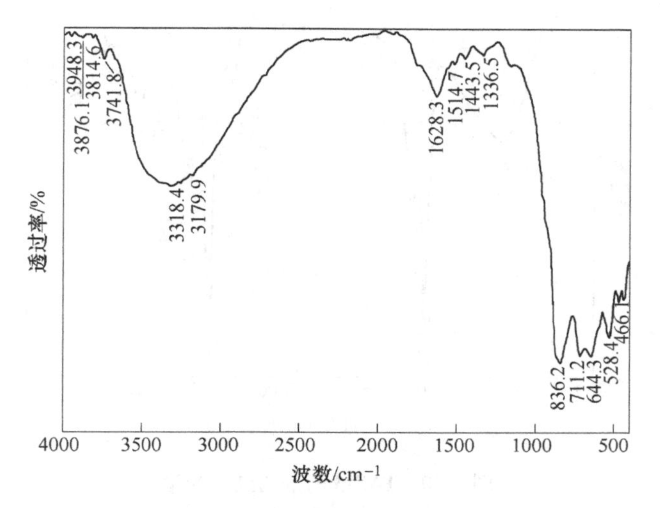

图 3-28　黑钨矿的红外光谱

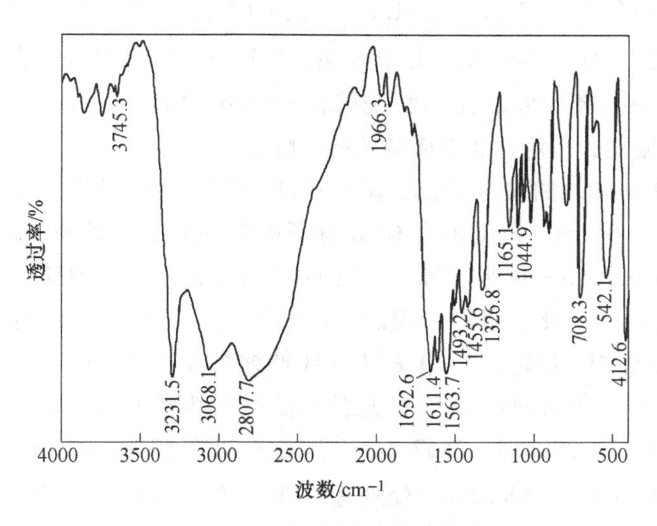

图 3-29　GYB 药剂的红外光谱

由图 3-29 可知，图中 3231.5cm^{-1}处是氧肟酸吸收峰，3068.1cm^{-1}处是 N—H 伸缩振动峰，2807.7cm^{-1}处是 O—H 伸缩振动峰。1611.4cm^{-1}处是 C ═ N 伸缩振动峰，1652.6cm^{-1} 处是羰基 C ═ O 的伸缩振动峰。共轭效应使得 1563.7、

1493.2、1455.6cm^{-1}处出现苯环骨架特征峰。1044.9cm^{-1}处为 N—O 振动的吸收峰。1165.1cm^{-1}处为 C—N 伸缩振动峰，1652.6cm^{-1}处为—HC ═ N 伸缩振动峰。

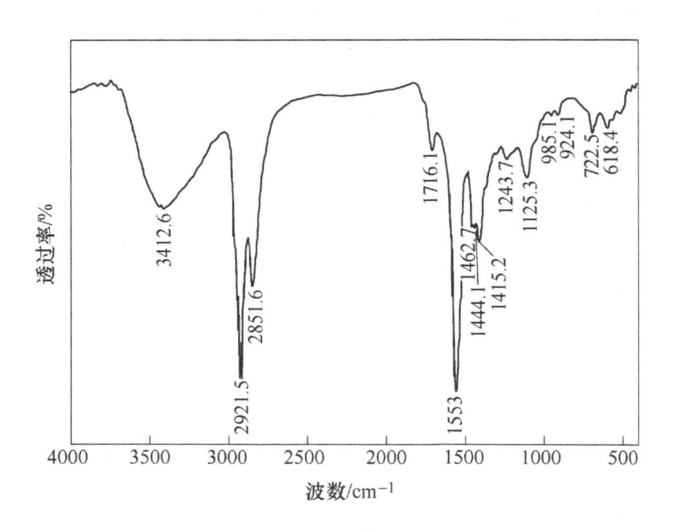

图 3-30 TAB-3 药剂的红外光谱

由图 3-30 可知，2921.5、2851.6cm^{-1}为—CH_3、—CH_2的 C—H 伸缩振动峰，1462.7 cm^{-1}是—CH_3中 C—H 的变角振动。1716.1、1563.0cm^{-1}处分别为羧基中 C ═ O 键、C—O 键的伸缩振动特征峰，3412.6、1415.2、924.1cm^{-1}处分别为 O—H 的伸缩振动、平角、非平面变角特征峰。

由图 3-31 可知，曲线 D 是黑钨矿经 GYB 作用后的红外光谱图，与曲线 A 对比可知，1480~1610cm^{-1}范围出现 GYB 分子中苯环骨架振动峰，2800~3300cm^{-1}范围产生了 O—H、N—H 吸收峰。表明 GYB 分子的 N、O 中孤对电子和矿物表面空轨道配位，GYB 化学吸附于表面；曲线 E 为经 TAB-3 作用的谱图，其中产生了 TAB-3 分子中—CH_2、—CH_3的 C—H 伸缩振动峰 2923.7、2852.1cm^{-1}，说明羧酸的 O—H 上氧孤对电子和 W 配位；曲线 F 为经 GYB、TAB-3 共同作用后的黑钨矿光谱，在 2926.4、2857.1cm^{-1}处分别可看到 TAB-3 分子中—CH_3、—CH_2中 C—H 特征峰，1606.2cm^{-1}处则有 GYB 中 C ═ N 的特征峰，表明两种药剂均以化学吸附方式与黑钨矿作用。与单用 GYB、TAB-3 的曲线 D、E 比较，经两种药剂联用时，原子折合质量及力常数均增大，导致振动频率增大，特征吸收峰正向偏移，且呈现为更明显的峰，故 GYB 与 TAB-3 联用时可再黑钨矿表面产生更多的吸附。

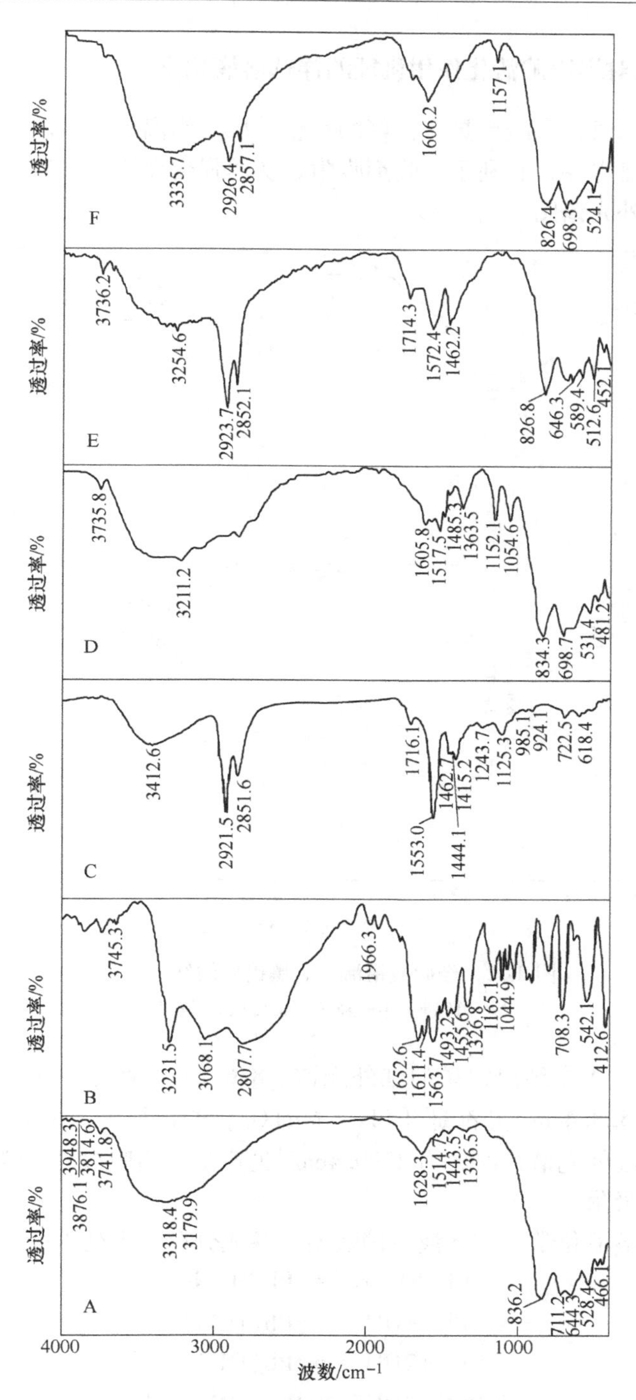

图 3-31 药剂作用前后黑钨矿的红外光谱对比

A—黑钨矿；B—GYB；C—TAB-3；D—黑钨矿+GYB；E—黑钨矿+TAB-3；F—黑钨矿+GYB+TAB-3

3.2.2　硝酸铅对黑钨矿活化作用机理的浮选溶液化学

黑钨矿浮选时，硝酸铅具有良好的活化效果，铅离子可吸附于黑钨矿表面而改变其电位和疏水性，有利于捕收剂吸附，从而强化黑钨矿回收。黑钨矿经硝酸铅作用后的红外光谱图见图 3-32。

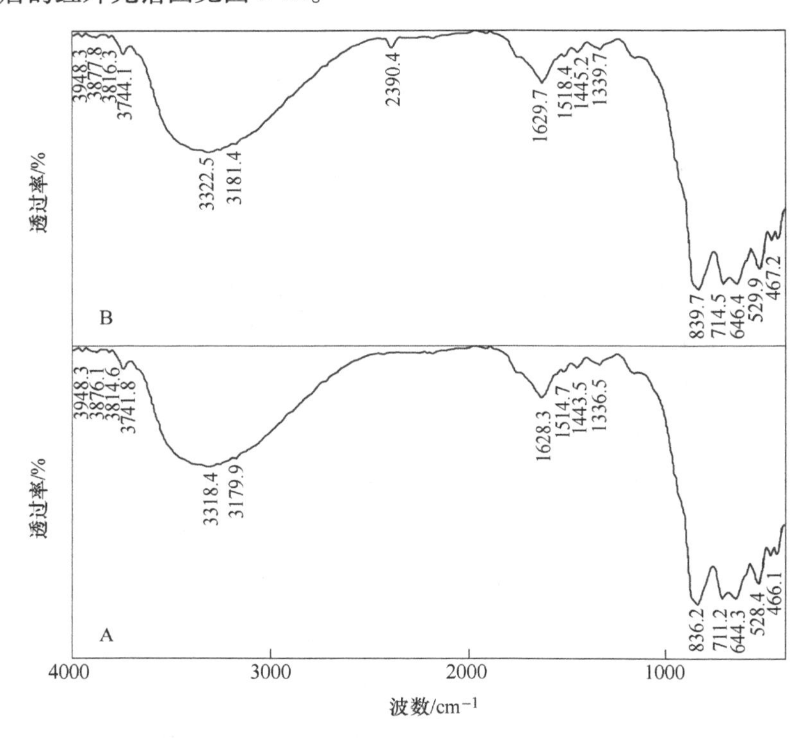

图 3-32　经硝酸铅活化后黑钨矿的红外光谱图

A—黑钨矿；B—经硝酸铅活化后的黑钨矿

图 3-32 中，A 是纯黑钨矿的红外光谱。836.2cm^{-1}处是［WO_6］八面体的特征峰；644.3、528.4cm^{-1}处都是［(Fe，Mn)O_6］的特征峰。B 是被 $Pb(NO_3)_2$活化后的黑钨矿红外光谱，波数为 2390.4cm^{-1}处产生了新吸收峰，说明硝酸铅在其表面产生化学吸附。

根据浮选溶液化学，在溶液中硝酸铅的各成分存在下列平衡[72,92]：

$$Pb(NO_3)_2 \rightleftharpoons Pb^{2+} + 2NO_3^- \tag{3-1}$$

$$Pb^{2+} + OH^- \rightleftharpoons Pb(OH)^+ \tag{3-2}$$

$$Pb^{2+} + 2OH^- \rightleftharpoons Pb(OH)_2(aq) \tag{3-3}$$

$$Pb^{2+} + 3OH^- \rightleftharpoons Pb(OH)_3 \tag{3-4}$$

$$Pb^{2+} + 2OH^- \rightleftharpoons Pb(OH)_2(s) \tag{3-5}$$

根据累积稳定常数（β）的定义，$\beta_1 = 10^{6.3}$，$\beta_2 = 10^{10.9}$，$\beta_3 = 10^{13.9}$，$K_{sp}(Pb(OH)_2, s) = 10^{-15.1}$。

则 $\beta_1 = \frac{c_{Pb(OH)^+}}{c_{Pb^{2+}} g c_{OH^-}} = 10^{6.3}$，$\beta_2 = \frac{c_{Pb(OH)_2(W)}}{c_{Pb^{2+}} g c_{OH^-}^2} = 10^{10.9}$，$\beta_3 = \frac{c_{Pb(OH)_3^-}}{c_{Pb^{2+}} g c_{OH^-}^3} = 10^{13.9}$，

$K_{sp}(Pb(OH)_2, s) = \frac{1}{c_{Pb^{2+}} g c_{OH^-}^2} = 10^{-15.1}$。

可以得到 log$c$-pH 关系式如下：

$$\log[Pb^{2+}] = 43.1 - 2pH \quad (3\text{-}6)$$

$$\log[Pb(OH)^+] = 35.4 - pH \quad (3\text{-}7)$$

$$\log[Pb(OH)_2(W)] = 26 \quad (3\text{-}8)$$

$$\log[Pb(OH)_3^-] = 15 + pH \quad (3\text{-}9)$$

通过计算 $Pb(NO_3)_2$ 各组分浓度与 pH 值之间的关系，绘制矿浆中 $Pb(NO_3)_2$ 各组分的浓度对数图[60]，见图 3-33。

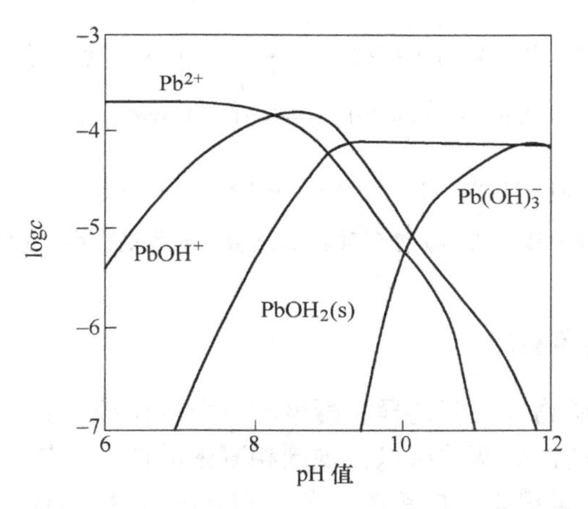

图 3-33 矿浆中 $Pb(NO_3)_2$ 各组分的浓度对数图

由图 3-33 对硝酸铅组分分布进行分析可知，在钨矿浮选常用 pH 值区间（6~9）内，主要为 Pb^{2+}、$PbOH^+$ 离子起活化和吸附黑钨矿表面的作用，它们能和黑钨矿表面的铁、锰离子发生交换吸附，从而起活化作用。在 pH>9.5 区间内，因为 $Pb(OH)_3^-$ 组分更多，阴离子捕收剂较难在矿物表面吸附，无法产生活化效果，与实际浮选效果相一致。铅离子与黑钨矿表面的特性吸附和化学吸附促进了捕收剂的吸附，硝酸铅对黑钨矿浮选有显著的活化效果，增加了其疏水性，改善了浮选效果。

黑钨矿在水溶液被 $Pb(NO_3)_2$ 活化的机理示意图[93]，如图 3-34 所示。

pH<9.5 时，硝酸铅主要作用成分为 Pb^{2+} 和 $PbOH^+$，它们化学吸附在黑钨矿

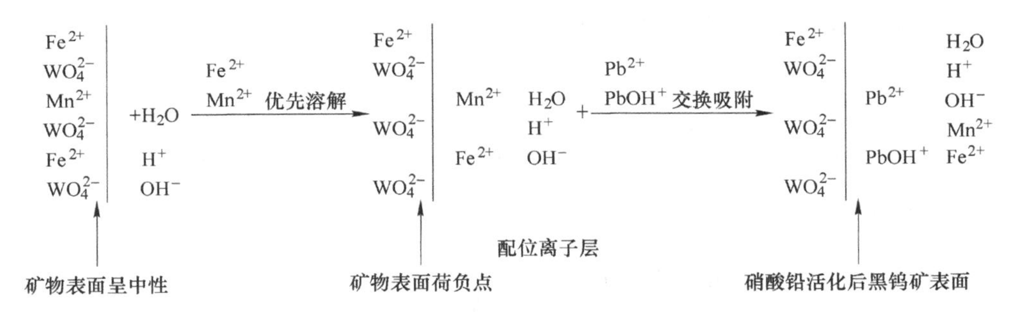

图 3-34　黑钨矿在水溶液中表面荷负电和活化机理示意图

表面，并形成以 Pb^{2+} 与 $PbOH^+$ 为中心的活性区域，促进了黑钨矿与捕收剂相互作用。

经硝酸铅活化后，黑钨矿与捕收剂相互作用示意图[92]，如图 3-35 所示。

$$(Fe,Mn)WO_4+Pb^{2+} \longrightarrow [(Fe,Mn)WO_4]\,Pb^{2+}$$

$$[(Fe,Mn)WO_4]\,Pb^{2+}+2A \longrightarrow [(Fe,Mn)WO_4]\,Pb<^{A}_{A}$$

$$(Fe,Mn)WO_4+Pb(OH)^{+} \longrightarrow [(Fe,Mn)WO_4]\,Pb(OH)^{+}$$

$$[(Fe,Mn)WO_4]\,Pb^{2+}+A \longrightarrow [(Fe,Mn)WO_4]\,Pb—A$$

图 3-35　黑钨矿被硝酸铅活化后与捕收剂作用示意图

3.2.3　调整剂的竞争吸附

黑钨矿与含钙矿物颗粒间的异相凝聚和分散的调控，其本质在于对表面性质的调控，矿物表面电性的调控可以实现同相凝聚的产生及异相凝聚的消除。图 3-36 和图 3-37 分别为黑钨矿、白钨矿、萤石和方解石分别与硅酸钠和 CMC 两种调整剂作用，考察两种调整剂和黑钨矿、白钨矿、方解石、萤石作用前后，它们的动电位随 pH 值变化的规律[73,74]。

硅酸钠作用前后各矿物表面动电位随 pH 值变化的规律如图 3-36 所示。

由图 3-36 可知，加入硅酸钠后，均可在各矿物表面吸附，并造成表面电性的改变，使黑钨矿和含钙矿物表面的动电位均负移，由于静电排斥作用而分散，通过比较在 pH=8 处附近，各矿物表面动电位负移量大小可以得出硅酸钠与矿物作用强弱顺序为：方解石>萤石>白钨矿>黑钨矿。

CMC 作用前后，各种矿物表面的动电位随 pH 值变化的规律如图 3-37 所示。

由图 3-37 可知，添加 CMC 后，黑钨矿和白钨矿表面动电位负移较多，萤石与方解石负移则较少，表明 CMC 在黑白钨矿表面吸附较多，而在萤石与方解石表面吸附较少。通过比较在 pH=8 处附近，各矿物表面动电位负移程度大小可以得出 CMC 与矿物作用强弱顺序为：黑钨矿>白钨矿>萤石>方解石。

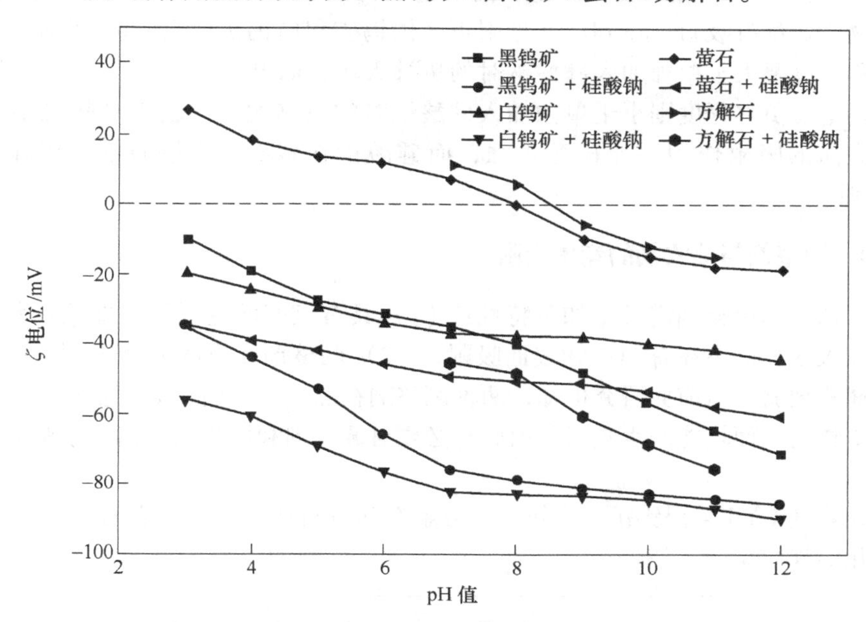

图 3-36　硅酸钠作用前后各矿物表面动电位与 pH 值的关系

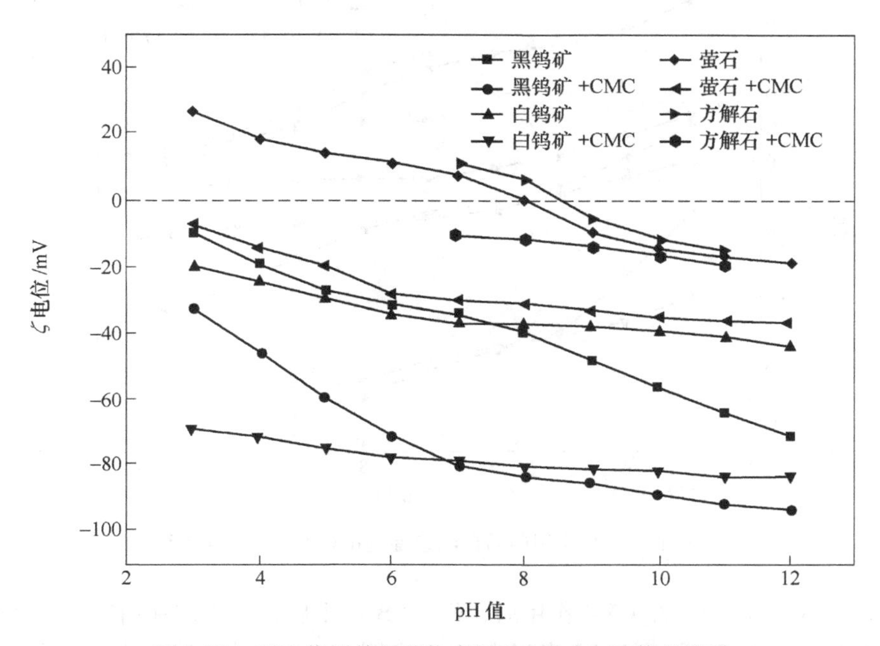

图 3-37　CMC 作用前后矿物表面动电位与 pH 值的关系

硅酸钠、CMC 加入后，矿物表面动电位都呈负移趋势，说明两种调整剂均在矿物表面都有吸附。在 pH = 8 处附近，黑钨矿和白钨矿加入 CMC 的表面动电位负移程度要大于单独加入硅酸钠时的负移大小，而方解石和萤石加入 CMC 的表面动电位负移程度则小于单独加入硅酸钠时的负移大小，表明 CMC 在黑、白钨矿表面的吸附作用要比硅酸钠强，而硅酸钠在萤石、方解石的吸附作用比 CMC 强。

3.2.4　调整剂与捕收剂的竞争吸附

浮选所用调整剂需具备如下特性：（1）具有良好的选择性，即只在脉石矿物表面吸附，而不在有用矿物表面吸附；（2）调整剂在目的矿物表面的吸附能力比捕收剂弱。由前面研究可知，两种调整剂在黑钨矿、白钨矿、萤石和方解石四种矿物的表面均能产生吸附，因此有必要对调整剂和捕收剂间的竞争吸附进行探讨。

捕收剂 GYB 与黑钨矿、白钨矿、方解石和萤石作用前后，表面动电位随 pH 值变化的规律见图 3-38。

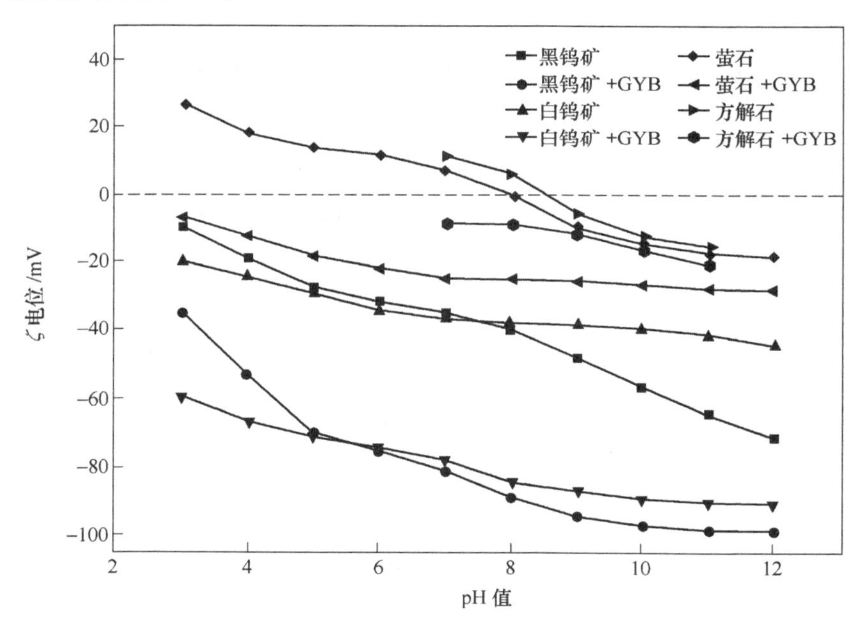

图 3-38　GYB 作用前后矿物表面动电位与 pH 值的关系

由图 3-38 可知，经 GYB 作用后，经 GYB 作用后，黑钨矿和白钨矿表面动电位负移较多，而萤石与方解石负移较少，表明 GYB 在黑白钨矿表面吸附较多，而在萤石与方解石表面吸附较少。通过比较在 pH = 8 处附近，各矿物表面动电位负移程度大小可以得出 GYB 与矿物作用强弱顺序为：黑钨矿>白钨矿>萤石>方解石。

硅酸钠、GYB 与黑钨矿、白钨矿、方解石和萤石作用前后矿物表面动电位随 pH 值变化的规律如图 3-39 所示。

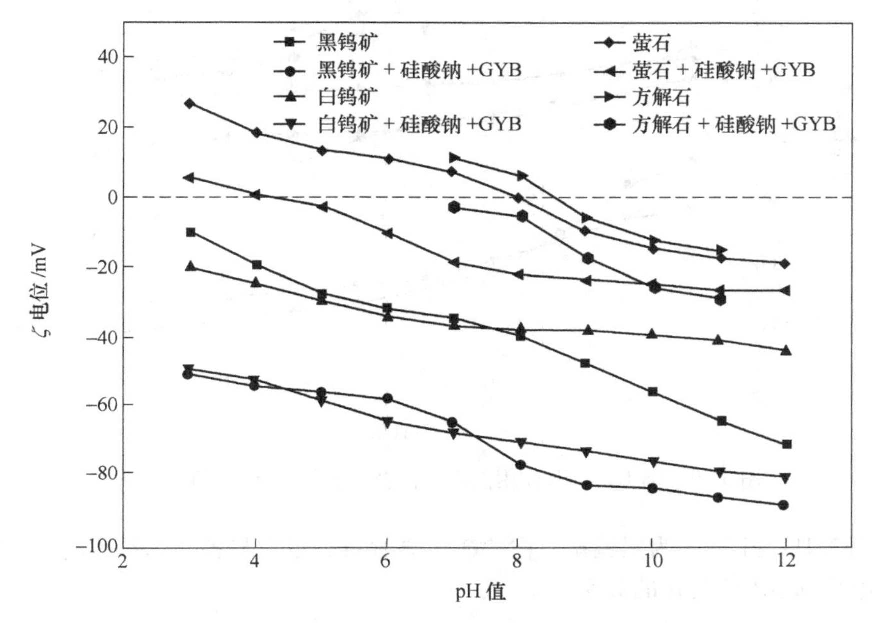

图 3-39 硅酸钠、GYB 作用前后矿物表面动电位与 pH 值的关系

由图 3-39 可知，经硅酸钠、GYB 作用后矿物动电位均呈负移趋势，在 pH＝8 附近，各矿物动电位负移大小顺序为：黑钨矿>白钨矿>萤石>方解石。

GYB、CMC 与黑钨矿、白钨矿、方解石和萤石作用前后矿物表面动电位随 pH 值变化的规律如图 3-40 所示。

由图 3-40 可知，经 CMC、GYB 联合作用，各矿物电位均呈负移趋势，在 pH＝8 处附近，各矿物表面动电位负移大小排序：黑钨矿>白钨矿>萤石>方解石。

由图 3-36～图 3-40 可知，单用分散剂硅酸钠时，硅酸钠在黑钨矿、白钨矿表面作用较弱，而在含钙脉石矿物表面作用较强，硅酸钠作用强弱顺序为：方解石>萤石>白钨矿>黑钨矿；单用絮凝剂 CMC 时，CMC 与各矿物作用强弱顺序：黑钨矿>白钨矿>萤石>方解石；单用 GYB 时，GYB 与各矿物作用强弱顺序：黑钨矿>白钨矿>萤石>方解石。均有利于黑、白钨矿与含钙脉石的分离，与实际浮选相一致。进行矿物浮选时药剂较多，药剂与矿物表面的作用并不是相互独立的，因此有必要进行探究，以了解各药剂吸附与作用对相互的影响机理。

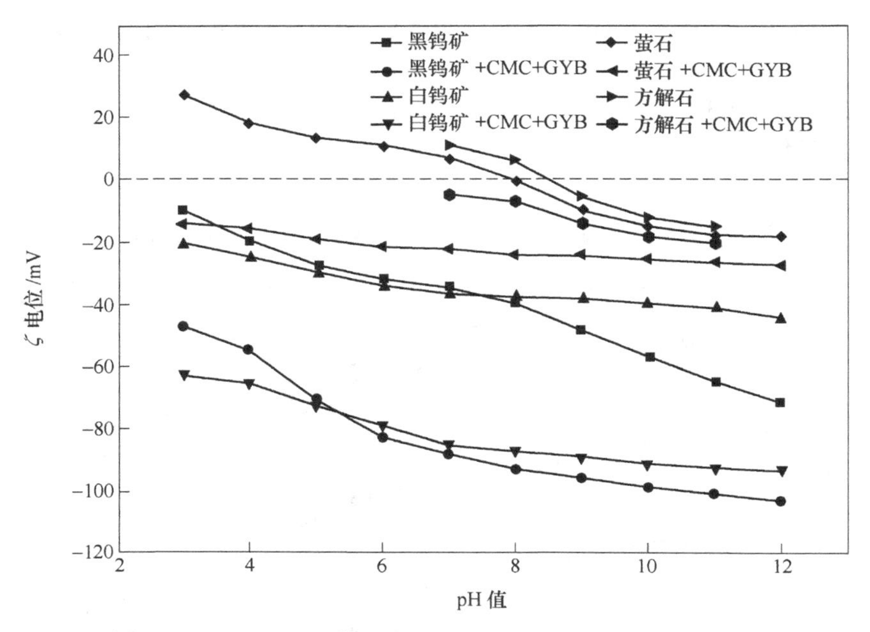

图 3-40　CMC、GYB 作用前后矿物表面动电位与 pH 值的关系

图 3-41～图 3-44 为黑钨矿、白钨矿、方解石、萤石与各药剂作用前后矿物表面动电位随 pH 值变化的关系。

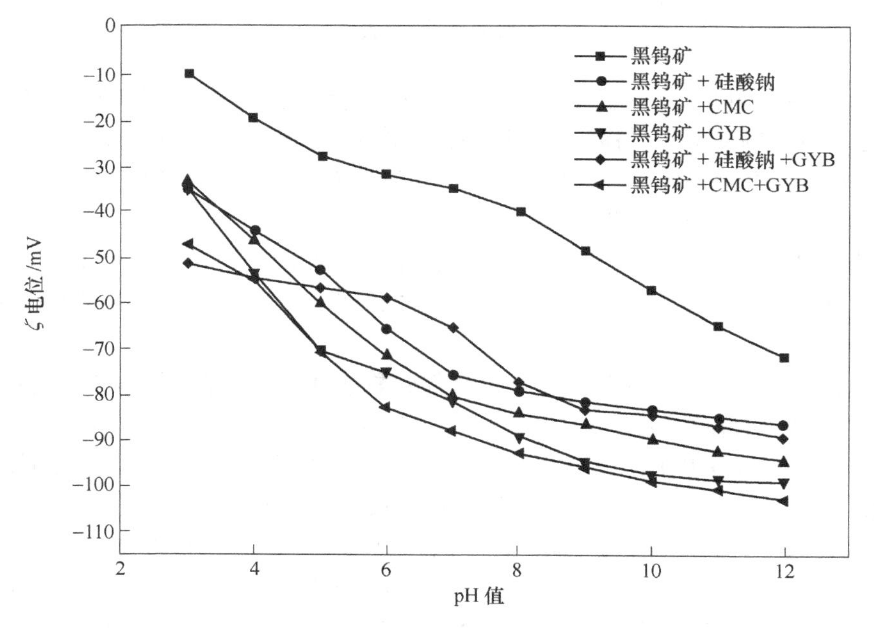

图 3-41　黑钨矿与各药剂作用前后矿物表面动电位与 pH 值的关系

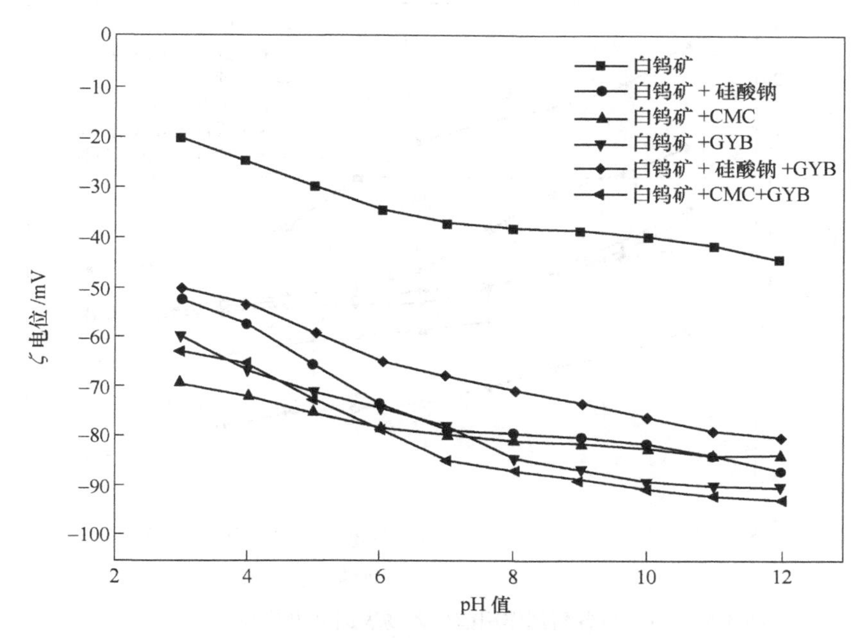

图 3-42 白钨矿与各药剂作用前后矿物表面动电位与 pH 值的关系

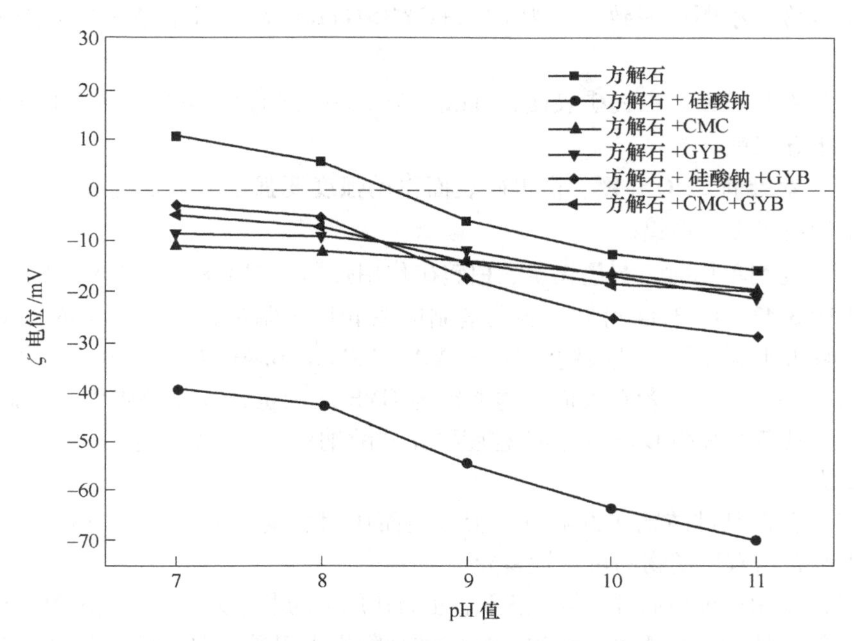

图 3-43 方解石与各药剂作用前后矿物表面动电位与 pH 值的关系

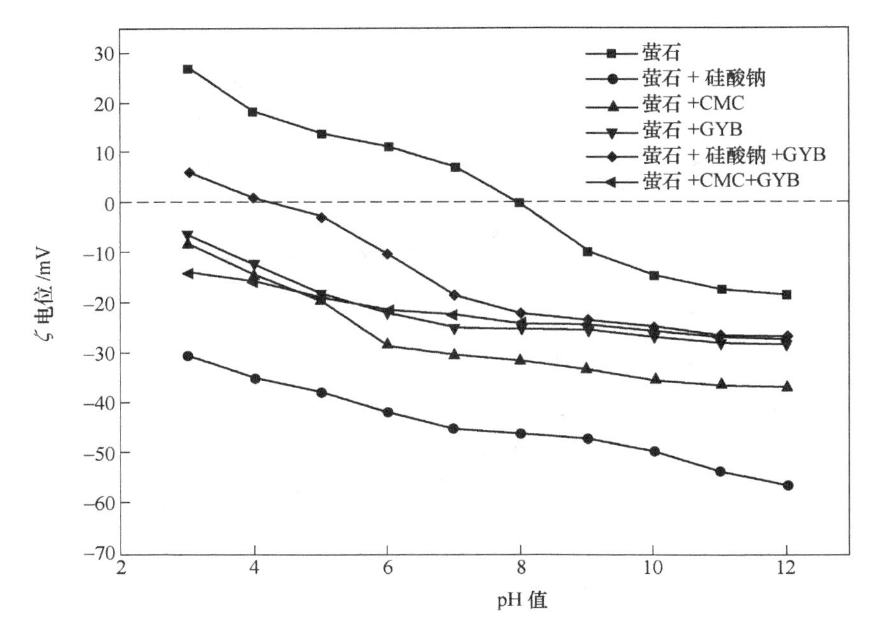

图 3-44　萤石与各药剂作用前后矿物表面动电位与 pH 值的关系

由图 3-41、图 3-42 可知，各药剂制度在 pH = 8 附近，黑钨矿与白钨矿表面动电位负移大小顺序一致，均为 CMC+GYB>GYB>CMC>硅酸钠>硅酸钠+GYB，表明：

（1）在黑钨矿、白钨矿表面，硅酸钠与 GYB 之间存在竞争吸附，但 GYB 作用要强于硅酸钠。

（2）絮凝剂 CMC 在黑、白钨矿表面作用强度要强于分散剂硅酸钠，有利于回收微细粒级黑、白钨矿。

（3）药剂单用时，与黑钨矿、白钨矿作用强弱：GYB>CMC>硅酸钠。

由图 3-43、图 3-44 可知，各药剂制度在 pH = 8 附近，方解石与萤石表面动电位负移大小顺序均为硅酸钠>CMC>GYB>CMC+GYB>硅酸钠+GYB，表明：

（1）在方解石、萤石表面，硅酸钠与 GYB 之间也存在竞争吸附，但硅酸钠对方解石及萤石吸附 GYB 的影响程度要比硅酸钠对黑、白钨矿表面吸附 GYB 的影响要大。

（2）分散剂硅酸钠在方解石、萤石表面作用强度要强于絮凝剂 CMC，有利于增大脉石与有用矿物的可浮性差异。

（3）单用一种药剂时，与方解石、萤石作用强弱顺序为：硅酸钠>CMC>GYB。

从图 3-41 ~ 图 3-44 可以看出，硅酸钠吸附于黑钨矿、白钨矿表面后，再加入 GYB，它们的电位负移仍较大，而萤石、方解石负移较小，表明硅酸钠在萤石、方解石表面的吸附对 GYB 在它们表面的吸附影响较大，而对 GYB 在黑钨矿、白钨矿表面的吸附影响很小，表明硅酸钠在黑钨矿、白钨矿浮选时可选择性抑制几种脉石矿物。在黑钨矿、白钨矿表面，硅酸钠作用弱于捕收剂的作用，在捕收剂 GYB 作用下，吸附了硅酸钠的黑钨矿、白钨矿仍可上浮；在萤石和方解石表面，硅酸钠作用强于捕收剂，因此在吸附硅酸钠、GYB 后可浮性较差，呈被抑制状态。故硅酸钠吸附于矿物表面后，既可起选择性抑制效果，又有消除异相凝聚效果。

CMC 吸附在矿物表面后，再加入 GYB，黑钨矿、白钨矿电位负移，而萤石、方解石电位变化不大，表明黑钨矿、白钨矿吸附 CMC 后，GYB 仍可在它们表面产生吸附，而难以在萤石、方解石表面吸附，与前文研究 CMC 对萤石、方解石的抑制效果较强，而对黑白钨矿疏水性影响较弱的结果相符。

综上所述，可推断固定药剂制度下，GYB、硅酸钠、CMC 三种药剂在黑白钨矿表面吸附作用的强弱顺序为 GYB>CMC>硅酸钠。硅酸钠和 CMC 在黑白钨矿表面的吸附作用比 GYB 弱，故黑白钨矿的絮团仍然可以被捕收上浮；而药剂在萤石、方解石表面吸附作用强弱顺序为硅酸钠>CMC>GYB，捕收剂的吸附比两种调整剂弱，故含钙矿物颗粒呈分散状态且难吸附捕收剂而上浮，达到分离的目的。正因为浮选药剂在矿物表面竞争吸附能力的差异，使得萤石与方解石被硅酸钠、CMC 选择性抑制，而实现浮选分离。

3.3 矿物颗粒间聚集和分散行为调控

柿竹园黑钨矿浮选体系中，浮选原矿除矿物种类繁多，性质复杂外，还含有大量微细粒矿物，粒级小于 0.038mm 的含量为 50%左右。

对于细粒矿物的浮选，有用矿物和脉石的无选择性团聚现象以及不同粒级的有用矿物产生的同相选择性聚集，都能对回收效果产生明显的影响，前者可使得难以达到浮选分离效果，后者则可增大目的矿物的表观粒度而有利于疏水上浮。故欲获得良好的回收效果，必须深入研究药剂在矿物表面的吸附对矿粒分散或聚集行为的影响机制。

本节主要对黑钨矿浮选体系中的浮选药剂对同相、异相粗细颗粒之间相互作用的影响进行研究。针对黑钨矿同相颗粒，考察粗细颗粒黑钨矿的自载体作用；针对黑钨矿及含钙脉石的异相颗粒，考察异相团聚对黑钨浮选的影响、调整剂对异相团聚的影响、调整剂间组装与矿粒的选择性絮凝、捕收剂吸附对矿粒的疏水性聚团作用，最终建立黑钨矿浮选体系下，对矿粒的选择性聚集/分散行为调控机制。

3.3.1 调整剂间组装与矿物颗粒的选择性絮凝[77]

由前面研究结果可知，硅酸钠与 CMC 在几种矿物表面均可发生吸附，但它们在矿物表面的作用强弱存在差异，考察两种调整剂组装对矿粒选择性絮凝作用的影响。

硅酸钠对黑钨矿及含钙矿物均有良好的分散效果，CMC 则起絮凝效果，但它们都难以达到选择性聚集或分散的效果。为直观地考察两种调整剂对各矿物的选择性聚集/分散机制，考察了加入 30mg/L 硅酸钠、10mg/L CMC 后各矿物的粒度变化，结果见图 3-45~图 3-48。

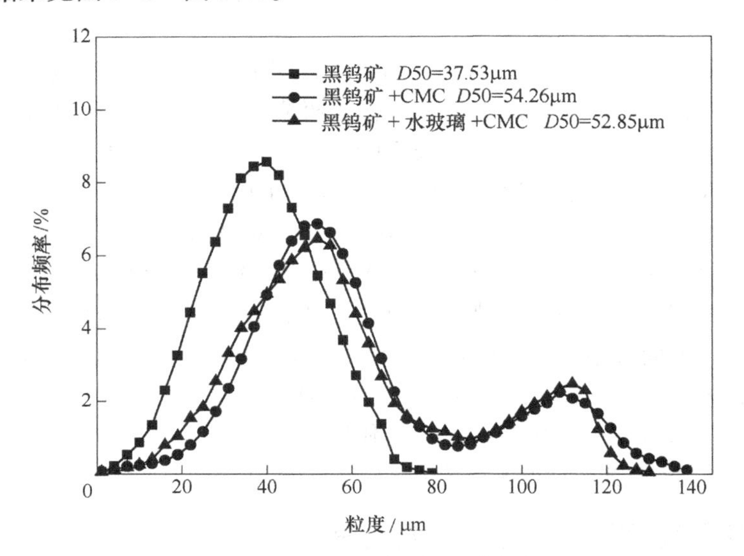

图 3-45　调整剂对黑钨矿粒度分布的影响

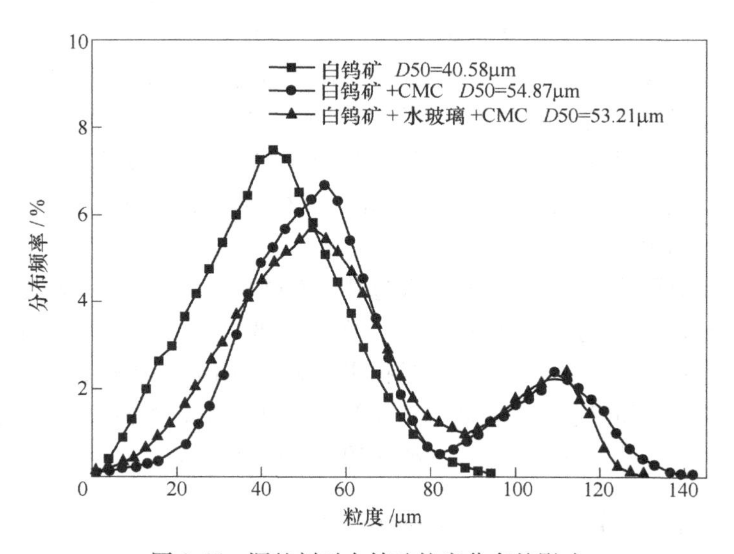

图 3-46　调整剂对白钨矿粒度分布的影响

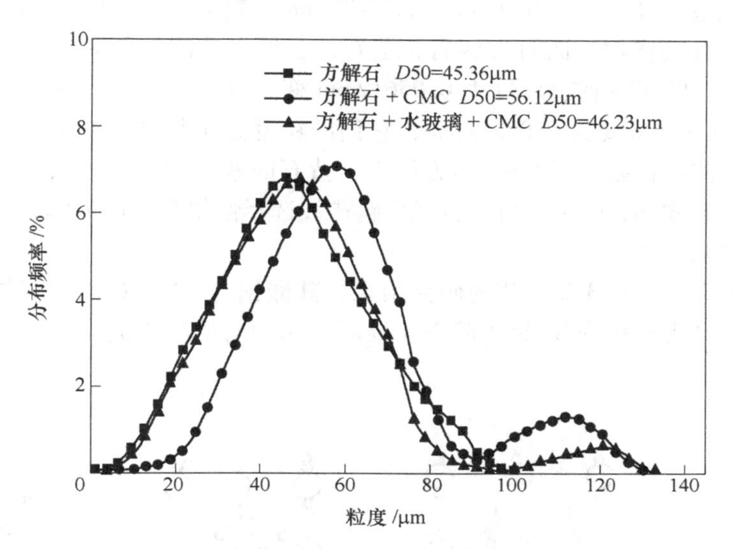

图 3-47 调整剂对方解石粒度分布的影响

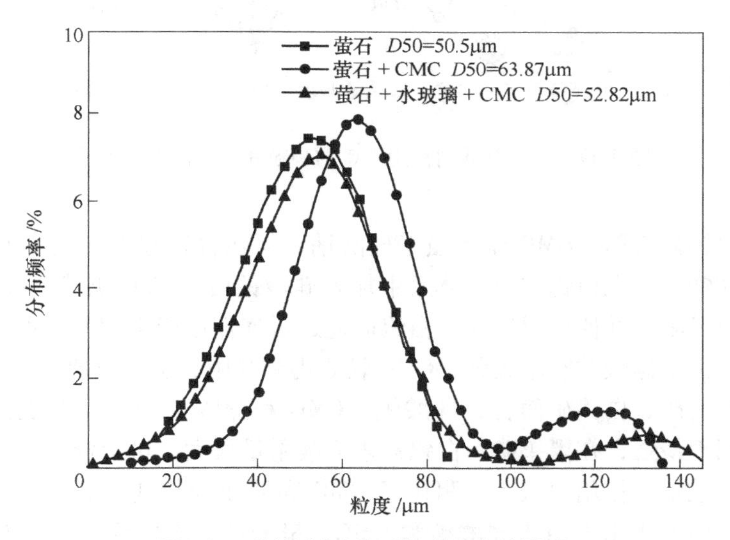

图 3-48 调整剂对萤石粒度分布的影响

由图 3-45～图 3-48 可知，添加硅酸钠和 CMC 后，各矿物粒度分布有较大不同，对黑钨矿、白钨矿，先后加入硅酸钠、CMC 后，与单独加入 CMC 粒度曲线基本一致，虽然硅酸钠对黑钨矿和白钨矿也有分散作用，但是 CMC 的作用力更强，硅酸钠加入与否对黑钨矿、白钨矿的 50%通过粒度基本无影响，黑钨矿加入硅酸钠前后的 50%通过粒度分别达 0.05426、0.05285mm，白钨矿加入硅酸钠前后的50%通过粒度分别达0.05487、0.05321mm，表明硅酸钠几乎不影响CMC对黑白钨矿的絮凝作用；而对方解石、萤石，在加入硅酸钠使其分散后，再添加CMC，方解石的50%通过粒度由0.05612mm变为0.04623mm，萤石的50%通过粒度由0.06387mm变为0.05282mm，它们的粒度分布与没有CMC时变化不大，表明硅酸钠的存在影响了CMC对方解石、萤石的絮凝作用。故黑钨矿浮选体系中先后添加硅酸钠、CMC，可使得黑白钨矿被选择性絮凝，而方解石、萤石则被抑制而呈分散状态。

根据3.2.3节和3.2.4节的研究结果，硅酸钠与CMC对几种矿物表面吸附的影响，并分析矿物分散/聚集状态，推断出药剂与矿物表面作用过程模型如图3-49所示[77]。

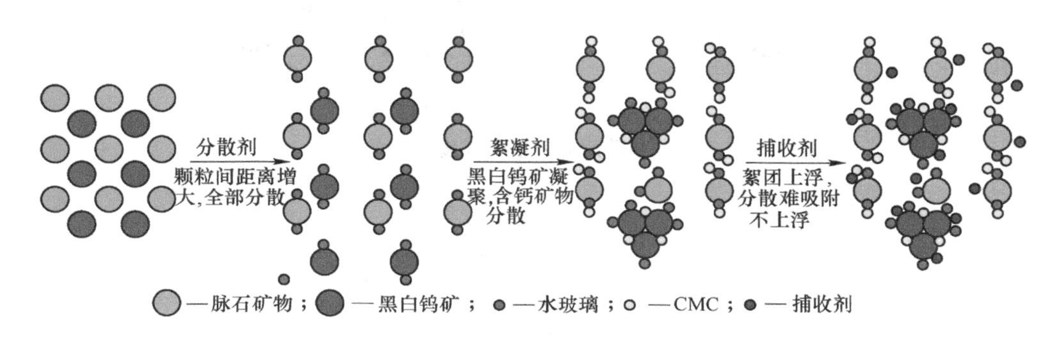

图3-49　调整剂共同作用下矿物颗粒间的分散聚集模型

在黑白钨矿表面，CMC作用强于硅酸钠，而在含钙脉石矿物表面，CMC作用弱于硅酸钠。故在黑钨矿浮选体系中加入硅酸钠后，CMC仍然可以在黑钨矿、白钨矿表面吸附，并使得黑钨矿、白钨矿通过桥连作用产生絮凝，而在萤石、方解石表面，由于硅酸钠吸附较强，CMC较难得到吸附，仍呈分散状态。

对于黑钨矿、白钨矿而言，硅酸钠、CMC和捕收剂均会与其表面作用，捕收剂的作用力最强，在黑钨矿、白钨矿表面吸附量最大，可上浮；对于含钙的脉石矿物，硅酸钠的作用力最大，阻碍了CMC和捕收剂与其表面作用吸附，捕收剂与矿物表面的作用力弱于硅酸钠和CMC，呈分散状态的含钙脉石难以吸附捕收剂。

3.3.2　捕收剂吸附对矿物颗粒的疏水性聚团作用

微细粒黑钨矿物浮选难度较大，欲提高黑钨矿整体浮选指标，必须强化对细粒级的回收效果。在各种矿物浮选时都会产生载体作用，对提高细粒级黑钨矿浮选指标具有良好的效果。考察GYB在各矿物表面的吸附对矿粒间的界面作用影响。GYB 对黑白钨矿及含钙脉石矿物粒度分布的影响见图 3-50~图 3-53。由图可知，经 GYB 调浆后，黑白钨矿及含钙脉石矿物的表观粒度都变大，表明经 GYB 作用后微细粒矿物都能产生明显的疏水聚团，但黑钨矿、白钨矿表观粒度增幅较大，而萤石和方解石的表观粒度增幅较小。

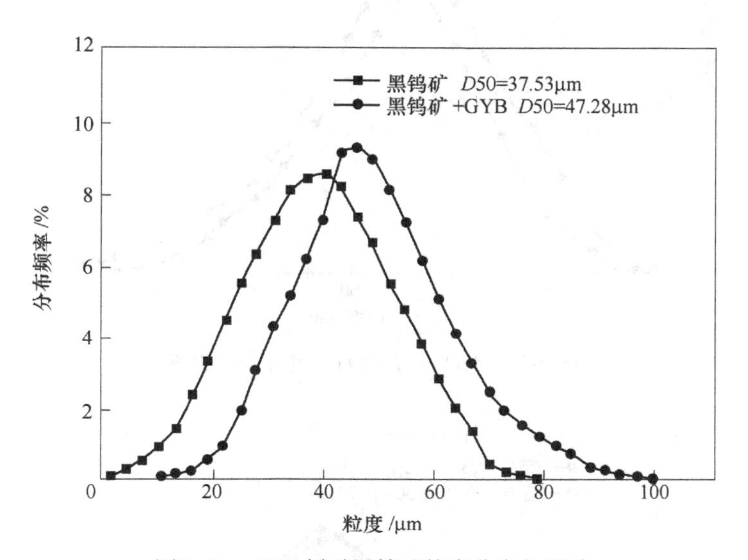

图 3-50 GYB 剂对黑钨矿粒度分布的影响

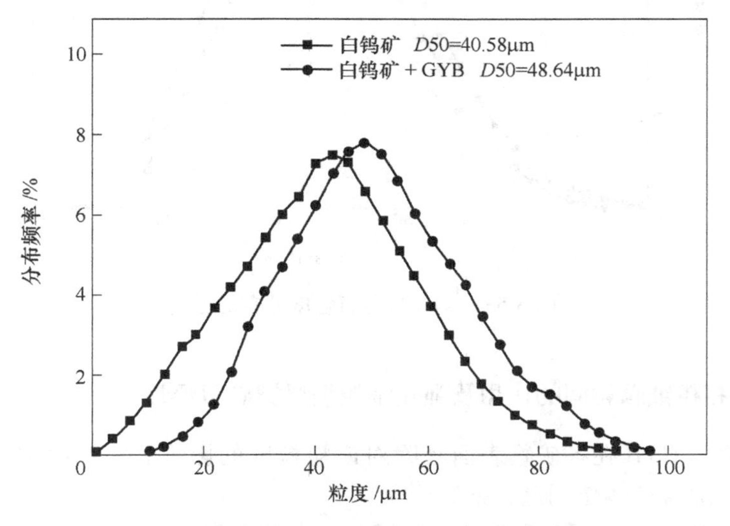

图 3-51 GYB 对白钨矿粒度分布的影响

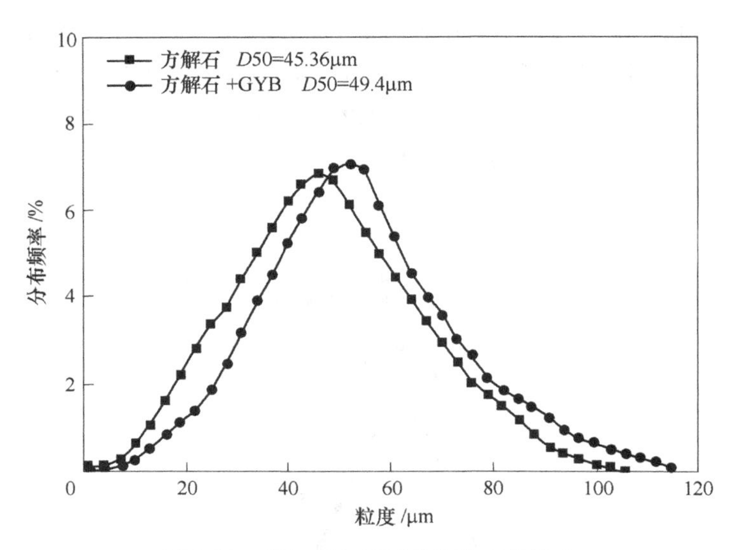

图 3-52　GYB 对方解石粒度分布的影响

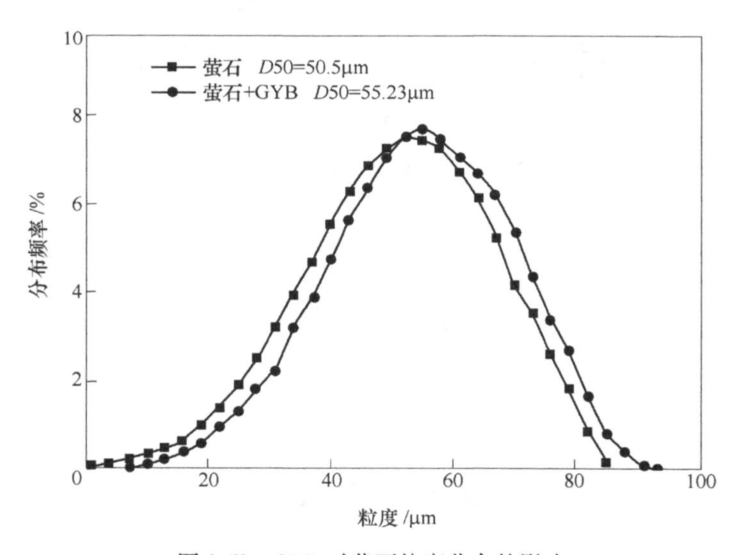

图 3-53　GYB 对萤石粒度分布的影响

3.3.3　同相粗细颗粒间的作用及强化细粒级黑钨矿可浮性

在了解了 GYB 在各矿物表面吸附对矿粒粒度的影响后，对粗细粒黑钨矿间相互作用，即自载体作用进行探究[73]。

将-0.019mm 粒级和+0.038～-0.074mm 粒级两种黑钨矿按 1∶1 混合，对加入捕收剂调浆前后的矿浆粒度进行了分析，结果见图 3-54。

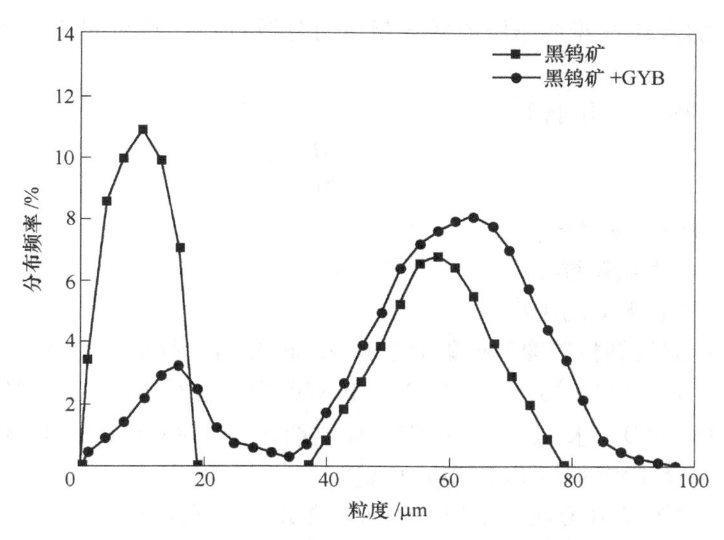

图 3-54　不同粒度的黑钨矿加入 GYB 调浆前后的粒度分布

由图 3-54 可知，加入捕收剂 GYB 后，粒度分布产生显著改变，细粒矿物的峰（曲线上前一个峰）向粒度增大方向移动且峰面积变小，而粗粒矿物的峰（曲线上后面一个峰）则面积变大。

表明捕收剂 GYB 在粗细粒混合的黑钨矿表面吸附后，细粒黑钨矿通过粗粒黑钨矿的载体作用附着在其表面，细粒级黑钨矿在粗粒级黑钨矿表面包覆，即产生了自载体作用，或者细粒黑钨矿之间产生聚团，这两种行为均导致细粒黑钨矿的减少，尤其是十分微细颗粒含量显著减少。总体而言，捕收剂 GYB 调浆后，微细粒级黑钨矿由于自载体作用或细粒之间的聚团作用而含量明显降低，从而使得易浮常规粒级黑钨矿含量增多，优化了浮选环境，有利于提高黑钨矿回收指标。

3.4　矿物颗粒表面性质调控与颗粒间相互作用

由于矿物颗粒表面性质的变化，导致矿粒之间聚集分散状态的改变，这也是前文提到的黑钨矿浮选体系中的粗细颗粒交互作用，如自载体作用、同相凝聚及异相分散现象。

本节拟结合 EDLVO 理论（扩展的 DLVO 理论）分析矿物表面性质的改变和矿粒间交互作用的关系，研究矿物表面性质、矿粒间固液界面的作用与矿物颗粒聚集分散状态的相互联系，为颗粒之间聚集分散状态的调控提供理论基础。

DLVO 经典理论对浮选体系中矿粒的凝聚与分散行为进行解释时，有时候会出现和实际情况相反的结果，为深入解释浮选体系中矿粒的凝聚与分散行为，结合 EDLVO 理论分析在组合捕收剂浮选体系下，黑钨矿、白钨矿、方解石、萤石在加入浮选药剂作用前后的凝聚与分散行为。颗粒间相互作用按以下方法计算。

（1）范德华氏作用能 V_W

$$V_W = -\frac{AR}{12H} \tag{3-10}$$

式中 A——Hamake 常数；

R——矿物颗粒粒径；

H——两颗粒间的距离。

本试验研究的细粒矿物粒径集中在 0.01mm 左右，故取 $R=10\times10^{-6}$m；真空中，黑钨矿 $A_{11}=22\times10^{-20}$J，白钨矿 $A_{22}=10\times10^{-20}$J，萤石 $A_{33}=6.55\times10^{-20}$J，方解石 $A_{44}=12.4\times10^{-20}$J，水 $A_{00}=4\times10^{-20}$J，捕收剂 $A_{55}=4.8\times10^{-20}$J，A_{105}代表黑钨矿和捕收剂在水介质中的作用能，其他由此类推。

颗粒 1、颗粒 2 在介质 3 中的 Hamaker 常数通过下式计算：

$$A_{132} = (\sqrt{A_{11}} - \sqrt{A_{33}}) - (\sqrt{A_{22}} - \sqrt{A_{33}}) \tag{3-11}$$

（2）静电相互作用能 V_E

对半径 R_1、R_2的同类矿粒：

$$V_E = \frac{128\pi n_0 kTY_0^2}{\kappa}\left(\frac{R_1R_2}{R_1+R_2}\right)\exp(-\kappa H) \tag{3-12}$$

低电位表面的静电相互作用能计算简化为：

$$V_E = 2\pi\varepsilon_a R\Psi_0^2\ln[1+\exp(-\kappa H)] \tag{3-13}$$

对半径大小不同（R_1、R_2）的矿粒，静电相互作用能计算如下：

$$V_E = \frac{\pi\varepsilon_a R_1R_2}{R_1+R_2}(\psi_1^2+\psi_2^2)\left(\frac{2\psi_1\psi_2}{\psi_1^2+\psi_2^2}p+q\right) \tag{3-14}$$

$$p=\ln\left[\frac{1+\exp(-\kappa H)}{1-\exp(-\kappa H)}\right],\quad q=\ln[1-\exp(-2\kappa H)]$$

式中 k——Boltzmann 常数，$k=1.38\times10^{-23}$J/K；

ε_a——分散介质的绝对介电常数，$\varepsilon_a=6.95\times10^{-10}C^2/(J\cdot m)$；

ψ——颗粒表面电位；

κ^{-1}——Debye 长度，nm，$\kappa=\frac{\sqrt{c}}{0.304}$；

c——药剂的体积摩尔浓度，mol/L。

（3）界面极性作用能 V_{HA}

对半径为 R_1、R_2的球形颗粒，界面极性相互作用能：

$$V_H = 2\pi \frac{R_1 R_2}{R_1 + R_2} h_0 V_H^\theta \exp\left(\frac{-H}{h_0}\right) \tag{3-15}$$

式中 V_H^θ——颗粒界面极性相互作用能常数，J/m^2；

h_0——衰减长度，nm，$h_0 = k_1(12.2 \pm 1.0)$。

V_H 没有理论公式可以参考，常采用下面的经验公式进行计算：

$$V_H = -2.51 \times 10^{-3} R k_1 h_0 \exp\left(\frac{-H}{h_0}\right) \tag{3-16}$$

式中 k_1——不完全疏水化系数，$k_1 = \dfrac{\exp\left(\dfrac{\theta}{100}\right) - 1}{e - 1}$；

θ——矿物表面的润湿角，(°)。

颗粒在浮选体系中凝聚或分散行为取决于体系中各种相互作用力的加和，即取决于：

$$V_T^{ED} = V_W + V_E + V_H \tag{3-17}$$

如果颗粒间相互作用的总势能大于零，颗粒间相互排斥，处于分散状态；如果颗粒间相互作用的总势能小于零，颗粒间相互吸引，则处于凝聚状态。

根据式（3-10）~式（3-17）及表 3-12 相关数据绘制矿物颗粒之间的势能曲线图，黑钨矿在不同体系中的 EDLVO 势能图如图 3-55 ~ 图 3-57 所示，白钨矿在不同体系中的 EDLVO 势能图如图 3-58 ~ 图 3-60 所示，萤石在不同体系中的 EDLVO 势能图如图 3-61 ~ 图 3-63 所示，方解石在不同体系中的 EDLVO 势能图如图 3-64 ~ 图 3-66 所示。

表 3-12 单矿物的接触角及动电位测试结果

体系	接触角/(°)（动电位/mV）			
	黑钨矿	白钨矿	方解石	萤石
水	28.9（-51.5）	23.4（-49.0）	37.2（-8.0）	33.7（-12.0）
GYR	71.3（-58.3）	72.8（-57.0）	78.6（-56.7）	76.4（-56.0）
水杨醛肟	48.2（-54.5）	49.7（-52.5）	54.8（-22.5）	43.2（-16.7）
组合捕收剂	74.3（-66.4）	76.8（-63.0）	72.4（-45.0）	67.5（-42.5）
组合捕收剂+调整剂	72.6（-68.7）	73.5（-66.0）	30.4（-57.0）	24.2（-48.5）

由图 3-55～图 3-57 看出，黑钨矿颗粒之间在纯水体系势能曲线存在一个势垒，随着捕收剂的加入，黑钨矿颗粒之间的势垒有所降低，黑钨矿的势能较纯水中相比均有明显的降低，势垒较小，这对于黑钨矿的浮选是有利的，特别是在组合捕收剂和调整剂共同作用的体系中现象更为明显。

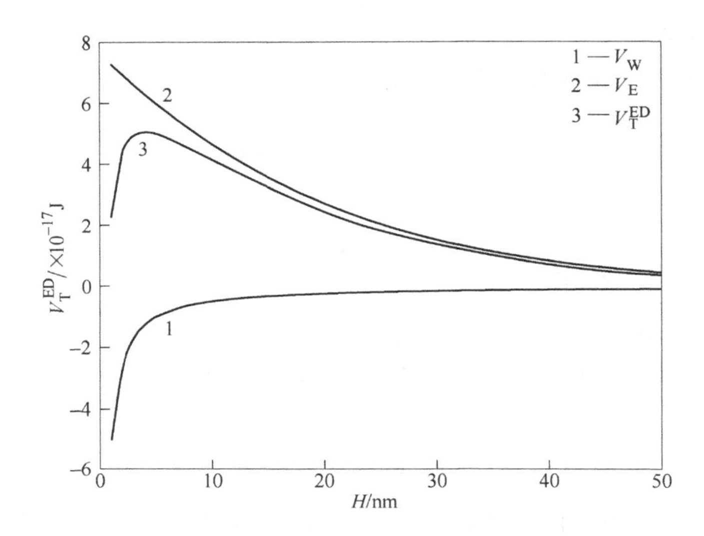

图 3-55　黑钨矿在纯水体系中的 EDLVO 势能曲线图

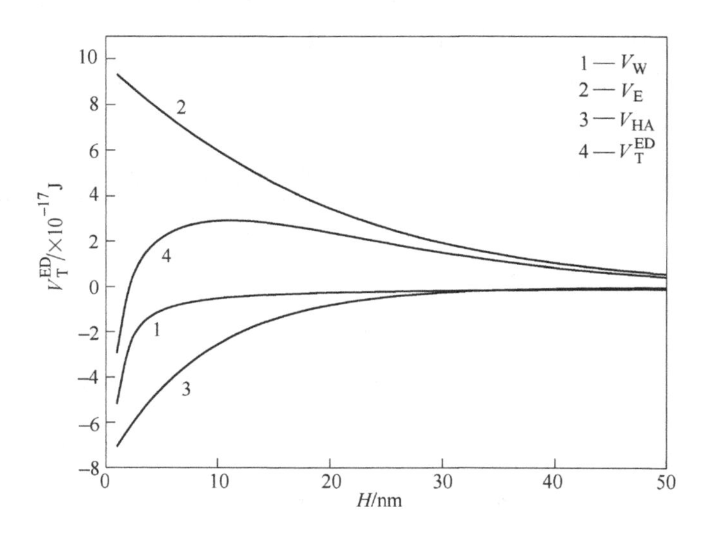

图 3-56　黑钨矿在组合捕收剂体系中的 EDLVO 势能曲线图

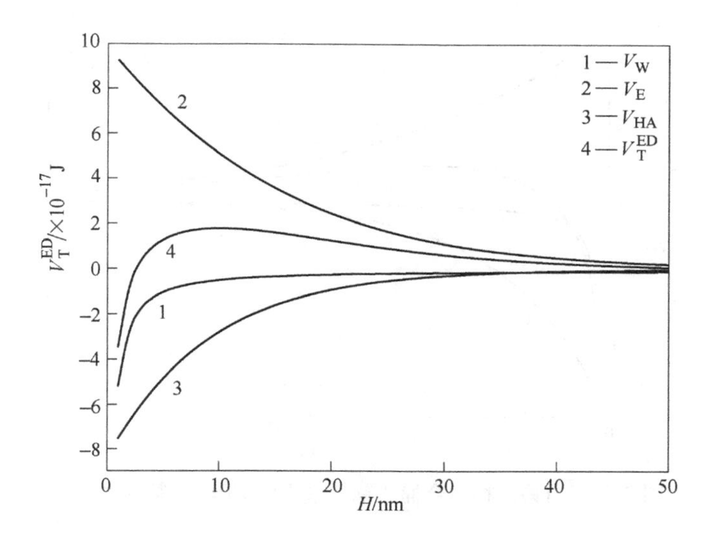

图 3-57 黑钨矿在调整剂和组合捕收剂体系中的 EDLVO 势能曲线图

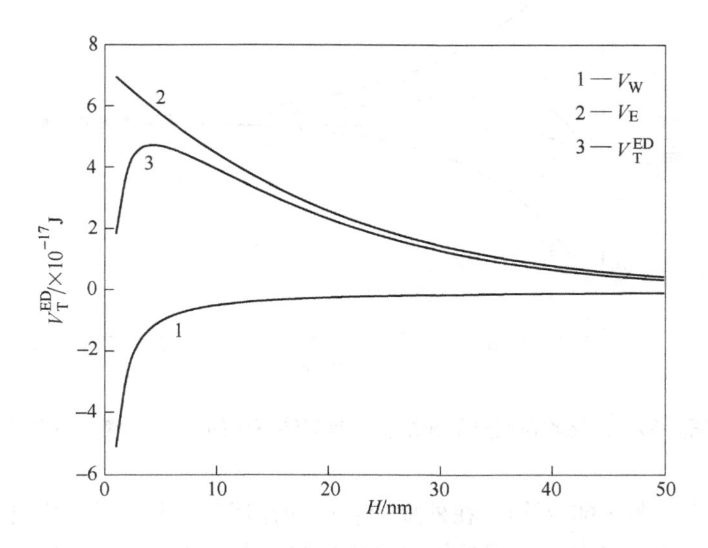

图 3-58 白钨矿在纯水体系中的 EDLVO 势能曲线图

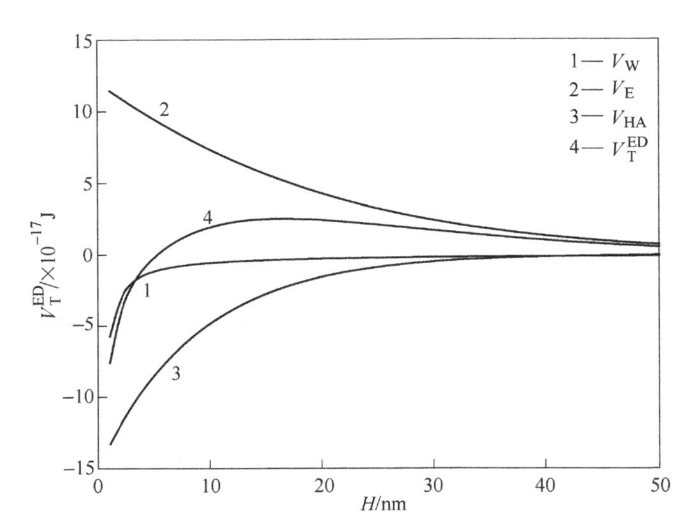

图 3-59　白钨矿在组合捕收剂体系中的 EDLVO 势能曲线图

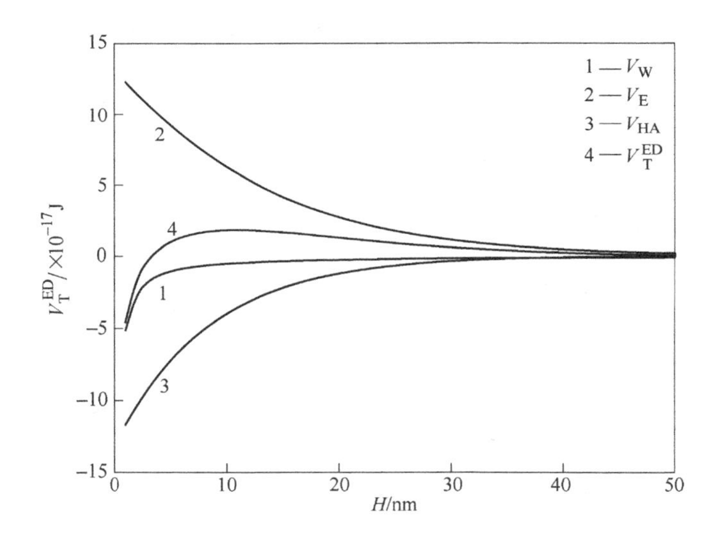

图 3-60　白钨矿在调整剂和组合捕收剂体系中的 EDLVO 势能曲线图

由图 3-58~图 3-60 可知，在外加捕收剂的作用下，与白钨矿在纯水体系中相比，微细粒白钨矿颗粒之间相互作用势能曲线势垒有所减小，特别是在捕收剂与抑制剂联合作用后，势垒降低明显，此时势垒非常小，在外加力的作用下便可逾越而发生凝聚，有利于其在浮选体系中与药剂接触上浮。

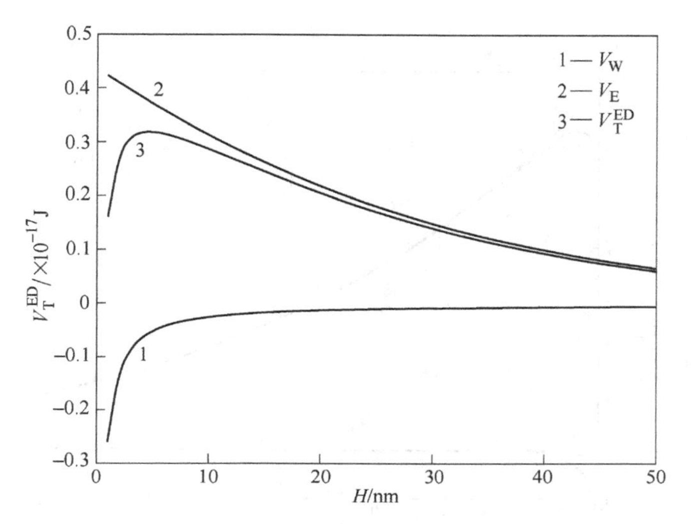

图 3-61　萤石在纯水体系中的 EDLVO 势能曲线图

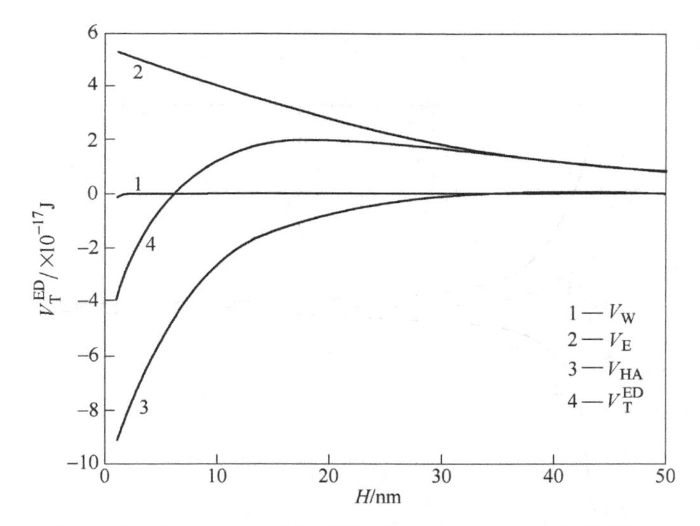

图 3-62　萤石在组合捕收剂体系中的 EDLVO 势能曲线图

由图 3-61～图 3-63 可知，萤石单矿物颗粒在纯水体系中势能作用曲线存在一较小的势垒，在外加捕收剂作用下势垒将会有所提高，特别是在组合捕收剂和调整剂作用下会出现一较大势垒，在浮选体系中即使有外加能量的输入，也很难逾越，此时浮选体系中萤石颗粒间相互排斥、分散，有利于黑钨矿和白钨矿的浮选。

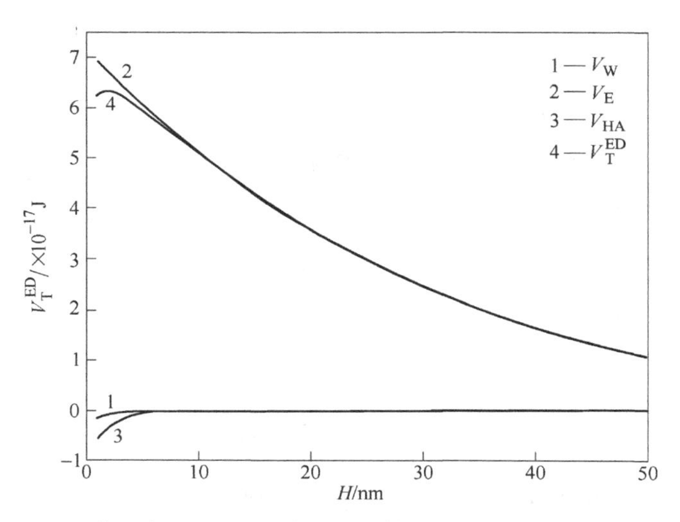

图 3-63　萤石在调整剂和组合捕收剂体系中的 EDLVO 势能曲线图

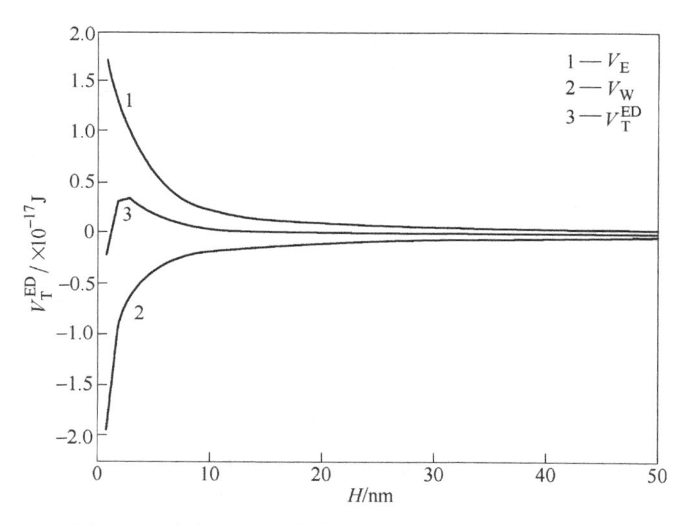

图 3-64　方解石在纯水体系中的 EDLVO 势能曲线图

由图 3-64～图 3-66 可以看出，方解石在纯水中行为和萤石一致，在纯水体系中的势能曲线存在一较小的势垒，此时矿粒之间呈亲水的分散状态；然而在分选的过程中，由于此势垒较小，在与黑白钨进行分离的时候此势垒不足以抵

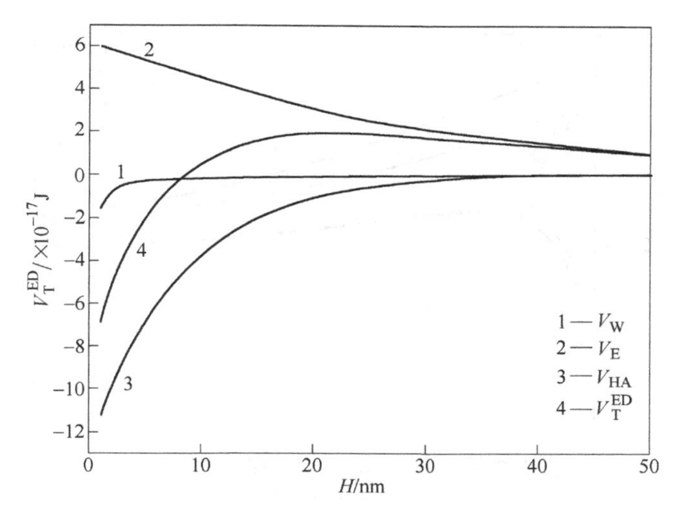

图 3-65 方解石在组合捕收剂体系中的 EDLVO 势能曲线图

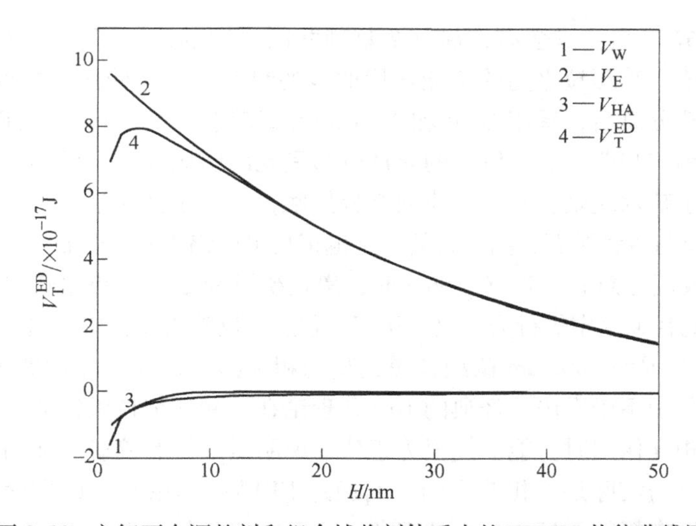

图 3-66 方解石在调整剂和组合捕收剂体系中的 EDLVO 势能曲线图

抗外加能量的输入，此时矿粒之间将会疏水凝聚，不利于分选作业；在外加捕收剂的作用下，方解石颗粒之间的势能曲线会出现一个较大势垒，特别是在组合捕收剂和调整剂作用下会出现一较大势垒，势垒达到最大值，浮选过程中外加的能量也无法逾越这一势垒，颗粒间处于亲水分散状态，有助于黑白钨矿和方解石分离。

为了进一步反映黑钨矿、白钨矿、萤石、方解石的势能曲线变化特征和势垒的相对大小，见图 3-67。

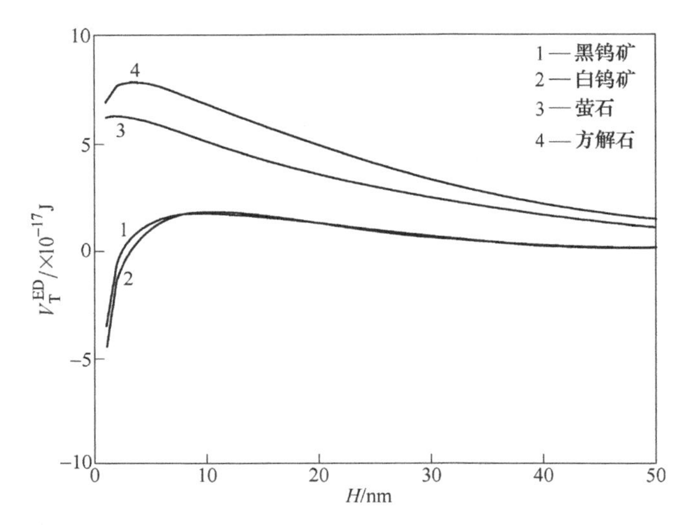

图 3-67　组合捕收剂和调整剂共同作用下不同矿物的势能曲线图

由图 3-67 可知：组合捕收剂及调整剂共同作用的体系下，黑白钨矿和含钙脉石矿物相比，其颗粒之间的势能作用曲线的势垒较低，同相颗粒间容易凝聚。在高梯度磁选分离后，采用 GYB 和 TAB-3 浮选黑钨矿时，可使白钨矿一起上浮。此时，黑白钨矿与萤石、方解石的浮选行为呈现出明显区别，黑钨矿、白钨矿颗粒之间更易于疏水凝聚，与浮选药剂充分接触，有利于其浮选，从而达到黑白钨矿混合浮选及与含钙脉石分离的目的。这也正是黑白钨矿能与萤石、方解石分离的原因。同时我们注意到，当 $R<10$nm 时，黑钨矿颗粒之间的势垒较白钨矿而言略高，这和他们在纯水中的行为一致，从某种程度上反映出黑钨矿较白钨矿更难选。

图 3-68 为 $R=0.005$mm 微细粒黑钨矿与粗粒黑钨矿相互作用的 V_T^{ED} 和 V_T^{D} 势能曲线，从图中不难看出，经典的 DLVO 理论在预测微细粒黑钨矿与粗粒黑钨矿颗粒之间的相互作用时势能曲线恒为正值，说明微细粒黑钨矿不能与粗粒黑钨矿发生凝聚，这与实际是不相符合的，而通过 EDLVO 理论则可以准确地反映微细粒黑钨矿可以在粗粒上发生凝聚的现象，说明在实际的浮选体系中，通过浮选药剂调控矿物表面的润湿性，使疏水作用力的吸引力大于静电能的排斥力，使细粒黑钨附着于粗粒上，粗粒可以作为载体浮选细粒黑钨矿，与实际相符。

图 3-69 反映了 $R=0.037$mm 与 $R=0.005$mm 黑钨矿在组合捕收剂体系中势能作用曲线，从图中可以看出，$R=0.037$mm 的黑钨矿颗粒之间的相互作用势能存在一较高势垒，在浮选体系中即使有外加能量的输入也很难逾越，这说明粗粒黑钨矿颗粒间难以发生凝聚；而对于 $R=0.005$mm 的细粒黑钨矿，势能作用曲线存在的势垒较低，较易发生疏水凝聚现象，这与该浮选体系中微细粒黑钨矿的浮选行为相符合。

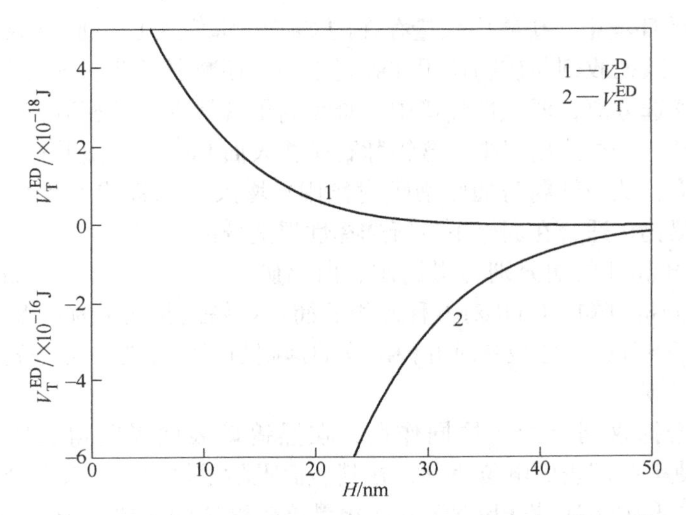

图 3-68 $R=0.005$mm 微细粒黑钨矿与粗粒黑钨矿相互作用的 V_T^{ED} 和 V_T^D 势能曲线图

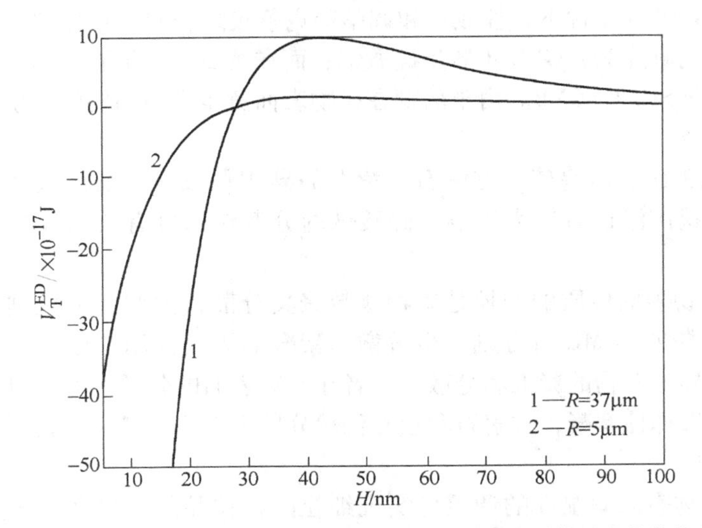

图 3-69 $R=0.037$mm 与 $R=0.005$mm 黑钨矿在组合捕收剂体系中势能作用曲线

3.5 小结

（1）黑钨矿表面分布了 Mn^{2+}、Fe^{2+}、Ca^{2+} 等活性质点，但是含量各不相同，黑钨矿与捕收剂作用的活性质点主要为 Mn^{2+}、Fe^{2+}，含钙矿物则主要为 Ca^{2+}；考察了不同捕收剂对微细粒级黑钨矿捕收性能的影响，经硝酸铅活化后，GYB 与 TAB-3 组合捕收剂能有效分选微细粒级黑钨矿，可为实际矿物的浮选提供依据。

（2）弱酸环境中，矿浆中大量存在的 Ca^{2+}、Mg^{2+} 会迁移到黑钨矿表面，加剧异相凝聚，导致捕收剂与矿物作用和吸附减弱，还减弱了抑制剂与含钙矿物的作用，不利于浮选分离；弱碱性环境中，难免离子含量少，异相凝聚影响小，黑钨矿表面的 Mn^{2+}、Fe^{2+} 溶出很少，含钙脉石矿物表面 Ca^{2+} 会溶出并进入矿浆，活性质点含量下降，从而减弱与捕收剂吸附作用，增大了二者的可浮性差异。所以，柿竹园复杂黑钨矿适合在弱碱下进行选择性浮选分离。

（3）GYB 和硅酸钠分别与黑钨矿、白钨矿、萤石、方解石和石英矿物表面作用的 XPS 分析可知，GYB 对五种矿物的捕收效果强弱顺序为：黑钨矿>白钨矿>萤石>方解石>石英；硅酸钠对五种矿物的抑制强弱顺序为：方解石>萤石>石英>白钨矿>黑钨矿。

（4）组合捕收剂能产生协同作用，在黑钨矿表面吸附得更牢固，GYB 与 TAB-3 联合使黑钨矿表面电位负移，在其表面吸附量最大，与实际浮选一致。

（5）Pb^{2+} 和 $PbOH^{+}$ 是 $Pb(NO_3)_2$ 活化黑钨矿浮选的主要成分，与黑钨矿表面的 Fe^{2+}、Mn^{2+} 产生交换吸附，活化黑钨矿表面。

（6）pH＝8.0 条件下，捕收剂和调整剂竞争吸附表明，在黑钨矿和白钨矿表面吸附的强弱顺序为：GYB>CMC>硅酸钠；而在萤石和方解石表面吸附的强弱顺序为：硅酸钠>CMC>GYB。由于药剂在矿物表面竞争吸附强弱的区别，而实现矿物选择性分离。

（7）黑钨矿、白钨矿与方解石、萤石的异相颗粒间，细粒级之间产生异相凝聚，对黑钨矿浮选有较大影响，硅酸钠的分散作用可有效消除微细粒级异相凝聚。

（8）矿物表面性质的调控是矿物颗粒聚集分散行为调控的关键，在矿物表面吸附的硅酸钠、CMC 可分别产生分散、絮凝的界面作用，亦可调控矿物表面的电性实现异相矿物的凝聚和分散，二者在矿物表面的分子间竞争可以实现微细粒黑钨矿的选择性絮凝，方解石和萤石仍然分散于矿浆，黑钨矿絮团则可被捕收实现絮团浮选。

（9）矿物表面润湿性的调控可实现细粒向粗粒黏附，组合捕收剂可以对黑钨矿产生疏水絮团，调控黑钨矿表面润湿性的捕收剂调浆过程中，细粒黑钨矿可附着于粗粒黑钨矿表面而发生自载体作用，显著增加细粒黑钨矿的回收率，粗颗粒之间则难以发生凝聚。

（10）EDLVO 计算结果说明，组合捕收剂的浮选体系中，黑白钨矿同含钙脉石矿物相比，其颗粒之间的势能作用曲线的势垒较小，黑白钨的浮选行为会和方解石、萤石的浮选行为呈现出明显的差异，黑白钨颗粒之间更易于疏水凝聚，与浮选药剂充分接触，有利于其浮选，从而达到黑白钨混合浮选，与方解石、萤石相互分离的目的。

4 黑钨矿浮选过程特征与浮选速度模型研究

本章主要研究黑钨矿浮选过程特征及其浮选动力学。浮选过程特征主要包括实际浮选过程中黑钨矿的品位变化、精矿及尾矿产品粒度组成变化特征等，明确黑钨矿的这些浮选过程特性可为构建“微细粒级黑钨矿柱式短流程分选工艺”提供基础。结合黑钨矿实验室及工业生产浮选动力学模型特征的分析，提出构建“微细粒级黑钨矿柱式短流程分选工艺”对于开发该黑钨矿的必要性。

4.1 黑钨矿浮选过程研究

浮选过程指矿物从进入浮选流程开始到获得选矿产品的全过程。浮选过程是在一个个浮选槽中进行的，浮选过程中，浮选槽内矿物的矿物组成、矿浆特性、粒度组成等各种性质都发生着变化。要建立高效的浮选机制必须对浮选过程进行详细考察，从而获得浮选过程中的诸多信息。

4.1.1 实际浮选过程品位分布特征

浮选是在一个个浮选槽中实现的，故研究浮选进程最小单元就是单个浮选槽。本研究对黑钨矿的浮选过程考察以单个浮选槽为考察单元，可真实、准确、全面地反映出黑钨矿的浮选特征。

对黑钨矿浮选过程的研究工作在柿竹园多金属矿 380 选厂中开展。工业生产中，原矿粗选作业有 4 个浮选槽，精选作业为 7 个浮选槽，另外扫选作业为 7 个浮选槽。泡沫精矿产品取样采用取样工具沿泡沫溢流的截面均匀收集溢流泡沫，浮选槽槽底产品则利用特制的取样工具在槽体底流管道中均匀采取。分析化验取单槽精矿及尾矿产品，考察浮选过程品位分布特征。

4.1.1.1 精矿品位分布

对每个浮选槽中采取的泡沫精矿进行化验，以浮选槽个数为横坐标，泡沫产品 WO_3的含量为纵坐标绘制出实际浮选过程的精矿品位分布曲线图，如图 4-1 所示。

由浮选过程精矿品位变化曲线可以看出，在粗选段（1~4 槽），WO_3品位缓慢降低，品位基本维持在 3%左右，表明浮选过程中矿物的浮选性质在逐渐改变，

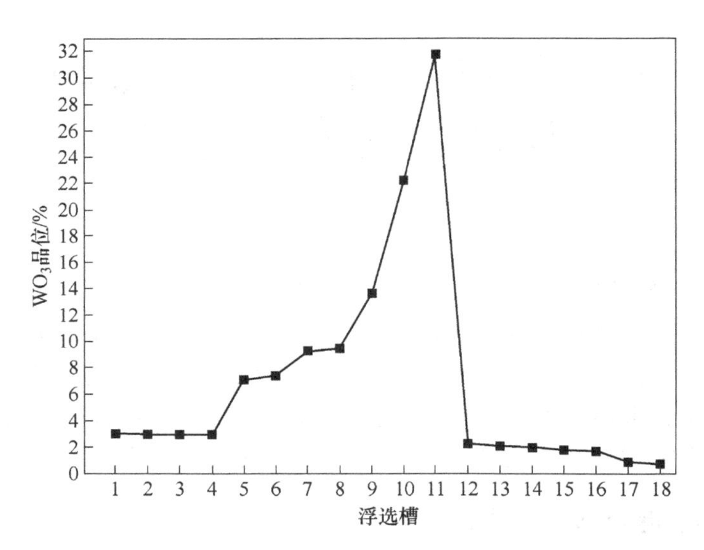

图 4-1　黑钨矿浮选过程精矿品位变化

在浮选前期，可浮性较好的钨矿物较快地浮选回收上来，随着可浮性好的钨矿物在浮选槽中含量的减少，难选钨矿物在槽中所占比例随之增大，因此导致槽内矿物的浮选环境恶化，可浮性逐渐降低；精选段（5~11 槽）精矿中 WO_3品位先缓慢提升，经过 5~8 槽的浮选进程后品位仅提升 2%左右，而后在第三、四、五次精选（9、10、11 槽）品位的提升幅度才较大。这表明在浮选机模式中，由于缺乏对可浮性较差的矿物的有效强化处理，为了得到合格的精矿品位，不得不采取延长浮选时间即采用冗长的流程进行浮选。

4.1.1.2　尾矿品位分布

对在每个浮选槽中采取的底流产品进行化验分析，以浮选槽个数为横坐标，底流产品 WO_3的含量为纵坐标绘制出实际浮选过程的尾矿品位分布曲线图，如图 4-2 所示。

粗选段（1~4 槽）尾矿 WO_3含量随着浮选过程的延长呈缓慢下降趋势。浮选进程的前段，解离程度高、好浮的钨矿较快地被捕收，随着浮选的进行，钨矿物含量逐渐减少，故尾矿钨品位显然逐渐减少。在浮选过程的精选阶段（5~11 槽），随着浮选槽内钨矿物品位的升高，其底流产品的 WO_3含量亦随之提高，与精矿品位变化趋势类似，前两次精选（5~8 槽）的尾矿产品 WO_3品位增加趋势缓慢，第三至第五次精选过程（9~11 槽）的尾矿产品品位快速提高。最后扫选段随着欲浮矿物含量的减少，WO_3含量迅速下降。

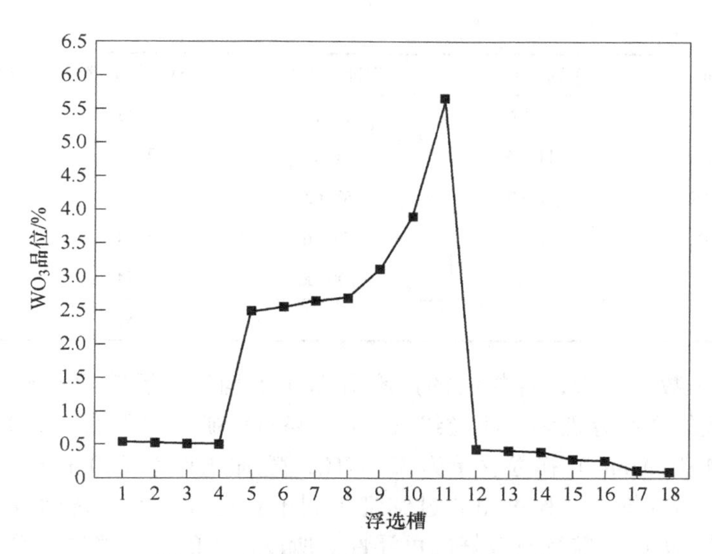

图 4-2 黑钨矿浮选过程尾矿品位变化

4.1.2 粒级浮选特征

矿物颗粒的粒度大小对矿物矿化过程以及矿物颗粒与药剂接触过程影响显著，是反映浮选过程特征的一个重要内容。无论采用哪种选矿方法，都要受到入选矿物粒度因素的影响，不同粒度范围的矿物应采用不同的选矿方法。在浮选过程中，矿物粒度过大将由于重力较大而不能随着气泡浮出，如果矿物颗粒太小，则会受到静电作用力、布朗作用力以及表面作用力等而导致可浮性差。研究各粒级的黑钨矿颗粒浮选过程可以进一步加深对黑钨矿浮选过程的了解，可为设计针对性强的柱式浮选模式提供依据。

4.1.2.1 原矿粒度特征及金属分布

为研究黑钨原矿的粒度特征，对其进行了粒度分析。首先用标准筛将粒度大于 0.074mm 的颗粒筛出，粒度小于 0.074mm 的颗粒则采用 BXF 旋流粒度水析仪分析其粒度组成，最后得到+0.074mm、−0.074+0.054mm、−0.054+0.041mm、−0.041+0.03mm、−0.03+0.02mm、−0.02+0.010mm、−0.010mm 共七个粒度级别，检测七个粒级产品，得到黑钨原矿粒径特征以及 WO_3分布情况见表 4-1。

表 4-1 黑钨原矿粒度组成及 WO_3分布

粒度/mm	个别产率/%	累计产率/%	WO_3品位/%	WO_3分布率/%
+0.074	18.81	18.81	0.35	11.53
−0.074+0.054	11.65	30.46	0.54	11.07

续表 4-1

粒度/mm	个别产率/%	累计产率/%	WO_3品位/%	WO_3分布率/%
-0. 054+0. 041	9. 67	40. 13	0. 48	8. 23
-0. 041+0. 03	11. 45	51. 58	0. 77	15. 54
-0. 03+0. 02	12. 07	63. 65	0. 77	16. 42
-0. 02+0. 01	15. 81	79. 46	0. 64	17. 84
-0. 01	20. 54	100. 00	0. 54	19. 37
合计	100. 00		0. 57	100. 00

由表 4-1 数据可知，各粒级的产率分布较不均匀，黑钨原矿粒度组成见图 4-3，各粒级的产率分别为：粗粒级（+0. 074mm）矿粒含量为 18. 81%，中间粒级（-0. 074+0. 03mm）矿粒含量为 32. 77%，微细粒级（-0. 03mm）矿粒含量为 48. 42%。众所周知，矿粒过粗或过细都不利于获得较好的浮选回收效果，一般来说，中间粒级的矿粒具有较好的可浮性。所以理想的矿物浮选体系都是可浮性好的中间粒级含量较多，而可浮性差的粗粒级和微细粒级含量较少。由黑钨原矿的粒度组成表可以看出，粗粒级（+0. 074mm）与微细粒级（-0. 03mm）含量占 67. 23%，极大地增加了黑钨浮选体系的分离难度。

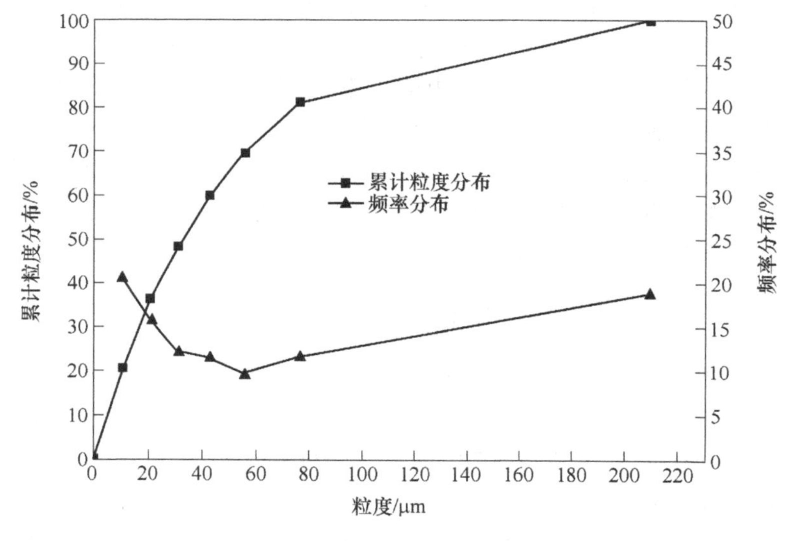

图 4-3 黑钨矿入选粒度特征

由表 4-1 原矿 WO_3分布情况可知，原矿中粗粒级（+0. 074mm）、中间粒级（-0. 074+0. 030mm）、微细粒级（-0. 030mm）中 WO_3 含量分别为 11. 53%、34. 84%、53. 63%。约一半 WO_3分布于微细粒级（-0. 030mm）矿粒内。

综合考虑黑钨原矿粒度组成以及金属分布特征，可知原矿中微细粒部分含量较多，且金属集中分布于这一粒级，因此需强化对微细颗粒黑钨的矿化作用，方能得到较佳的指标。

4.1.2.2 浮选过程产品粒度变化特征

为了准确研究该黑钨矿浮选过程中产品的粒度变化特征，采取逐槽取样分析。利用标准筛分析所采取的单槽泡沫和底流产品的粒度组成，考察粒级浮选过程特征。

A 黑钨矿各粒级的浮选行为差异

黑钨矿取自柿竹园多金属矿380选厂。在实验室对其进行分批刮泡浮选，研究试验所得泡沫产品的粒度组成。分析结果见图4-4。

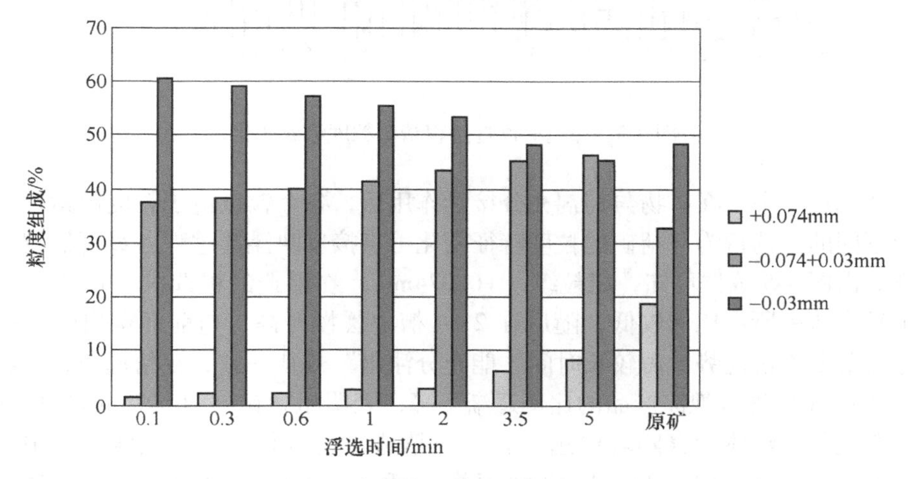

图4-4 各粒级黑钨矿的可浮性差异

由图4-4可知，浮选时三个粒级变化规律如下：

（1）粗粒级颗粒（+0.074mm），在泡沫产品中的比例逐渐增大，且浮选前段产率较小。表明粗粒级颗粒在前期浮选速度较小，需较长时间的浮选才能将其充分回收；

（2）中间粒级颗粒（−0.074+0.03mm），在整个浮选过程进入泡沫比例逐渐上升，整体而言，中间粒级产率相比原矿提高较多。表明中间粒级矿粒整体可浮性较好；

（3）微细粒级颗粒（−0.03mm），在浮选前段上浮较多，但随着浮选时间的延长进入泡沫产品的比例逐渐降低，表明浮选机体系中，缺乏对难浮微细粒级颗粒的有效矿化，导致该部分矿物的回收很不理想。

B 现场流程精矿粒级变化特征

在工业生产浮选过程中，选取粗选段（1~4槽）、精选段（5~11槽）的泡沫产品（精矿）进行粒度分析。工业生产浮选过程精矿产品粒度组成变化见图4-5。

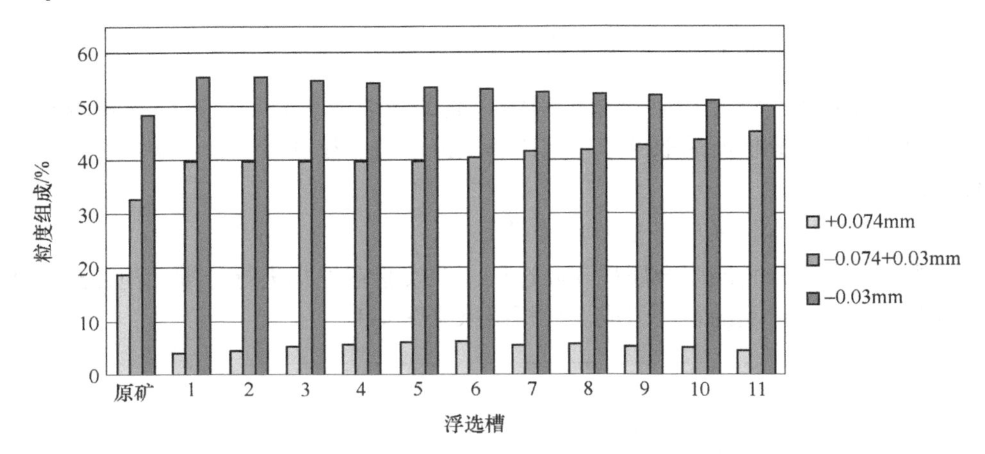

图 4-5 黑钨矿浮选过程精矿粒度组成变化

浮选过程中，在矿物与药剂充分接触作用后，各个粒级由于粒度因素影响而呈现不同的浮选行为，精矿的粒度特征变化可直接反映浮选过程各级别黑钨矿的特征。由图4-5数据可知，粗粒级（+0.074mm）在浮选的粗选段（1~4槽）的第1槽泡沫中所占比例较低，随后在2~4槽中缓慢升高，与前面得出的“粗颗粒浮选前期不占优势，需较长时间才能充分浮出”规律一致，在精选段，粗粒级（+0.074mm）进入泡沫产品的比例逐渐下降，表明粗颗粒（+0.074mm）回收效果逐渐变差；整体而言随着浮选（粗选、精选）的进行，进入泡沫产品中的中间粒级（−0.074+0.03mm）比例逐渐上升，回收效果较好；而微细粒级（−0.03mm）则随着浮选的进行，在精矿中所占比例逐渐减小，表明随着浮选的进行，微细粒级矿物回收效率逐渐降低。

C 现场流程尾矿粒级变化特征

同时选取粗选段（1~4槽）、扫选段（12~18槽）的底流产品（尾矿）进行粒度分析。工业生产浮选过程尾矿产品粒度组成变化见图4-6。

从图4-6数据可以看出在浮选过程的粗选阶段（1~4槽）尾矿中各粒级产率变化不大，进入扫选阶段（12~18槽）后，可浮性较好的中间粒级（−0.074+0.03mm）较多地进入了泡沫产品中，因此中间粒级（−0.074+0.03mm）在尾矿中比例逐渐降低；相反，粗粒级（+0.074mm）、微细粒级（−0.03mm）在尾矿中比例逐渐上升。整体而言，尾矿产品的粒度变化与精矿产品的粒度变化趋势正好相反。

黑钨矿浮选过程中产品粒度变化特征研究表明，表明各粒级在浮选过程中的浮选行为存在明显差异，表现为中间粒级矿粒富集于精矿产品，而粗粒级、微细

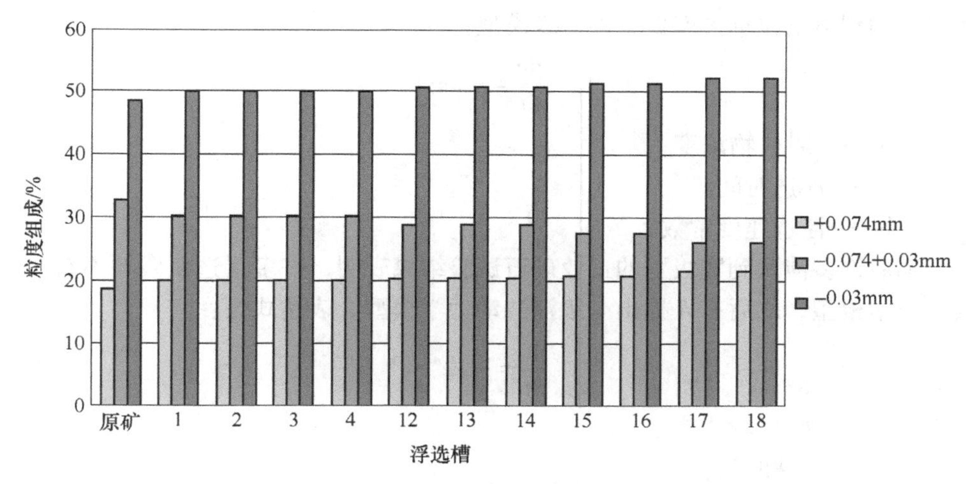

图 4-6 黑钨矿浮选过程尾矿粒度组成变化

粒级矿粒累积于尾矿产品，但由表 4-1 可知粗粒级中 WO_3 含量相对微细粒级较少，因此强化微细颗粒浮选中后期的矿化效果，实现对微细粒级的高效回收是开发此矿的关键技术内容。

分析总结此黑钨粒级浮选特征，主要有如下原因：

（1）微细粒矿粒自身体积、质量较小，在矿浆中与气泡的碰撞概率较低，所以矿化效果较差，导致其浮选速度较小；粗颗粒则由于质量大，机械脱落力强导致其与气泡黏着不牢固，极易脱落，因此其浮选速度亦不高。中间粒级矿粒最好浮，浮游速率亦最大。

（2）微细粒级矿物的比表面积大，相对粗颗粒来说，对浮选药剂具有更强的吸附力，因此在浮选前段微细粒级矿物浮选速度相对更大。进入浮选的中后期，随着可浮性较好的矿物颗粒的浮出，浮选环境逐渐恶化，微细粒矿物颗粒矿化效果逐渐变差，因此浮选效果逐渐变差。

（3）微细粒易于粗粒表面产生矿泥覆盖，从而使粗粒可浮性变差；同时吸附在气泡上的微细粒矿物由于极性作用，使得本就难附着的粗粒级矿物更难吸附在气泡上，因此粗粒级矿物可浮性变差。

4.2 黑钨矿浮选动力学研究

4.2.1 浮选动力学概述

浮选是一个受到各种内外因素影响的极其复杂的物理化学过程。为较准确地模拟这一过程，研究者们确立各种浮选动力学模型来表达浮选过程。浮选动力学研究对于工艺优化、改造及自动化等方面具有重要意义。早在 20 世纪 30 年代，赞尼格和别洛格拉卓夫就提出了一级模型：

$$\frac{\mathrm{d}c}{\mathrm{d}t} = -kc \tag{4-1}$$

式中　c——t 时矿物浓度；

t——浮选时间；

k——浮选速度常数。

随后许多涉及到宽级别的工业矿石试验结果表明，许多浮选实践并不符合一级动力学模型，之后有人提出 n 级浮选动力学模型，表达式为：

$$\frac{\mathrm{d}c}{\mathrm{d}t} = -kc^n \tag{4-2}$$

式中　c——t 时矿物浓度；

t——浮选时间；

k——浮选速度常数；

n——反应级数。

为了方便起见，很多人均以一级浮选动力学模型（即 $n=1$）为基础进行探究。于是式（4-2）即变为：

$$\frac{\mathrm{d}c}{\mathrm{d}t} = -kc \tag{4-3}$$

式（4-3）中如果用目的矿物精矿中的回收率 ε 表示，式（4-3）可写成：

$$\frac{\mathrm{d}\varepsilon}{\mathrm{d}t} = -k(\varepsilon_\infty - \varepsilon) \tag{4-4}$$

式中　ε_∞——浮选时间足够时，目的矿物理论最高回收率，单矿物浮选时可取 100%；

ε——t 时矿物回收率。

以上的模型都默认浮选速度常数 k 为固定的，但后来很多学者认为，浮选和化学反应是不一样的，矿物自身性质、矿浆特性、加药制度、选别设备及流程条件等各方面因素都会影响到矿物浮选速度常数 K 值的大小，因此同一矿物浮选体系下速度常数应该在随时改变。1956 年，哥利科夫对于某矿给出一个修正的经验模型：

$$\frac{\mathrm{d}\varepsilon}{\mathrm{d}t} = \frac{a}{(a+bt)^2}(\varepsilon_\infty - \varepsilon) \tag{4-5}$$

经过积分整理后可得到：

$$\varepsilon = \varepsilon_\infty(1 - \mathrm{e}^{\frac{-t}{a+bt}}) \tag{4-6}$$

式中　ε_∞——浮选时间足够时，目的矿物理论最高回收率；

ε——t 时矿物回收率；

a，b——根据试验求出的常数；

t——浮选时间。

常用的几种模型有：

经典一级动力学模型 $$\varepsilon = \varepsilon_{\infty}(1 - e^{kt}) \tag{4-7}$$

一级矩形分布模型 $$\varepsilon = \varepsilon_{\infty}\left[1 - \frac{1}{kt}(1 - e^{kt})\right] \tag{4-8}$$

二级矩形分布模型 $$\varepsilon = \varepsilon_{\infty}\left\{1 - \frac{1}{kt}[\ln(1 + kt)]\right\} \tag{4-9}$$

4.2.2 本书推导的浮选动力学模型

大量研究表明，矿物自身性质、矿浆特性、加药制度、选别设备及流程条件等各方面因素都会影响到矿物浮选速度常数 k 值的大小。相同矿物的浮选进程，其速度常数是不均匀且不断改变的。易浮矿物较快地上浮，难浮矿物则缓慢地上浮。若用固定 k 值的方程进行数据拟合可能得不到较精确的模型。我们将矿物按照其可浮性的好坏分为 m 个级别，不同级别矿物 k 值大小不同且浮选过程相互独立，则式（4-3）变为：

$$-\frac{dc}{dt} = -\frac{d\sum c_i}{dt} = -\sum\frac{dc_i}{dt} = \sum k_i c_i \tag{4-10}$$

式中 c——浮选矿物总浓度；

c_i——第 i 级别矿物浓度。

在前面章节中的研究内容表明，将本书所用的黑钨矿分为“快浮矿物”和“慢浮矿物”两个级别较为合适，即令 $m=2$，对式（4-10）进行积分整理，利用 $\varepsilon_i=(c_{i0}-c_i)/c_{i0}$，的关系即可得到：

$$\varepsilon = \varepsilon_{\infty} - \varepsilon_{1\infty}e^{-k_1 t} - \varepsilon_{2\infty}e^{-k_2 t} \tag{4-11}$$

式中 ε——目的矿物 t 时回收率；

ε_{∞}——目的矿物理论最高回收率；

$\varepsilon_{1\infty}$——快浮选矿物理论最高回收率；

$\varepsilon_{2\infty}$——慢浮选矿物理论最高回收率；

k_1——快浮矿物速度常数；

k_2——慢浮矿物速度常数。

4.2.3 黑钨矿实验室浮选动力学模型

4.2.3.1 实验室分批浮选试验

试验用黑钨矿样取自柿竹园多金属矿 380 选厂，试验所用药剂均为分析纯及工业纯，试验用水为民用自来水。试验所用药剂如表4-2所示。矿物浮选在挂槽浮选机内进行，每次取矿样1000g，加适量自来水。

表4-2 试验所用药剂

药剂名称	作用	品级	来 源
无水碳酸钠	调整剂	分析纯	上海振兴化工厂
氟硅酸钠	调整剂	分析纯	株洲选矿药剂厂
CMC	调整剂	分析纯	上海振兴化工厂
水玻璃	调整剂	工业纯	湖南郴州柿竹园水玻璃厂
硝酸铅	活化剂	分析纯	广州化学试剂厂
GYB	捕收剂	工业纯	广州有色金属研究院
OS-02	捕收剂	分析纯	北京矿冶研究总院
2号油	起泡剂	工业纯	株洲选矿药剂厂

在已考察工业生产现场浮选工艺的基础上，以200g/t碳酸钠、20g/t氟硅酸钠、250g/t硫酸铝、750g/t硅酸钠为调整剂，250g/t硝酸铅为黑钨矿活化剂，35g/t GYB、18g/t TAB-3为黑钨矿捕收剂，15g/t 2号油为起泡剂，在实验室进行了黑钨矿分批浮选试验，计算各段浮选时间泡沫精矿的回收指标，试验结果见表4-3。

表4-3 黑钨矿实验室分批浮选试验结果

浮选时间/min	0.1	0.3	0.6	1.0	2.0	3.5	5.0
累计回收率/%	14.5	33.02	50.11	63.89	77.06	85.27	86.31

4.2.3.2 基于MATLAB拟合各浮选动力学模型

在得到黑钨矿实验室分批刮泡结果的条件下，本书选用了经典一级动力学模型、一级矩形分布模型、二级矩形分布模型、哥利科夫模型以及本研究自推导模型等5个模型。采用MATLAB对试验数据进行5个模型非线性拟合，对比分析各模型的结果，从而选择此黑钨矿的最佳实验室浮选动力学模型，各模型表达式及参数见表4-4。

表 4-4 5 个常用的矿物浮选动力学模型

模型名称	方程式	备 注
经典一级动力学模型（M1）	$\varepsilon = \varepsilon_{\infty}(1 - e^{kt})$	a、b 为模型常数；$\varepsilon_{1\infty}$ 为快浮矿物理论最高回收率；$\varepsilon_{2\infty}$ 为慢浮矿物理论最高回收率；k_1 为快浮矿物的浮选速度常数；k_2 为慢浮矿物的浮选速度常数
一级矩形分布模型（M2）	$\varepsilon = \varepsilon_{\infty}\left[1 - \frac{1}{kt}(1 - e^{kt})\right]$	
二级矩形分布模型（M3）	$\varepsilon = \varepsilon_{\infty}\left\{1 - \frac{1}{kt}[\ln(1 + kt)]\right\}$	
哥利科夫模型（M4）	$\varepsilon = \varepsilon_{\infty}(1 - e^{\frac{-t}{a-bt}})$	
自推导模型（M5）	$\varepsilon = \varepsilon_{\infty} - \varepsilon_{1\infty}e^{-k_1t} - \varepsilon_{2\infty}e^{-k_2t}$	

（1）建立上述 5 个模型的 M 文件。

```
function y=flo1(beta,x)
y=beta(1)*(1-exp(-beta(2)*x));
                                        %经典一级动力学模型(M1)
function y=flo2(beta,x)
y=beta(1)*(1-(1-exp(-beta(2)*x))./(beta(2)*x));
                                        %一级矩形分布模型(M2)
function y=flo4(beta,x)
y=beta(1)*(1-log(1+beta(2)*x)./(beta(2)*x));
                                        %二级矩形分布模型(M3)
function y =flo8(beta,x )
y=beta(1).*(1-exp(-x./(beta(2)+beta(3).*x)));
                                        %哥利科夫模型(M4)
function y =flo6( beta,x )
y=beta(1)-beta(2).*exp(-beta(3).*x)-((beta(1)-beta(2)).*exp(-beta(4).*x));
                                        %自推导模型(M5)
```

（2）求解模型参数。

```
>>clear all;
                                        %清除变量
>>x=[0.1  0.3  0.6  1.0  2.0  3.5  5.0]   %浮选时间(min)
>>y=[17.94  55.21  70.92  77.96  84.2  85.27  86.31]
                                        %各时间段累计回收率(%)
>>beta0=[85 3]
```

```
                                              %设置模型 1、2、3 两个参数赋初值
>>[beta,r,j]=nlinfit(x',y','flo1',beta0)
输出 M1 结果:beta=      r=
>>[beta,r,j]=nlinfit(x',y','flo2',beta0)
输出 M2 结果:beta=      r=
>>[beta,r,j]=nlinfit(x',y','flo4',beta0)
输出 M3 结果:beta=      r=
>>beta0=[86  0.32  0.04]
                                              %设置模型 4 的 3 个参数赋初值
>>[beta,r,j]=nlinfit(x',y','flo8',beta0)
输出 M4 结果:beta=      r=
>>beta0=[90 2 1]
                                              %设置模型 5 的 3 个参数赋初值
>>[beta,r,j]=nlinfit(x',y','flo9',beta0)
输出 M5 结果:beta=      r=
```

(3) 绘制各模型拟合图。

```
>>xx=[0.1 0.3 0.6 1.0 2.0 3.5 5.0];
>>y=[17.94 55.21 70.92 77.96 84.2 85.27 86.31];
>>x=0:0.01:6;
>>y1=  ;                                      %经典一级动力学模型(M1)
>>y2=  ;                                      %一级矩形分布模型(M2)
>>y3=  ;                                      %二级矩形分布模型(M3)
>>y4=  ;                                      %哥利科夫模型(M4)
>>y3=  ;                                      %自推导模型(M5)
>>axis([0 6 0 100]);
>>plot(x,y1,'k'); hold on;
>>plot(x,y2,'y'); hold on;
>>plot(x,y3,'b'); hold on;
>>plot(x,y4,'g'); hold on;
>>plot(x,y5,'r'); hold on;
>>xlabel('Flotation time(min)') ;
>>ylabel('Recovery of flotation(%)') ;
>>scatter(xx,y);
>>legend('M1','M2','M3','M4','M5',0) ;
```

4.2.3.3　MATLAB 拟合结果分析

利用 MATLAB 软件拟合各浮选动力学模型结果见表 4-5。

表 4-5　实验室试验值与不同浮选动力学模型计算值对照表

试验数据				计算数据									
累计浮选时间/min	产品名称	回收率/%		经典一级动力学模型(M1)计算值/%		一级矩形分布模型(M2)计算值/%		二级矩形分布模型(M3)计算值/%		哥利科夫模型(M4)计算值/%		自推导模型(M5)计算值/%	
		个别	累计(ε)	回收率($\bar{\varepsilon}$)	偏差($\varepsilon-\bar{\varepsilon}$)	回收率($\bar{\varepsilon}$)	偏差($\varepsilon-\bar{\varepsilon}$)	回收率($\bar{\varepsilon}$)	偏差($\varepsilon-\bar{\varepsilon}$)	回收率($\bar{\varepsilon}$)	偏差($\varepsilon-\bar{\varepsilon}$)	回收率($\bar{\varepsilon}$)	偏差($\varepsilon-\bar{\varepsilon}$)
0.1	精 1	14.5	14.5	11.7789	2.7211	13.078	1.422	15.8478	-1.3478	13.7188	0.7812	13.9261	0.5739
0.3	精 2	18.52	33.02	30.6366	2.3834	32.5124	0.5076	34.749	-1.729	33.1146	-0.0946	33.3259	-0.3059
0.6	精 3	17.09	50.11	50.1573	-0.0473	50.7807	-0.6707	50.2149	-0.1049	50.6562	-0.5462	50.4877	-0.3777
1	精 4	13.78	63.89	65.6424	-1.7524	64.2454	-0.3554	61.7022	2.1878	63.6057	0.2843	63.2042	0.6858
2	精 5	13.17	77.06	80.2541	-3.1941	77.76	-0.7	75.5277	1.5323	77.3597	-0.2997	77.6632	-0.6032
3.5	精 6	8.21	85.27	83.9986	1.2714	84.0656	1.2044	84.42	0.85	84.2437	1.0263	84.7035	0.5665
5	精 7	1.04	86.31	84.3918	1.9182	86.599	-0.289	88.9604	-2.6504	87.0142	-0.7042	86.5781	-0.2681
参数值				$\varepsilon_\infty=84.438$ $k=1.5024$		$\varepsilon_\infty=92.5105$ $k=3.1299$		$\varepsilon_\infty=96.6877$ $k=9.2914$		$\varepsilon_\infty=85.1730$ $a=0.6225$ $b=0.3099$		$\varepsilon_\infty=87.2625$ $\varepsilon_{1\infty}=31.7444$ $\varepsilon_{2\infty}=55.5181$ $k_1=3.446$ $k_2=0.8792$	
偏差之和 δ				3.30		1.12		-1.26		0.45		0.27	
偏差平方和 S_T				31.66		4.88		19.70		2.64		1.79	
均方差 S				2.13		0.83		1.68		0.61		0.506	
相关系数平方 R^2				0.995		0.9992		0.996		0.9994		0.9996	

表 4-5 左上半部分为实验室浮选试验的结果，右上半部分分别为用 MATLAB 软件计算出来的经典一级动力学、一级矩形分布、二级矩形分布、哥利科夫模型以及自推导模型的回收率理论值和偏差。表中下半部分为各模型参数值和回归参数检验值，回归参数检验值的计算方法如下：

偏差之和
$$\delta=\sum_{i=1}^{7}(\varepsilon_i-\overline{\varepsilon_i}) \tag{4-12}$$

偏差平方和
$$S_T=\sum_{i=1}^{7}(\varepsilon_i-\overline{\varepsilon_i})^2 \tag{4-13}$$

均方差
$$S=\sqrt{\frac{\sum_{i=1}^{7}(\varepsilon_i-\overline{\varepsilon_i})^2}{7}} \tag{4-14}$$

相关系数平方　$$R^2 = \frac{\sum_{i=1}^{7}(\varepsilon'_i - \overline{\varepsilon_i})^2}{\sum_{i=1}^{7}(\varepsilon'_i - \overline{\varepsilon_i})^2 + \sum_{i=1}^{7}(\varepsilon_i - \varepsilon'_i)^2} \tag{4-15}$$

根据表 4-5 绘制的各模型理论计算值与试验值拟合程度见图 4-7。

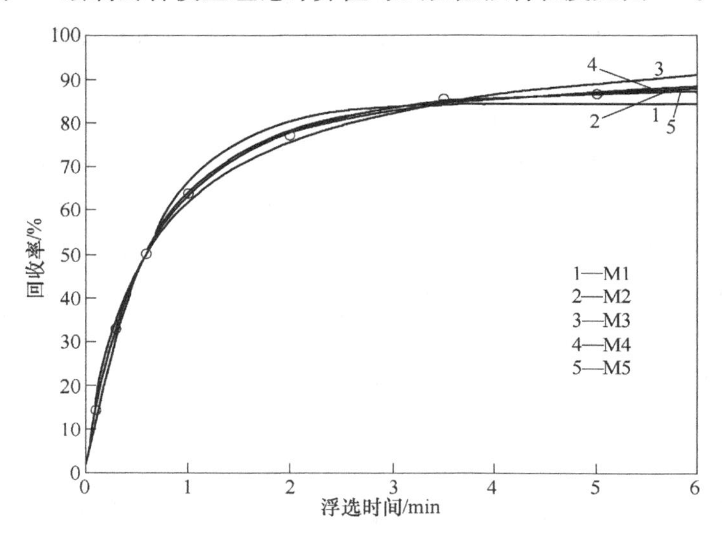

图 4-7　各模型计算值与实验室试验值的拟合关系图

由表 4-5 可知，各模型的每个浮选时间点的偏差都在 4% 以内，R^2 均大于 0.99，表明这 5 个模型都可以比较精确地模拟在实验室中浮选黑钨矿的过程。

对比分析各模型，本文所推导的浮选动力学模型的偏差平方和 S_T、均方差 S 数值在 5 个模型里最小，且 $R^2 = 0.9996$ 为 5 个模型中最接近 1 的，各模型计算值与试验值的拟合关系图也表明了自推导的式（4-11）的计算值曲线最为贴近试验值曲线，因此可认为本书推导的模型式（4-11）为最佳的黑钨矿实验室浮选动力学模型。图 4-8 为自推导模型的理论值与试验值的拟合程度图。

由图 4-8 和表 4-5 可知，自推导模型计算值与实验室试验值基本吻合，各浮选时间点偏差均在 1 之内，拟合精度较高。

最终确定黑钨矿实验室浮选动力学模型：

$$\varepsilon = 87.2625 - 31.7444\mathrm{e}^{-3.446t} - 55.5181\mathrm{e}^{-0.8792t} \tag{4-16}$$

上述模型表明：在实验室浮选过程中，黑钨矿的理论回收率为 87.2625%，其中可浮性较好、浮选速度常数大的矿物即“快浮矿物”与可浮性相对较差、浮选速度常数小的矿物即“慢浮矿物”回收率分别为 31.7444%、55.5181%，两者比例约为 4 ∶ 7，即可浮性差，浮选速度常数小的粗粒级以及微细粒级矿物占大部分，因此需加强对粗粒级以及微细粒级黑钨矿的回收。

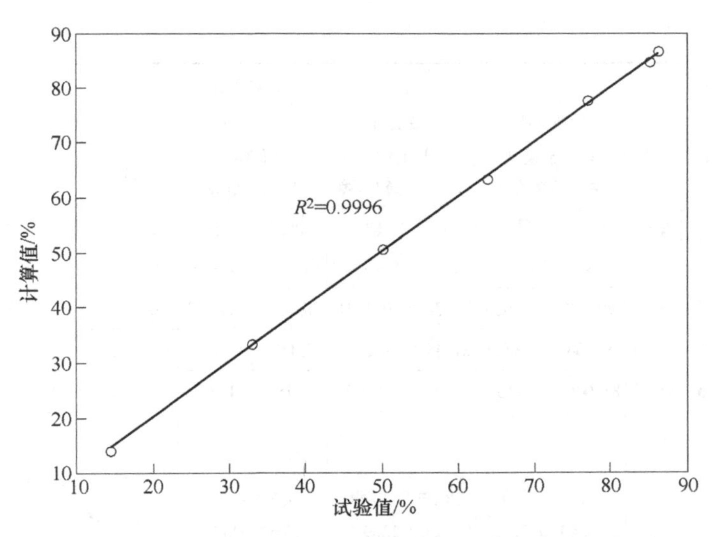

图 4-8 自推导模型计算值与实验室试验值的拟合程度图

4.2.4 黑钨矿工业生产浮选动力学模型

黑钨矿工业生产分批浮选试验在柿竹园多金属矿 380 选厂进行，试验结果见表 4-6。

表 4-6 黑钨矿工业生产分批浮选试验结果

浮选时间/min	0.6	1.4	2.5	4.0	5.5	7.0
累计回收率/%	40.79	61.59	70.56	78.86	82.71	83.21

得到上述工业数据的条件下，采用 MATLAB 软件对试验数据进行 5 个模型的非线性拟合，对比分析各模型结果，从而确定此黑钨矿最佳工业生产浮选动力学模型。各模型拟合结果见表 4-7。

表 4-7 工业生产试验值与不同浮选动力学模型计算值对照表

试验数据				计算数据									
累计浮选时间/min	产品名称	回收率/%		经典一级动力学模型(M1)计算值/%		一级矩形分布模型(M2)计算值/%		二级矩形分布模型(M3)计算值/%		哥利科夫模型(M4)计算值/%		自推导模型(M5)计算值/%	
		个别	累计(ε)	回收率($\bar{\varepsilon}$)	偏差($\varepsilon-\bar{\varepsilon}$)	回收率($\bar{\varepsilon}$)	偏差($\varepsilon-\bar{\varepsilon}$)	回收率($\bar{\varepsilon}$)	偏差($\varepsilon-\bar{\varepsilon}$)	回收率($\bar{\varepsilon}$)	偏差($\varepsilon-\bar{\varepsilon}$)	回收率($\bar{\varepsilon}$)	偏差($\varepsilon-\bar{\varepsilon}$)
0.6	精 1	40.79	40.79	37.5879	3.2021	39.8582	0.9318	42.1419	-1.3519	41.0103	-0.2203	41.0412	-0.2512
1.4	精 2	20.8	61.59	62.1313	-0.5413	61.58	0.01	60.063	1.527	60.7578	0.8322	60.8449	0.7451
2.5	精 3	8.97	70.56	75.0447	-4.4847	72.8597	-2.2997	70.8245	-0.2645	71.8303	-1.2703	71.6024	-1.0424

续表 4-7

试验数据				计算数据									
累计浮选时间/min	产品名称	回收率/%		经典一级动力学模型(M1)计算值/%		一级矩形分布模型(M2)计算值/%		二级矩形分布模型(M3)计算值/%		哥利科夫模型(M4)计算值/%		自推导模型(M5)计算值/%	
		个别	累计(ε)	回收率($\bar{\varepsilon}$)	偏差($\varepsilon-\bar{\varepsilon}$)	回收率($\bar{\varepsilon}$)	偏差($\varepsilon-\bar{\varepsilon}$)	回收率($\bar{\varepsilon}$)	偏差($\varepsilon-\bar{\varepsilon}$)	回收率($\bar{\varepsilon}$)	偏差($\varepsilon-\bar{\varepsilon}$)	回收率($\bar{\varepsilon}$)	偏差($\varepsilon-\bar{\varepsilon}$)
4.0	精4	8.3	78.86	79.826	-0.966	78.7469	0.1131	78.0343	0.8257	78.4644	0.3956	78.5003	0.3597
5.5	精5	3.85	82.71	80.8343	1.8757	81.4479	1.2621	82.0981	0.6119	81.8259	0.8841	81.9793	0.7307
7.0	精6	0.5	83.21	81.0469	2.1631	82.992	0.218	84.7519	-1.5419	83.8501	-0.6401	83.789	-0.579
参数值				$\varepsilon_\infty=81.1037$ $k=1.0377$		$\varepsilon_\infty=88.6539$ $k=2.1369$		$\varepsilon_\infty=99.6681$ $k=2.9287$		$\varepsilon_\infty=118.2134$ $a=1.0091$ $b=0.6652$		$\varepsilon_\infty=85.7628$ $\varepsilon_{1\infty}=44.6696$ $\varepsilon_{2\infty}=41.0932$ $k_1=2.0517$ $k_2=0.4337$	
偏差之和 δ				1.25		0.235		-0.19		-0.019		-0.037	
偏差平方和 S_T				39.79		7.81		7.66		3.70		2.70	
均方差 S				2.57		1.14		1.13		0.78		0.67	
相关系数平方 R^2				0.974		0.994		0.994		0.997		0.998	

根据表 4-6 画出的各模型理论计算值与试验值拟合关系度见图 4-9。

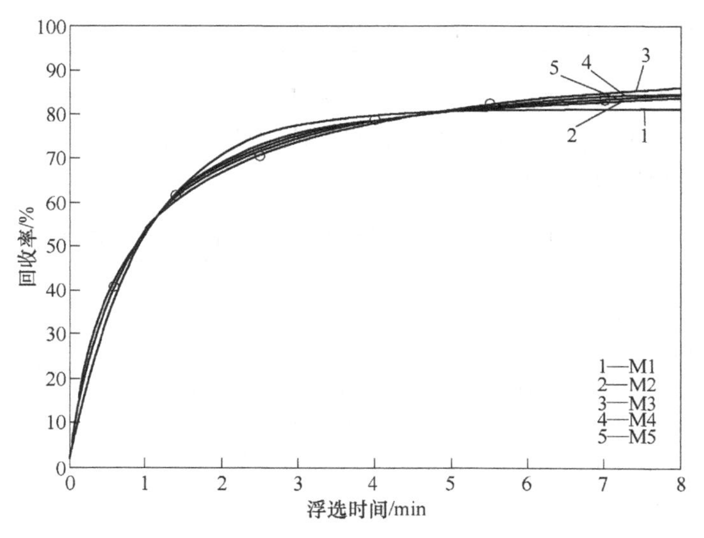

图 4-9 各模型理论计算值与工业生产试验值的拟合关系度图

分析表4-6中数据可知，在5个模型中，自推导模型（M5）计算的偏差之和δ、偏差平方和S_T以及均方差S都是最小的，且相关系数平方$R^2=0.998$亦最接近于1，图4-10亦可看出自推导模型（M5）理论值最接近工业生产的试验值，因而可认为计算所得到的自推导模型（M5）是最合适的黑钨矿工业生产浮选动力学模型。图4-10为自推导模型理论值与工业生产试验值的拟合程度图。

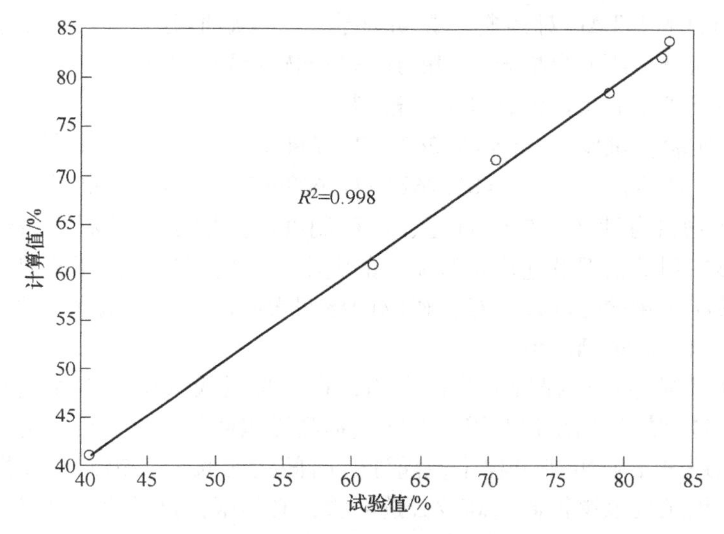

图4-10　自推导模型计算值与工业生产试验值的拟合程度图

由图4-10和表4-7可知，自推导模型计算值与工业生产试验值基本吻合，各浮选时间点的计算值与试验值偏差均在1%以内，拟合精度较高。

最终确定黑钨矿工业生产浮选动力学模型：

$$\varepsilon=85.7628-44.6696e^{-2.0517t}-41.0932e^{-0.4337t} \tag{4-17}$$

工业浮选动力学模型表明在工业生产浮选过程中，目的矿物的理论最高回收率是85.7628%，其中可浮性较好、浮选速度常数大的矿物即“快浮矿物”与可浮性相对较差、浮选速度常数小的矿物即“慢浮矿物”回收率分别为44.6696%、41.0932%，两者比例相近，相对实验室浮选动力学而言，“快浮矿物”比例有所提高，但可浮性差，浮选速度常数小的粗粒级以及微细粒级矿物仍有较大比例，因此工业浮选动力学模型再次表明加强对粗粒级以及微细粒级黑钨矿的回收效果的重要性。

4.3　小结

本章系统地研究了黑钨矿的浮选过程特征，并结合实验室试验和工业生产数据，推导了黑钨矿实验室以及工业生产浮选动力学模型，得出以下结论：

（1）此黑钨矿中粗粒级与微细粒级占主导，浮选分离难度较大；在浮选进程中，随着浮选机浮选环境的逐步恶化，由于缺乏对微细粒级矿粒的强化回收机制，导致微细粒级矿粒在尾矿中富集，回收效果不理想。强化微细颗粒的矿化作用，改善微细颗粒的选择性是开发此黑钨矿的关键技术内容。

（2）在相关研究工作的基础上，本书推导出浮选动力学模型：

$$\varepsilon = \varepsilon_{\infty} - \varepsilon_{1\infty}\mathrm{e}^{-k_1 t} - \varepsilon_{2\infty}\mathrm{e}^{-k_2 t}$$

（3）通过 MATLAB 对经典一级动力学、一级矩形分布、二级矩形分布、哥利科夫模型以及本研究自推导模型的计算与比较得到了黑钨矿实验室浮选动力学模型以及黑钨矿工业生产浮选动力学模型：

实验室试验　$\varepsilon = 87.2625 - 31.7444\mathrm{e}^{-3.446t} - 55.5181\mathrm{e}^{-0.8792t}$

工业生产　$\varepsilon = 85.7628 - 44.6696\mathrm{e}^{-2.0517t} - 41.0932\mathrm{e}^{-0.4337t}$

（4）矿物自身性质、矿浆特性、加药制度、选别设备及流程条件等各方面因素都会影响到矿物浮选速度常数 k 值的大小。任何浮选动力学模型中，随浮选的进行，易浮矿物的上浮以及难浮矿物的比例增加，浮选环境逐步恶化，矿物的浮选速度常数必定逐渐降低。

（5）黑钨矿浮选过程特征分析表明，在浮选机模式中，当浮选时间达到一定值后，通过增加浮选流程及浮选时间来提高黑钨回收指标的效果并不明显。不管是实验室还是工业生产过程中，随浮选时间的延长，黑钨矿可浮性都慢慢变差。因此要想实现该黑钨矿的高效分选回收，必须根据这种变化特性，建立可在浮选过程中后段逐步加强的强化分选机制。

5 浮选柱强化黑钨矿分选过程及浮选动力学研究

微细粒级黑钨矿非线性的物性本质，就决定了它浮选过程中表现出的非线性特征。旋流-静态微泡浮选柱针对微细粒级黑钨矿分选过程中浮选行为“非线性”的特征，设计了多流态梯级逐步强化的分选机制，实现了微细粒级黑钨矿可浮性随浮选时间延长逐渐变差与分选过程逐步强化分选模式相匹配。柿竹园黑钨浮选体系中黑钨浮选原矿显著特点是微细粒矿物含量高，其中-0.038mm 粒级含量高达50%左右，导致浮选行为发生了根本变化，矿物和气泡相撞概率低，回收率低。因此，充分考虑流体力因素，研究如何运用高效设备改变浮选体系的矿浆环境，强化回收微细粒级黑钨矿，提高微细粒黑钨矿浮选回收率，对黑钨选别具有重要意义。本章将完成微细粒级黑钨矿分选过程设计，研究浮选柱分选区域特性和过程，推导浮选柱不同分选区域的浮选动力学数学模型，用于指导实际分选过程的控制和优化，并推导浮选柱不同分选区域的品位分布模型，提出浮选柱设计的原则和强化机制，设计一粗二精三段式流程，并对柿竹园黑白钨矿进行了 4 种方案流程的对比试验，对比浮选柱强化回收微细粒级黑钨矿的可行性。

5.1 微细粒级黑钨矿浮选机分选过程存在的问题

（1）矿化方式简单。浮选机分选过程中气泡和矿粒相撞概率相对较低，矿化效率低。常规浮选柱采用逆流矿化的模式，虽然提高了矿化效率，但是针对矿物浮选过程中随浮选时间的进行可浮性变差的特点，亦无强化选别机制，效率较低。

（2）分选过程单一。由于矿物可浮性在分选过程中随时间延长逐步变差，所以应该建立一个与可浮性相匹配的分选过程。浮选机的分选过程是单一的，在整个浮选机浮选系统中各浮选槽的结构是相同的，是一个没有适应矿物浮选特性的线性分选过程，显然与可浮性的非线性所要求的分选过程仍然不匹配，没有强化分选过程的措施，靠延长浮选时间来提高分选效率，精选增加精选次数提高品位，增加扫选流程旨在提高回收率，导致工艺流程长。

（3）分选矿浆流体环境不合理。浮选机的结构和工作原理决定了矿化主要发生在叶轮附近，该区域矿浆的紊流强度高，不利于微细粒级的分选回收。常规浮选柱分选区提供了层流的矿浆流体环境，对提高矿物分选的选择性有益，当矿物可浮性逐渐变差时，要求提高紊流强度，但普通浮选柱中的矿浆环境亦未与矿物可浮性相匹配[94]。

（4）浮选行为在单一的力场中进行。传统浮选机是基于重力场进行浮选的，矿粒粒径及矿浆滞留槽内的时间直接影响分选效率，微细颗粒的黑钨矿得不到高效的分选，细泥夹带比较严重，延长浮选时间就要求大的浮选空间，所有限制了浮选的生产能力。引入离心场后，浮选行为在复合力场中进行，可以强化微细粒级黑钨矿的分选效果，提升浮选速率，同时还可以减少脉石的夹带。

浮选机体系下各段浮选槽分选机制基本相同，而黑钨矿浮选时，其浮选速率常数 K 具有将随浮选时间 t 增加而逐渐变小的特征，所以浮选机系统不能与可浮性相匹配，对于微细粒黑钨矿的回收效果不理想。浮选机靠延长浮选时间和增加浮选流程来提高回收率，没有从根本上优化分选过程中的矿化方式，适应微细粒级黑钨矿的分选特性。

$$k = \frac{3P_a d_p (1.5 + 4\,Re^{0.75}/1.5) v_g}{2d_b^3} \tag{5-1}$$

式中 P_a——气泡和矿粒的黏附概率；

d_p——矿粒的直径；

d_b——气泡的直径；

Re——雷诺数；

v_g——表观气体速度。

根据 k 值变化规律，在矿粒直径和气泡直径一定时候，雷诺数（Re）代表了矿浆分选的流体环境，当矿物分选过程进行到 k 值小的时候，可以通过提高雷诺数（Re）改变矿浆的分选环境强化矿化过程，提高矿化效率。可以改变矿浆分选环境来强化矿物的分离。所以可以建立起矿物可浮性特征（k_f）与矿浆流体环境 Re 相耦合，对影响分选过程的因素进行了简化，建立了两者的耦合模型，模型如下[95~97]：

$$k_f = Af(x)Re \tag{5-2}$$

$$R = 1 - \exp(-k_f t_s) \tag{5-3}$$

式中 k_f——矿石的可浮性；

A——耦合的系数；

$f(x)$——耦合方程；

Re——矿浆的雷诺数；

R——回收率。

随着浮选过程的进行，如果要保证有用矿物具有高的回收率，则需要提高 *Re* 来改善浮选过程。旋流-静态微泡浮选柱正是将层流、紊流和湍流三种矿浆流体环境有机集合的一种新型分选设备，可以实现高效率矿化并与矿物可浮性变化相匹配，改善浮选分离过程，强化有用矿物的高效回收。

5.2 微细粒级黑钨矿柱式非线性分选过程的建立与设计

微细粒级黑钨矿可浮性行为特征研究表明，可浮性是逐渐变差的，具有非线性，微细粒级黑钨矿可浮性分选过程特征是进行分选过程设计的依据。

基于微细粒黑钨矿的可浮性过程特征对合理、高效分选过程设计的要求，通过对微细粒黑钨矿浮选特征的研究，结合可有效捕收黑钨的组合药剂、旋流分选过程强化、高效充填设计、管流矿化研究基础，建立高效充填柱浮选、旋流强化分选、管流高效矿化为一体的柱式强化分选过程。

根据对微细粒级黑钨矿浮选行为的研究来对分选过程进行设计，当黑钨矿的给矿刚进入浮选柱精选分选时，应该在较低 *Re* 的矿浆分选环境中进行，旋流-静态微泡浮选柱的柱分选段的分选环境是层流，逆流碰撞的矿化方式，可以使可浮性好的黑钨矿在浮选的前段完成；随着浮选时间的增减，黑钨矿的可浮性（k_f）逐渐变差，就需要提高矿浆分选环境的 *Re* 来强化矿化模式，旋流-静态微泡浮选柱中旋流分选区能提供更高能量来提高矿浆紊流度，提高了选别速度，比重力场中的有效分选粒度下限大大降低，从而改善微细粒级黑钨矿的回收，这也是浮选柱短流程回收率优于浮选机系统黑钨矿的回收率原因所在；分选过程的末端，所处理的对象是最难浮的矿物，可浮性（k_f）最差，要使这部分能高效回收，需更高 *Re* 的矿浆分选环境，改变矿化方式才能实现，管流矿化区高紊流特征的矿化方式来解决。

基于对微细粒级黑钨矿可浮性特征，旋流-静态微泡浮选柱多层次的分选结构使柱分离、管流矿化、旋流分离强化有机的结合，建立矿物可浮性和矿化环境匹配的强化分选过程和分选机制，微细粒级黑钨矿柱分选过程与可浮性过程特征耦合图见图 5-1。微细粒级黑钨矿在分选过程中，矿浆分选环境从柱分选区的层流到旋流分选区的旋流，再到管流矿化区的射流；矿化方式从柱分选区的逆流碰撞到旋流分选区的旋流矿化，再到管流矿化区的高效管流矿化；矿物的可浮性逐渐变差，从易浮到较难浮，再到难浮，而从柱分选区到旋流分选区，再到管流矿化区，矿浆分选环境 *Re* 是逐步提高的，构建了微细粒级黑钨矿分选过程中逐步强化的分选机制，完美实现了矿物可浮性和矿浆环境的匹配，完成了对微细粒级黑钨矿非线性分选过程设计。

可浮性好的矿物在紊流度较低的矿浆环境最大限度回收，中等可浮矿物通过逆流碰撞矿化实现捕集，较难浮矿物被旋流矿化来强化回收，难浮的矿物利用管流矿化机制下的射流矿化来高效回收。

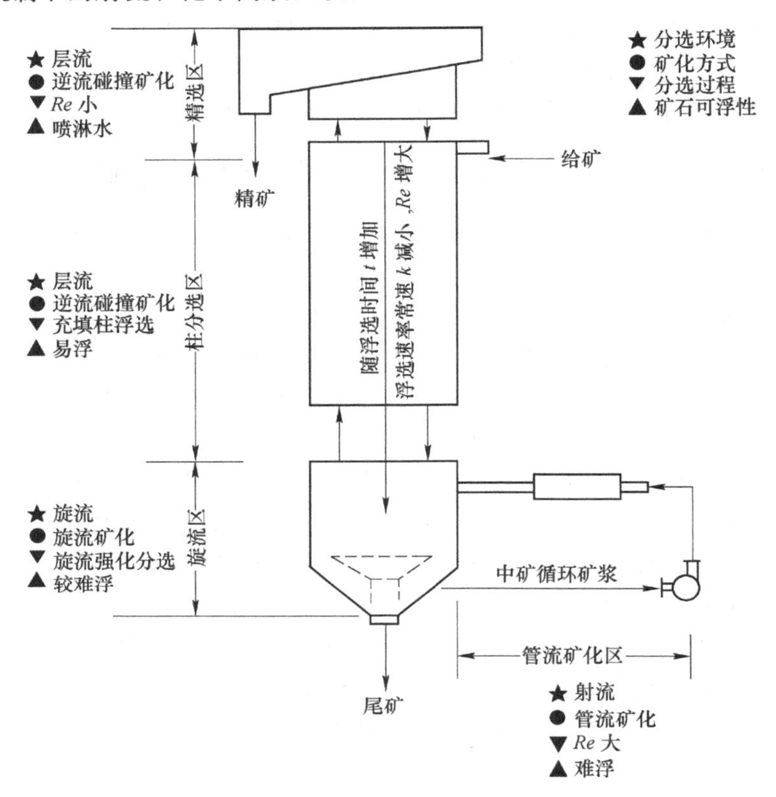

图 5-1　微细粒级黑钨矿柱分选过程与可浮性过程特征耦合图

5.3　旋流-静态微泡浮选柱的浮选动力学研究

在选矿工艺、流程和选矿药剂制度固定的条件下，要提高矿物选别的指标和分选效率，很大程度上取决于浮选设备的工作条件，看能否满足矿物回收的要求和分选过程的需要。要实现矿物的高效回收，必考虑如下几个问题：（1）在旋流作用下使矿物分选环境的紊流度提高，提升难浮矿物的浮选速度，但不能影响到柱分选过程中需要的静态矿浆分选环境；（2）解决分选过程中出现短路现象、保证气泡与矿粒有充足的时间碰撞和黏附；（3）提高难回收的过粗和过细粒级回收率；（4）精矿泡沫产品在保证品位的同时能及时排出。

5.3.1　旋流-静态微泡浮选柱分选区域构成

将旋流-静态微泡浮选柱的结构分为柱浮选区、柱精选区、旋流分选区、管流矿化区四个不同特征的分选区域，见图 5-1。

矿物浮选分离的过程中，有用组分的回收率（R）主要受浮选速度常数（k_p）和颗粒的停留时间（τ_s）影响[98,99]。

$$R = R_\infty \int_0^\infty \int_0^\infty (1 - e^{-k\tau}) f(k) f(\tau) \mathrm{d}k \mathrm{d}\tau \tag{5-4}$$

$$\frac{R}{R_\infty} = \int_0^\infty \int_0^\infty (1 - e^{-kt}) f(k) f(t) \mathrm{d}k \mathrm{d}t \tag{5-5}$$

式中 R——有用矿物的回收率；

R_∞——理论上最大的回收率；

$f(k)$——浮选速率函数；

$f(t)$——颗粒在不同分选区的停留时间函数。

因此，确定了浮选柱不同分选区域的浮选速率函数$f(k)$和颗粒滞留时间函数$f(t)$，就能推导旋流-静态微泡浮选柱不同分选区域的回收率模型。

Dobby 和 Finch 研究表明，对于栓塞流，回收率满足如下公式[100]：

$$R = 1 - \exp(-k_p t_s) \tag{5-6}$$

对于完全混合流，矿浆浓度相等，回收率满足如下公式：

$$R = 1 - (1 + k_p t_s)^{-1} \tag{5-7}$$

对于旋流-静态微泡浮选柱，柱浮选区和精选区其流动可以近似为“塞流”，旋流区和管流矿化区由于是高紊流状态，属于完全混合流。针对一粗二精三段式柱分选过程的浮选动力学研究，将分别推导每段柱分选过程中柱浮选区、柱精选区、旋流分选区、管流矿化区的 k_p 和 t_s，计算各个区域的回收率（R），并在各个区域回收率模型的基础上，建立一粗二精三段式柱分选过程的回收率模型。

5.3.2 柱分选过程中气泡与矿粒相互作用

气泡与矿物碰撞、黏附及脱落直接影响到浮选速率常数，也就关系到有用矿物的回收率。气泡与矿物碰撞、黏附直到形成浮选精矿的柱分选过程中，气泡与矿粒经历碰撞—黏附—脱落—再碰撞黏附—脱落的交换过程，气泡与矿物的作用主要为三个过程：(1) 气泡与矿粒的碰撞；(2) 矿粒向气泡的黏附；(3) 黏附在气泡上的矿物颗粒从气泡上的脱落。矿粒被气泡捕获的概率（P）是碰撞概率、黏附概率和脱落概率的乘积[101]。

$$P = P_c P_a (1 - P_d) \tag{5-8}$$

式中 P_c——碰撞概率；

P_a——黏附概率；

P_d——脱落概率。

5.3.2.1 气泡—矿物颗粒碰撞概率 P_c

气泡与颗粒的碰撞分为气泡表面力场的无惯性机理和惯性机理两种，矿物回收率取决于气泡与颗粒碰撞成功的概率。

$$P_c = A_\Delta V_k N_b \tag{5-9}$$

式中 V_k——气泡与矿粒间的相对运动速度；

N_b——气泡的含量；

A_Δ——截面。

气泡—矿物颗粒碰撞概率大小的主要影响因素：碰撞截面、粒度大小、气泡大小、相对运动速度、水化膜的厚度和气体保有量等。

柱分选过程中，气泡上浮时与矿物颗粒碰撞的可能性用碰撞概率来衡量，粒度较细的小颗粒受惯性的影响不大，流线可以提供在柱浮选过程中的迁移机制。

R_0是水力动力学条件参数。（1）在流线内，当矿物颗粒半径小于R_0时会发生碰撞行为；（2）矿物颗粒穿透流线与气泡发生碰撞行为（$R_0=R_b$），否则气泡与矿物颗粒不会发生碰撞。

气泡—矿物颗粒碰撞概率（P_c）：

$$P_c = \left(\frac{R_0}{R_b}\right)^2 = \left(\frac{D_0}{D_b}\right)^2 \tag{5-10}$$

式中 R_b——气泡的半径；

D_b——气泡的直径。

Gaudin[102]提出在气泡直径小于0. 01mm时，P_c可以如下表示。

（1）矿粒与气泡碰撞的概率（$Re<1$）：

$$P_c = \frac{3}{2}\left(\frac{R_p}{R_b}\right)^2 = \frac{3}{2}\left(\frac{D_p}{D_b}\right)^2 \tag{5-11}$$

式中 R_p，D_p——矿物颗粒的半径和直径；

R_b，D_b——气泡的半径和直径。

（2）矿粒与气泡碰撞的概率（$1<Re<200$）：

$$P_c = \left(\frac{D_p}{D_b}\right)^2\left(\frac{3}{2} + \frac{4\,Re^{0.72}}{15}\right) \tag{5-12}$$

式中 Re——雷诺数：

$$Re = \frac{2\rho_w V_b R_b}{\mu} \tag{5-13}$$

V_b——气泡的瞬时速度；

ρ_w——矿浆的密度；

μ——矿浆的黏度。

式（5-11）、式（5-12）两式适用于气泡直径较小时的计算矿物颗粒与气泡的碰撞概率；$Re=0$时，式（5-12）可以导出式（5-11）。

Sutherland[103]指出气泡直径较大时矿物与气泡碰撞的概率（$200<Re<2000$）：

$$P_c = 3\left(\frac{D_p}{D_b}\right) \tag{5-14}$$

在一定的气泡直径范围内时，Weber[104]指出碰撞概率为：

$$P_c = \frac{3}{2}\left[1 + \frac{(3/16)Re}{1 + 0.249\,Re^{0.56}}\right]\left(\frac{D_p}{D_b}\right)^2 \tag{5-15}$$

总结分析在不同矿浆流态（Re）和不同气泡尺寸（D_b）条件下气泡与矿粒碰撞概率为：

$$P_c = A\left(\frac{D_p}{D_b}\right)^B \tag{5-16}$$

不同的 Re 下，式（5-16）中的 A 和 B 值见表 5-1。

表 5-1 不同 Re 条件下 P_c 模型的参数值

适用条件	A	B
式（5-11）	$\frac{3}{2}$	2
式（5-12）	$\frac{3}{2}+\frac{4\,Re^{0.72}}{15}$	2
式（5-14）	3	1
式（5-15）	$\frac{3}{2}\left[1+\frac{(3/16)\ Re}{1+0.249\,Re^{0.56}}\right]$	2

由表 5-1 可知，D_b 较小时，$P_c \propto D_b^{-2}$；D_b 较大时，$P_c \propto D_b^{-1}$。D_b 减小，P_c 增大；D_b 增大，P_c 下降。

旋流-静态微泡浮选柱制造微泡，产生了微米级的微气泡，由于微气泡直径小，与微细粒黑钨矿颗粒碰撞概率增大，旋流-静态微泡浮选柱制造微泡直径比浮选机浮选系统产生气泡直径小，假设微细粒级黑钨矿直径相等时，气泡与黑钨矿颗粒在浮选机内碰撞的概率比浮选柱内碰撞概率小，P_c 的增加可以提升 k_p，使微细矿物黑钨矿颗粒在旋流-静态微泡浮选柱中回收概率增大。

5.3.2.2 气泡—颗粒黏附概率 P_a

矿物颗粒与气泡碰撞后并黏附在气泡上的过程中，“水化层变薄—破裂—三相润湿周边的扩展—黏附在气泡上”所需的时间称为诱导时间，也叫感应时间[105]。

感应时间与颗粒粒度的关系如下：

$$t_i = kd^n \tag{5-17}$$

式中 t_i——感应时间；

k——系数；

d——矿物颗粒的粒度；

n——与矿浆流态有关的指数，层流 $n=0$，紊流 $n=1.5$，层流和紊流之间的过渡层 $n=0\sim1.5$。

从式（5-17）可以看出，浮选过程中，当矿浆的流体环境从层流变为紊流时，感应时间增加，感应时间随粒度的增大而增大。粗颗粒矿物颗粒由于直径大，气泡与其碰撞时间很短，在紊流状态时，粗颗粒矿物颗粒与气泡碰撞不能黏附在气泡上，无法实现粗颗粒的有效分选。要实现粗颗粒在气泡上的黏附，可以通过减小紊流强度来缩短感应时间，是粗颗粒矿物能有效的黏附在气泡上。

影响感应时间的主要因素有：（1）颗粒粒度大小；（2）矿浆的流体流态；（3）接触角（θ）；（4）气泡直径大小。t_i 与 D_p、θ 和 D_b 成正比。

气泡—矿物颗粒黏附概率（P_a）[106~108]：

$$P_a = \frac{\sin^2\theta_\alpha}{\sin^2\theta_c} \tag{5-18}$$

式中 θ_α——滑动时间与感应时间相等时的角度；

θ_c——颗粒与气泡碰撞最大的角度。

$$t_i = \frac{D_p + D_b}{2(V_p + V_b) + (V_p + V_b)\left(\dfrac{D_b}{D_p + D_b}\right)^3}\ln\left(\cot\frac{\theta}{2}\right) \tag{5-19}$$

如果诱导时间等于滑动时间：

$$\theta_\alpha = 2\mathrm{arccotexp}\left[t_i\frac{2(V_p + V_b) + (V_p + V_b)\left(\dfrac{D_b}{D_p + D_b}\right)^3}{D_p + D_b}\right] \tag{5-20}$$

$$\theta_\alpha = 2\mathrm{arctanexp}\left[-t_i\frac{2(V_p + V_b) + (V_p + V_b)\left(\dfrac{D_b}{D_p + D_b}\right)^3}{D_p + D_b}\right] \tag{5-21}$$

当 $\theta_c=90°$时：

$$P_a = \sin^2\left\{2\mathrm{arctanexp}\left[-t_i\frac{2(V_p + V_b) + (V_p + V_b)\left(\dfrac{D_b}{D_p + D_b}\right)^3}{D_p + D_b}\right]\right\} \tag{5-22}$$

式中 t_i——诱导时间；

V_p——颗粒的下降速度；

V_b——气泡的上升速度。

Yoon[109] 推导了在不同流态下 P_a的计算公式。

中等雷诺数条件下（1<*Re*<200）：

$$P_\alpha = \sin^2\left[2\text{arctanexp}\left(\frac{-V_b t_i(45 + 8Re^{0.72})}{30R_b(R_b/R_p + 1)}\right)\right] \tag{5-23}$$

低雷诺数条件下（*Re*<1）：

$$P_\alpha = \sin^2\left[2\text{arctanexp}\left(\frac{-3V_b t_i}{2R_b(R_b/R_p + 1)}\right)\right] \tag{5-24}$$

高雷诺数条件下（200<*Re*<2000）：

$$P_\alpha = \sin^2\left[2\text{arctanexp}\left(\frac{-3V_b t_i}{2(R_p + R_b)}\right)\right] \tag{5-25}$$

式（5-22）与式（5-23）~式（5-25）对比发现，黏附概率都与感应时间、气泡直径、矿物颗粒直径、气泡与颗粒的运动速度有关，具有一定的相似性，如果在层流的矿浆环境中，式（5-22）更具适用性，由式（5-22）可知：

（1）提高矿物颗粒在浮选体系中表面疏水性好，则感应时间短，那么可提高气泡与矿物颗粒的黏附概率（P_a），所以选择微细粒级黑钨矿捕收剂很重要，捕收剂作用后微细粒级黑钨矿表面的疏水性越好，黏附概率越高。

（2）假如颗粒直径（D_p）和颗粒向下运动速度（V_p）减小，黏附概率（P_a）增大。

（3）假如减小气泡直径（D_b）和气泡向上的运动速度（V_b），则提高气泡与颗粒黏附概率（P_a）。

对于旋流-静态微泡浮选柱而言，微细粒级的黑钨矿在组合捕收剂体系中具有良好的表面疏水性，t_i减小，P_a增大；因为充填减小了矿物颗粒在柱浮选段的下降速度，V_p减小，增大了P_a，同时射流微泡产生的微小气泡直径较小，D_b减小，增大了P_a。所以旋流-静态微泡浮选柱同时利用了充填（减小V_p）和产生微泡（减小D_b）来提高P_a。

5.3.2.3 气泡—颗粒的脱落概率 P_d

为了提高微细粒级黑钨矿浮选别指标，如果已黏附在气泡上的矿粒在柱浮选时脱落，则降低了气泡—颗粒的脱落概率P_d，所以矿浆分选环境的紊流程度不宜太高。

伍德波恩研究表明：

$$1 - \theta = \left(\frac{D_p}{D_{max}}\right)^{1.5} \qquad D_p \leqslant D_{max} \tag{5-26}$$

式中 D_{max}——矿物与气泡的集合体在突然的加速作用下，仍黏附不脱落的最大粒径，约为0.4mm；

$1-\theta$——脱落概率。

P_d 大小随颗粒粒度（D_p）增大而增大，对于微细粒颗粒而言，由于矿物颗粒粒度小，所以惯性力很小，那么矿物颗粒与气泡的脱落概率小，近似认为 $P_d=0$。

5.3.3 柱分选过程中柱浮选区回收率模型

分别计算柱分选区、旋流分选区、管流矿化区和精选区的浮选速率常数和停留时间，最后分别计算柱分选区、旋流分选区、管流矿化区和精选区的浮选回收率模型，然后推导设计的一粗二精三段柱浮选的总回收率模型。

5.3.3.1 柱浮选区浮选速率常数

假设柱浮选区中的浮选过程满足一级速率方程模型，则柱浮选区内的浮选速率方程为[110]：

$$\frac{dN_p}{dt}=-Z_{pb}P_cP_aP_s=-kN_p \tag{5-27}$$

式中 P_c——碰撞概率；

P_a——黏附概率；

P_s——不脱落概率；

Z_{pb}——气泡与矿物颗粒碰撞的速率：

$$Z_{pb}=ZN_pN_b \tag{5-28}$$

$$\frac{dN_p}{dt}=-ZN_pN_bP_cP_aP_s=-kN_p \tag{5-29}$$

Z——碰撞概率。

在柱浮选区内矿浆环境为低紊流，则微细黑钨矿颗粒与气泡的 Z_{pb} 为[111]：

$$Z_{pb}=\sqrt{\frac{8\pi}{15}}N_pN_b\left(\frac{D_p+D_b}{2}\right)^3\sqrt{\frac{\varepsilon}{\nu}} \tag{5-30}$$

式中 D_p——矿物颗粒的直径；

D_b——气泡的直径；

ε——紊流度；

ν——运动黏度。

根据式（5-27）和式（5-28），可以得出：

$$k=\frac{Z_{pb}P_cP_aP_s}{N_p} \tag{5-31}$$

由式（5-30）与式（5-31）可导出：

$$k=\sqrt{\frac{8\pi}{15}}N_b\left(\frac{D_p+D_b}{2}\right)^3\sqrt{\frac{\varepsilon}{\nu}}P_cP_aP_s \tag{5-32}$$

柱浮选过程中的浮选速率常数也可表示为：

$$k = P \cdot S_b \tag{5-33}$$

式中　P——浮选概率；

S_b——气泡表面积通量：

$$S_b = \frac{1.5J_g}{D_b} \tag{5-34}$$

J_g——表观气体速率：

$$J_g = \frac{Q_g}{A_Z} = \frac{4Q_g}{\pi D^2} \tag{5-35}$$

Q_g——浮选柱的充气量；

A_Z——横截面积；

D——浮选柱的直径。

由式（5-34）与式（5-35）代入式（5-33），可以推导出浮选速率常数为：

$$k = \frac{6Q_g}{\pi D^2 D_b} P \tag{5-36}$$

对比式（5-32）和式（5-36），式（5-36）中矿粒被气泡捕获的概率（P）相当于式（5-32）中的 $P_c P_a P_s$。所以，柱浮选区的浮选速率可用式（5-37）表示：

$$k = \frac{6Q_g}{\pi D^2 D_b} P_c P_a (1 - P_d) \tag{5-37}$$

对于旋流-静态微泡浮选柱柱分选区来说，矿浆流体环境为低紊流状态，可适用于 Yoon 和 Luttrell 公式，所以旋流-静态微泡浮选柱柱分选区碰撞的概率为：

$$P_c = \left(\frac{D_p}{D_b}\right)^2 \left(\frac{3}{2} + \frac{4Re^{0.72}}{15}\right) \quad (1<Re<200) \tag{5-38}$$

在旋流-静态微泡浮选柱柱分选区，可利用充填和减小气泡直径的方法，提高 P_α，且 P_α 满足下式：

$$P_a = \sin^2\left\{2\arctan\exp\left[-t_i \frac{2(V_p + V_b) + (V_p + V_b)\left(\frac{D_b}{D_p + D_b}\right)^3}{D_p + D_b}\right]\right\} \tag{5-39}$$

浮选柱柱浮选区内的捕集概率（P_z）为：

$$P_z = P_c P_a (1 - P_d) = \left(\frac{D_p}{D_b}\right)^2 \left(\frac{3}{2} + \frac{4Re^{0.72}}{15}\right) \cdot$$

$$\sin^2\left\{2\arctan\exp\left[-t_i \frac{2(V_p + V_b) + (V_p + V_b)\left(\frac{D_b}{D_p + D_b}\right)^3}{D_p + D_b}\right]\right\}$$

分别将浮选柱柱浮选区域中气泡与颗粒碰撞、黏附概率、脱落概率代入柱分选区内的浮选速率常数表达式可得柱浮选区速率常数公式：

$$k_Z = \frac{6Q_g}{\pi D^2} \cdot \frac{D_p^2}{D_b^3}\left(\frac{3}{2} + \frac{4Re^{0.72}}{15}\right) \cdot \sin^2\left\{2\arctan\exp\left[-t_i \frac{2(V_p + V_b) + (V_p + V_b)\left(\frac{D_b}{D_p + D_b}\right)^3}{D_p + D_b}\right]\right\} \tag{5-40}$$

根据速率的表达式（5-40）可以看出，柱分选区内的浮选速率常数主要受充气量、气泡直径和矿物颗粒的直径影响，气泡直径越小，k 越大；充气量越大，表观气体速率越大，k 也越大。

$$k \propto \frac{Q_g}{D_b^3} D_p^2 \tag{5-41}$$

式（5-41）可知，随着 D_p 的减小，k 可成几何级数的增大，在实际矿物浮选体系中，由于浮选柱产生直径很小的微气泡，可大幅提升微细粒级矿物的 k，改善浮选效果，实现微细粒矿物强化回收。

5.3.3.2　柱浮选区矿粒的停留时间

水在浮选柱中停留时间 τ_w 为：

$$\tau_w = \frac{H_z(1 - \varepsilon_g)}{u_w} \tag{5-42}$$

式中　H_z——浮选柱柱浮选区的高度；

u_w——柱体内液体的表观速度；

ε_g——柱浮选区内气体百分比。

在旋流-静态微泡浮选柱柱浮选区内，气泡与矿物颗粒逆流碰撞矿化，颗粒在柱浮选区内的停留时间为[112]：

$$\tau_z = \tau_w\left[\frac{u_w/(1 - \varepsilon_g)}{u_w/(1 - \varepsilon_g) + U_p}\right] \tag{5-43}$$

式中　U_p——矿物颗粒的滑移速度。U_p 可以用以下公式求出：

$$U_p = \frac{gD_p^2(\rho_p - \rho_w)(1 - \beta_s)^{2.7}}{18\mu(1 + Re_p^{0.687})} \tag{5-44}$$

$$Re_p = \frac{D_p U_p \rho_w (1 - \beta_s)}{\mu} \tag{5-45}$$

β_s——矿物颗粒的体积浓度；

ρ_p，ρ_w——颗粒的密度、水的密度；

Re_p——颗粒的雷诺数。

旋流-静态微泡浮选柱的柱分选区内矿浆表观矿浆速率 u_w 为：

$$u_w = \frac{Q_t}{A} = 4\frac{(\alpha Q_f + \beta Q_w)}{\pi D^2} \tag{5-46}$$

式中 Q_t——尾矿矿浆量；

Q_f——给矿矿浆量；

Q_w——冲淋水流量；

α——给矿滞留在尾矿中的比例；

β——冲淋水留在尾矿中的比例；

A——浮横截面积；

D——柱直径。

由式（5-42）、式（5-43）和式（5-46）可以推导出矿物颗粒在浮选柱柱浮选区的平均停留时间：

$$\tau_z = \frac{H_z}{\frac{4(\alpha Q_f + \beta Q_w)}{\pi d^2(1 - \varepsilon_g)} + U_p} \tag{5-47}$$

可通过式（5-44）和式（5-45）逼近的方法求式中的 U_p。

5.3.3.3 柱浮选区回收率

将浮选速率常数表达式（5-40）和颗粒在柱浮选区内的平均停留时间的表达式（5-47）代入回收率模型的表达式（5-6），可得到浮选柱柱分选区的回收率（R_z）：

$$R_z = 1 - \exp\left\{-\frac{6Q_g}{\pi D^2}\cdot\frac{D_p^2}{D_b^3}\left(\frac{3}{2}+\frac{4\,Re^{0.72}}{15}\right)\cdot \sin^2\left[2\arctan\exp\left(-t_i\frac{2(V_p + V_b) + (V_p + V_b)\left(\frac{D_b}{D_p + D_b}\right)^3}{D_p + D_b}\right)\right]\cdot \frac{H_z}{\frac{4(\alpha Q_f + \beta Q_w)}{\pi d^2(1 - \varepsilon_g)} + U_p}\right\} \tag{5-48}$$

5.3.4 柱分选过程中旋流分选区回收率模型

5.3.4.1 旋流分选区浮选速率常数

由于浮选柱旋流分选区中存在较强烈的旋流力场，矿浆流体环境中的雷诺数较高，参照不同雷诺数条件下的矿物颗粒与气泡的碰撞概率模型，得浮选柱旋流分选区的碰撞概率：

$$P_c = 3\left(\frac{D_p}{D_b}\right) \tag{5-49}$$

结合式（5-25），旋流分选区内黏附概率：

$$P_\alpha = \sin^2\left[2\arctan\exp\left(\frac{-3V_b t_i}{2(R_p + R_b)}\right)\right] \tag{5-50}$$

旋流力场中不能忽略脱落概率。Schulze[113]研究认为矿物颗粒从气泡上脱落的概率：

$$P_d = \exp\left(1 - \frac{1}{Bo^*}\right) \tag{5-51}$$

式中 Bo^*——Bond 数：

$$Bo^* = \frac{4R_p^2[\Delta\rho_p g + 1.9\rho_p\varepsilon^{\frac{2}{3}}(R_p + R_b)^{-\frac{1}{3}}] + 3R_p\left(\frac{2\sigma}{R_b} - 2R_b\rho_f g\right)\sin^2\left(\pi - \frac{\theta_c}{2}\right)}{\left|6\sigma\sin\left(\pi - \frac{\theta_c}{2}\right)\sin\left(\pi + \frac{\theta_c}{2}\right)\right|} \tag{5-52}$$

ρ_f——矿浆密度，$\Delta\rho_p=\rho_p-\rho_f$；

ε——动能分散速率；

σ——表面张力；

θ_c——接触角。

浮选柱旋流分选区内的捕获概率（P_X）为：

$$P_X = P_c P_a(1 - P_d) = 3\frac{D_p}{D_b}\cdot\sin^2\left[2\arctan\exp\left(\frac{-3V_b t_i}{2(R_p + R_b)}\right)\right]\cdot\left[1 - \exp\left(1 - \frac{1}{Bo^*}\right)\right] \tag{5-53}$$

把式（5-53）代入式（5-37）的修改式，得浮选柱旋流分选区的速率常数公式为：

$$k_X = \frac{18Q_g Z^\alpha}{\pi D^2}\cdot\frac{D_p}{D_b^2}\cdot\sin^2\left[2\arctan\exp\left(\frac{-3V_b t_i}{2(R_p + R_b)}\right)\right]\cdot\left[1 - \exp\left(1 - \frac{1}{Bo^*}\right)\right] \tag{5-54}$$

5.3.4.2 矿粒停留时间

分析矿物颗粒在浮选柱旋流分选区中所受力，推导出矿物颗粒浮选柱旋流区的平均停留时间[114,115]：

$$\tau_X = \frac{H_X}{\dfrac{Q_T + Q_X}{A_X} - \dfrac{D_p^2 g(\rho_p - \rho_l)}{18\mu}} \tag{5-55}$$

式中 H_X——旋流分选区的高度；

Q_T——尾矿量；

Q_X——循环矿浆量；

A_X——横截面积。

$$\tau_X = \frac{H_X}{\dfrac{Q_W + (\beta + \gamma)Q_F}{\pi D_X^2} - \dfrac{D_p^2 g(\rho_p - \rho_l)}{18\mu}} \tag{5-56}$$

5.3.4.3 旋流分选区回收率

将浮选柱旋流区的浮选速率常数表达式（5-54）和颗粒在旋流区内平均停留时间的表达式（5-56）代入回收率模型的表达式（5-7），可以得到浮选柱旋流分选区的回收率：

$$R_X = 1 - \left\{1 + \frac{18Q_g Z^\alpha}{\pi D^2} \cdot \frac{D_p}{D_b^2} \cdot \sin^2\left[2\arctan\exp\left(\frac{-3V_b t_i}{2(R_p + R_b)}\right)\right] \cdot \left[1 - \exp\left(1 - \frac{1}{Bo^*}\right)\right] \cdot \frac{H_X}{\dfrac{Q_W + (\beta + \gamma)Q_F}{\pi D_X^2} - \dfrac{D_p^2 g(\rho_p - \rho_l)}{18\mu}}\right\}^{-1} \tag{5-57}$$

5.3.5 柱分选过程中精选区回收率模型

目前针对精矿泡沫相中矿物与颗粒的相互作用行为研究较少，要建立浮选柱精选区的回收率模型，也需要建立矿物颗粒在精选区的浮选速率常数表达式，以及平均停留时间的数学表达式。精选区内矿物与气泡之间的相互作用等行为对矿物的总回收率有影响，特别是当泡沫层较厚的时候，精选区内的泡沫中矿物的行为对浮选速率常数有重要影响。Wbdebunr 假设精选区的泡沫为理想混合，推导出浮选速率常数为：

$$k_0 = \frac{k_c}{1 + k_d \tau_f} \tag{5-58}$$

式中 τ_f——泡沫的停留时间；

k_c——矿浆相浮选速度常数；

k_d——泡沫相浮选速度常数。

式（5-58）表明，当泡沫层厚度较浅，认为泡沫是理想混合时，泡沫的停留时间很短，k 与矿浆相浮选速度常数接近。对于浮选柱而言，当浮选过程中矿浆相的流态为混合流时，总回收率与柱分选区、旋流分选区和精选区回收率之间的关系为：

$$\varepsilon_{总} = \frac{R_C R_F}{R_C R_F + (1 - R_C)(1 - R_Z)} \tag{5-59}$$

当矿浆相流态为理想混合流时，浮选柱总浮选回收率与泡沫区回收率之间关系的数学表达式为：

$$\varepsilon_{总} = 1 - (1 - R_C)^{R_F} \tag{5-60}$$

但上述研究没有将 R_F 和泡沫的停留时间等一些关键参数建立起关联，无法推导出精选区泡沫相的浮选速率常数与精选区回收率的数学表达式，实际应用困难。

王大鹏通过对泡沫层的微质量平衡图的分析，用微分方程来求解浮选过程中的物料平衡，推导出泡沫的回收率模型，建立了泡沫层中气泡驻留时间（$T(Z)$）的数学表达式：

$$T(Z) = \frac{\int_0^Z \varepsilon g_{(Z)} \mathrm{d}z}{J_g} \tag{5-61}$$

Yianatos 研究结果表明，泡沫的停留时间与泡沫层厚度，泡沫层平均的气含率以和气泡表观流速的相关的数学表达式：

$$T(H_f) = \overline{\varepsilon}_g \frac{H_f}{J_g} \tag{5-62}$$

浮选柱回收率与泡沫停留时间的关系式如下：

$$R_f(t) = 1 - \exp(-k_J \tau_J) \tag{5-63}$$

式中 $R_f(t)$——t 时刻矿物的回收率；

τ_J——泡沫的停留时间；

k_J——系数。

泡沫的停留 τ_J 为[116]：

$$\tau_J(r) = \frac{H_f \varepsilon_f}{J_g} + \frac{2h_f \varepsilon_f}{J_g} \ln\left(\frac{R}{r}\right) \tag{5-64}$$

式中 H_f——气液界面到溢流口的距离；

h_f——溢流口到泡沫顶部的距离；

J_g——表面气体速率；

R——浮选柱的半径；

r——矿化气泡进入泡沫层位置的半径；

ε_f——泡沫层中的气体保有量。

传质速率常数的表达式如下[117]：

$$k_J = \alpha J_g^b H_f^c \tag{5-65}$$

将式（5-64）和式（5-65）代入式（5-63）中，可以得出泡沫层回收率的最终表达式：

$$R_J = 1 - \exp[-\alpha J_g^b H_j^c \cdot \tau_J(r)] = 1 - \exp\left[-\alpha J_g^b H_f^c \cdot \left(\frac{H_f \varepsilon_f}{J_g} + \frac{2h_f \varepsilon_f}{J_g}\ln\left(\frac{R}{r}\right)\right)\right] \tag{5-66}$$

从式（5-66）所推导的精选区回收率模型可知，表面气体速率、矿化气泡在泡沫层的位置、精矿泡沫排除的距离、泡沫层中气体的保有量都直接影响精选区中泡沫的停留时间。工业生产上的浮选柱的半径较大，导致泡沫的停留时间增长；实际的工业生产中浮选柱的泡沫层也较厚，也会使得泡沫的停留时间变大。因此，设计浮选柱时希望增大表面气体速率，减小泡沫层中的气体保有量，缩短泡沫的停留时间，提高泡沫的溢流速度。

5.3.6 柱分选过程中管流段的回收率模型

5.3.6.1 管流段浮选速率常数

对于层流及过渡态下矿粒气泡碰撞矿化过程的研究，很多学者推导了不同的数学模型来描述矿化过程，典型的模型就是采用流线函数描述。但对湍流态下矿粒与气泡的碰撞矿化过程，通常采用经验公式来描述，原因在于湍流态的复杂性，理论尚未成熟。

可以应用运动流体中胶体粒子间的相互作用作用的研究方法，推导湍流态下气泡与矿粒间的相互作用，建立湍流状态下的浮选矿化速率和浮选速率常数的数学表达式[117]。

A 矿化速率数学模型

在浮选过程中，浮选矿化速率数学模型为[117,118]：

$$M_{pb} = Z_{pb}P_a(1 - P_d) \tag{5-67}$$

式中 M_{pb}——矿化概率；

Z_{pb}——矿粒与气泡的碰撞速率。

B 碰撞速率数学模型

当半径 R_1 和半径 R_2 的两个球形粒子之间的中心距离等于 R_1+R_2 时，那么这两个球形粒子发生了碰撞，碰撞的体积（V_{12}）为：

$$V_{12} = \pi\eta\,(R_1 + R_2)^3\omega \tag{5-68}$$

式中 η——碰撞的效率；

ω——两个粒子的速度向量。

如果 $\eta=1$，即假如两个粒子每次碰撞都能快速的凝并，则碰撞频率：

$$Z_{12} = \pi\eta\,(R_1 + R_2)^2 N_1 N_2 \iiint_{-\infty}^{+\infty} \omega P(\omega)\,\mathrm{d}\omega \tag{5-69}$$

式中　N_1——半径为 R_1 粒子的粒子数；

N_2——半径为 R_2 粒子的粒子数；

$P(\omega)$——速度向量的概率密度。

假如两个球形粒子的相对速度统计是独立的，那么速度向量的概率密度符合高斯分布：

$$P(\omega)=\left(\frac{3}{2\pi\,\overline{\omega}^2}\right)^{3/2}\exp\left(-\frac{3\omega^2}{2\,\overline{\omega}^2}\right) \tag{5-70}$$

将式（5-70）代入式（5-69）并积分得：

$$Z_{12}=2\left(\frac{2\pi}{3}\right)^{1/2}(R_1+R_2)^2N_1N_2(\overline{\omega}^2)^{1/2} \tag{5-71}$$

式中　$\overline{\omega}$——粒子间的平均相对速度。

在浮选柱的管流矿化过程中，湍流态下的矿物颗粒与气泡碰撞黏附，可以看成是半径 D_p 的矿物颗粒和半径 D_b 的气泡碰撞，则碰撞速率数学表达式：

$$Z_{pb}=2\left(\frac{2\pi}{3}\right)^{1/2}(R_p+R_b)^2N_pN_b\sqrt{V'^2_p+V'^2_b} \tag{5-72}$$

式中　R_p——矿物颗粒的半径；

R_b——气泡的半径；

N_p——半径为 R_p 的矿物颗粒的数量；

N_b——半径为 R_b 的气泡的数量；

V'_p——半径为 R_p 的矿物颗粒的运动速度；

V'_b——半径为 R_b 的气泡的运动速度。

C　黏附概率数学模型

上述推导的碰撞概率模型只考虑了流体动力对颗粒的作用，认为气泡与矿粒碰撞后就能黏附，但在矿物浮选体系中，矿粒和气泡除还受静电力、范德华力和疏水作用力的作用，矿物在加入浮选药剂后，提高了有用矿物的表面疏水性，脉石矿物表面是亲水性，在流体力的作用下，我们希望疏水性的矿物与气泡碰撞后就凝并矿化并且不脱落，而亲水性的脉石矿物即使与气泡发生了碰撞，也不会凝并矿化，这也是浮选过程中实现有用矿物与脉石矿物选择性分离的决定性因素，还要考虑碰撞后的黏附和脱落的情况。

根据化学反应动力学理论，反应速率为：

$$Z_{AB}=\pi D^2V_RN_AN_B \tag{5-73}$$

$$-\frac{dN_A}{dt}=Z_{AB}\exp\left(-\frac{E_1}{RT}\right) \tag{5-74}$$

式中　Z_{AB}——A 与 B 的碰撞频率；

D——A 和 B 碰撞时中心最小间距；

V_R——A 和 B 的相对运动速度；

N_A——A 的数密度；

N_B——B 的数密度；

E_1——反应的活化能；

R——玻耳兹曼常数；

T——温度。

只有当分子的能量大于 E_1 时，矿物颗粒与气泡之间的碰撞才是有效的，两者的相对运动速度决定了碰撞能量的大小。

通过比较式（5-67）与式（5-74），可得出湍流状态下矿粒与气泡黏附概率：

$$P_a = \exp\left(-\frac{E_1}{E_K}\right) \tag{5-75}$$

式中 E_K——在浮选体系中矿粒与气泡的能量：

$$E_K = m_p \frac{V'^2_p}{2} + m_b \frac{V'^2_b}{2} \tag{5-76}$$

由于 $\rho_p \gg \rho_b$，近似地有，$E_K = m_p \dfrac{V'^2_p}{2}$，则式（5-75）变为：

$$P_a = \exp\left(-\frac{E_1}{m_p \dfrac{V'^2_p}{2}}\right) \tag{5-77}$$

D 脱落概率数学模型

$$\Delta G = \sigma A_1(1 - \cos\theta) \tag{5-78}$$

式中 σ——表面张力；

A_1——黏附的接触面积；

θ——接触角；

ΔG——黏附功。

矿物浮选过程中，矿物表面疏水性越强，黏附功就越大，脱落的概率就越低，所以在浮选体系中，高效的浮选药剂可以提高目的矿物的表面接触角和疏水性，减小矿粒黏附在起泡后再脱落的概率。

矿粒要从气泡上脱落下来，须克服能垒 E_2，$E_2 = E_1 + \Delta G$，则脱落概率为：

$$P_d = \exp\left(-\frac{E_1 + \Delta G}{m_p \dfrac{V'^2_p}{2}}\right) \tag{5-79}$$

湍流态下矿粒与气泡浮选矿化速率表达式：

$$M_{pb} = 2\left(\frac{2\pi}{3}\right)^{1/2}(R_p + R_b)^2 N_p N_b \sqrt{V'^2_p + V'^2_b}\exp\left(-\frac{E_1}{m_p\frac{V'^2_p}{2}}\right)\left[1 - \exp\left(-\frac{E_1 + \Delta G}{m_p\frac{V'^2_p}{2}}\right)\right] \tag{5-80}$$

对于细粒疏水性矿物，$E_1 \to 0$，$\Delta G \gg m_p\frac{V'^2_p}{2}$，可忽略脱落概率 P_d，则：

$$M_{pb} = 2.89(R_p + R_b)^2 N_p N_b \sqrt{V'^2_p + V'^2_b}\exp\left(-\frac{E_1}{m_p\frac{V'^2_p}{2}}\right) \tag{5-81}$$

矿化速率模型也可表示为：

$$M_{pb} = -\mathrm{d}N_p/\mathrm{d}t = kN_p \tag{5-82}$$

式（5-81）代入式（5-82）可得浮选速度常数的表达式如下：

$$k = 2.89(R_p + R_b)^2 N_b \sqrt{V'^2_p + V'^2_b}\exp\left(-\frac{E_1}{m_p\frac{V'^2_p}{2}}\right) \tag{5-83}$$

E　能垒 E_1 计算

在实际矿物浮选体系中，当气泡与矿物颗粒发生碰撞以后，矿物颗粒之间是否能黏附及矿物颗粒能否黏附在气泡上，主要取决于各种表面力的大小，也是实现有用矿物和脉石矿物选择性浮选分离的关键。经典的胶体化学理论得知，颗粒之间相互靠近时，主要受到静电力和范德华力两种力支配。

宋少先等在研究颗粒间相互作用力时，把矿物颗粒表面疏水作用力也作为了一个重要影响因素，推导出粒子之间凝并的表达式（EDLVO 理论），也能描述矿物颗粒与气泡间的相互凝并问题。

矿物颗粒—气泡相互作用的总势能 V_T，由结构作用势能（V_S）、分子作用势能（V_D）和静电相互作用势能（V_E）三部分组成，总势能等于三个分势能之和，根据分子作用能、静电作用能和结构作用能可以计算出矿物颗粒与气泡作用的总作用能，作为判断矿粒能否黏附在气泡上的依据：

$$V_T = V_D + V_E + V_S \tag{5-84}$$

a　分子作用势能 V_D

矿物颗粒矿粒和气泡都呈球形，半径分别为 R_p 及 R_b，那么：

$$V_D = -\frac{A_{132}R_pR_b}{6(R_p + R_b)h} \tag{5-85}$$

式中　h——矿物颗粒与气泡的最短距离；

A_{132}——矿粒、气泡和介质的 Hamaker 常数；

$$A_{132} = (\sqrt{A_{11}} - \sqrt{A_{33}}) - (\sqrt{A_{22}} - \sqrt{A_{33}}) \tag{5-86}$$

A_{1i}——i（矿物颗粒、气泡、介质）在真空中的 Hamaker 常数。

b 静电相互作用势能 V_E

半径为 R_p 的矿粒与半径为 R_b 的气泡之间的静电作用势能计算公式如下：

$$V_E = \frac{\varepsilon R_p R_b}{4(R_p + R_b)}(\varphi_1^2 + \varphi_2^2)\left\{\frac{2\varphi_1\varphi_2}{\varphi_1^2 + \varphi_2^2}\ln\frac{1 + \exp(-kh)}{1 - \exp(-kh)} + \ln[1 - \exp(-2kh)]\right\} \tag{5-87}$$

式中 φ_1，φ_2——矿粒和气泡的 ζ 电位；

ε——分散介质的绝对介电常数；

k——Boltzmann 常数。

令 $P = \frac{\varepsilon R_1 R_2}{4(R_1 + R_2)}(\varphi_1^2 + \varphi_2^2)$，$Q = \frac{2\varphi_1\varphi_2}{\varphi_1^2 + \varphi_2^2}$，则：

$$V_E = P\left\{Q\ln\frac{1 + \exp(-kh)}{1 - \exp(-kh)} + \ln[1 - \exp(-2kh)]\right\} \tag{5-88}$$

c 界面极性作用势能 V_s

对于亲水性的表面，界面极性作用势能大于零，相互之间表现为排斥作用；疏水性的表面，与亲水性表面相反，表现为吸引作用。V_H 计算公式如下：

$$V_H = \frac{R_p R_b}{R_p + R_b} c h_0 k_1 \exp\left(-\frac{h}{h_0}\right) \tag{5-89}$$

式中 h_0——衰减长度；

c——疏水作用常数；

k_1——不完全疏水化系数：

$$k_1 = \frac{\exp(\theta/100) - 1}{e - 1} \tag{5-90}$$

当 $\theta = 100°$ 时，矿物颗粒表面完全疏水（$k_1 = 1$）；当 $\theta = 0°$ 时，矿物颗粒表面完全亲水（$k_1 = 0$）。

由分子作用势能（V_D）、静电相互作用势能（V_E）和结构作用势能（V_S）的计算公式能计算出矿物颗粒—气泡碰撞黏附的相互作用总势能 V_T，$V_T = f(h)$。在 $V_T \sim h$ 曲线图上，在矿物颗粒与气泡之间距离为 h_c 会出现 V_T 的最大值，该处的 V_T 值就是 E_1，也就是矿物颗粒与气泡发生黏附必须克服的能垒，如果颗粒—气泡相互作用总势能大于 E_1，则两者间发生黏附行为；反之，则两者不发生黏附。

$$-\left.\frac{dV_T}{dh}\right|_{h_c} = \frac{A_{132}R_pR_b}{6(R_p + R_b)h_c^2} + \frac{R_pR_b}{R_p + R_b}ck_1 e^{-\frac{h_c}{h_0}} + \frac{\left[\frac{\varepsilon R_p R_b k}{2(R_p + R_b)}(\varphi_1^2 + \varphi_2^2)\left(e^{-2kh_c} - \frac{2\varphi_1\varphi_2}{\varphi_1^2 + \varphi_2^2}e^{-kh_c}\right)\right]}{1 - e^{-2kh_c}} = 0 \tag{5-91}$$

$$V_{\mathrm{T},\,h_c} = -\frac{A_{132}R_pR_b}{6(R_p + R_b)h_c^2} - \frac{R_pR_b}{R_p + R_b}ch_0k_1\exp\left(-\frac{h_c}{h_0}\right) + \frac{\varepsilon R_pR_b}{4(R_p + R_b)}(\phi_1^2 + \phi_2^2)\left[\frac{2\phi_1\phi_2}{\phi_1^2 + \phi_2^2}\ln\frac{1 + \mathrm{e}^{-kh_c}}{1 - \mathrm{e}^{-kh_c}} + \ln(1 - \mathrm{e}^{-2kh_c})\right] = E_1 \tag{5-92}$$

能垒 E_1 的计算公式表明，只要把相关参数测出，就能通过计算颗粒—气泡相互作用总势能推导出能垒 E_1，而能垒的大小主要受矿物颗粒与气泡的表面性质决定，所以在实际矿物浮选体系中，可以通过添加浮选药剂来改变矿物的表面性质，比如接触角的大小，改变矿物表面的疏水性，从而调整能垒的大小，达到选择性浮选分离的目的。对于疏水性越好的矿物颗粒表面，需要克服的能垒较小，黏附概率较大；疏水性越小，则矿物颗粒与气泡黏附所需的能垒越大，黏附概率就越小。对于完全亲水性的矿物颗粒表面，颗粒与气泡发生黏附需要克服的能垒趋于无穷大，那么，矿物颗粒与气泡黏附概率为零，矿粒即使与气泡发生了碰撞，也不能与气泡发生黏附。

式（5-72）的浮选矿化速率模型既考虑了浮选体系中矿浆流体力的因素，同时考虑了矿物颗粒与气泡表面的各表面力，是个比较全面的数学模型。在浮选柱的旋流分选区和管流矿化区，都可以提高颗粒的相对运动速度，提高了矿物颗粒与气泡的碰撞概率；在实际矿物浮选分离过程中，通过选择添加浮选药剂，提高强化待浮颗粒的表面疏水性，可以提高颗粒与气泡的黏附，提高黏附强度，降低矿粒与气泡黏附所需的能垒。通过控制浮选过程中流体动力和矿物表面力，使矿物颗粒与气泡的高效碰撞和黏附，从而实现矿物的选择性浮选分离。

5.3.6.2　管段的矿粒停留时间

浮选柱管段内为高度的紊流态，速度分布均匀，停留时间为[119]：

$$t_G = \frac{H_G}{v_t} \tag{5-93}$$

式中　t_G——管段内平均停留时间；

v_t——矿浆在管段的流速。

据管路位置的伯努利方程可知：

$$Z_1 + \frac{P_c}{\rho g} + \frac{v_c^2}{2g} = Z_2 + \frac{P_b}{\rho g} + \frac{v_t^2}{2g} + h_f + h_j \tag{5-94}$$

$$h_f = \lambda_c\frac{H}{D}\frac{v_c^2}{2g} + \lambda_t\frac{h}{d_t}\frac{v_t^2}{2g} \tag{5-95}$$

式中　H——循环管路的长度；

D——循环管路的直径；

λ_c，λ_t——循环管路和管段阻力系数；

$$h_j = \xi \frac{v_c^2}{2g} \tag{5-96}$$

ξ——阻力系数；

据流量守恒原理，得 v_c 和 v_t 的关系为：

$$v_c = n v_t \left(\frac{d_t}{D}\right)^2 \tag{5-97}$$

n——管段（或气泡发生器）数量。

式（5-94）~式（5-96）代入式（5-93），得矿浆在管段的流速：

$$v_t = \sqrt{\frac{\frac{2(P_c - P_b)}{\rho}}{1 + \lambda_t \frac{h}{d_t} + \left(\lambda_c \frac{H}{D} + \xi - 1\right)\left(\frac{d_t}{D}\right)^4 n^2}} \tag{5-98}$$

将式（5-97）代入式（5-92），可得矿粒的停留时间：

$$t_G = \frac{H_G}{\sqrt{\frac{\frac{2(P_c - P_b)}{\rho}}{1 + \lambda_t \frac{h}{d_t} + \left(\lambda_c \frac{H}{D} + \xi - 1\right)\left(\frac{d_t}{D}\right)^4 n^2}}} \tag{5-99}$$

5.3.6.3 管段回收率的理论推导

管段矿化区的紊流度高，矿浆的浓度分布应该是比较均匀的，可以认为是完全混合流，回收率是浮选速度常数和停留时间的函数，分别把浮选速率常数和停留时间的数学表达式代入完全混合流的回收率计算公式。

$$R_G = 1 - (1 + k_G t_G)^{-1} \tag{5-100}$$

管段的浮选回收率为：

$$R = 1 - \left[1 + 2.89\,(R_p + R_b)^2 N_b \sqrt{V'^2_p + V'^2_b}\exp\left(-\frac{E_1}{m_p \frac{V'^2_p}{2}}\right) \cdot \frac{H_G}{\sqrt{\frac{\frac{2(P_c - P_b)}{\rho}}{1 + \lambda_t \frac{h}{d_t} + \left(\lambda_c \frac{H}{D} + \xi - 1\right)\left(\frac{d_t}{D}\right)^4 n^2}}}\right]^{-1} \tag{5-101}$$

5.3.7　泡沫区精矿淋洗水

在实际矿物浮选过程中，当浮选给矿的给矿量一定时，影响矿物颗粒的平均停留时间的主要因素有浮选柱的直径、精选区的冲淋水和充气量等[120]。精选区冲淋水量增加，导致矿物颗粒在浮选柱内的停留时间减少，也就减少了矿物的浮选时间，影响浮选回收率。泡沫区精矿淋洗水对浮选柱来说是个非常重要的指标，在浮选柱设计和实际浮选生产过程中要予以充分考虑，与微细粒级黑钨矿柱式短流程实际分选应用研究中的冲淋水对比试验的结果相对应。

5.4　三段式柱分选过程总回收率模型

一段式柱分选过程的回收率模型如图 5-2 所示。

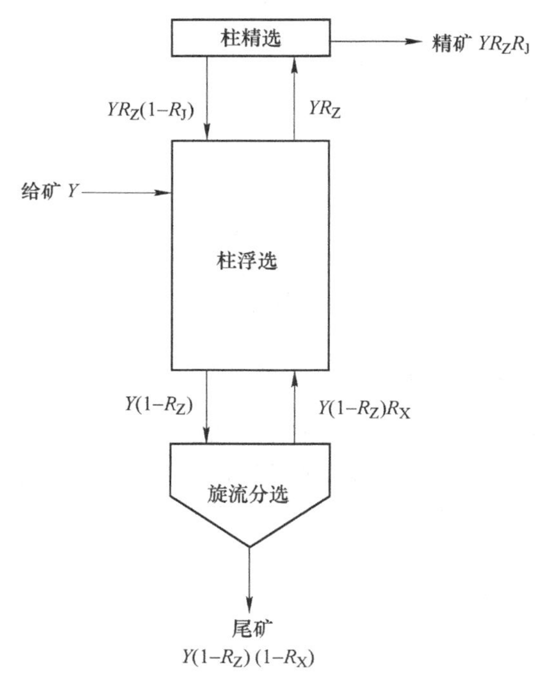

图 5-2　一段柱式浮选过程总回收率示意图

Y—浮选柱的给矿量；R_Z，R_J，R_X—柱浮选区、柱精选区和旋流分选区的回收率

浮选柱最终的精矿产量为：YR_ZR_J

浮选柱最终的尾矿产量为：$Y(1-R_Z)(1-R_X)$

$$R_{总} = \frac{R_ZR_J}{R_ZR_J + (1 - R_Z)(1 - R_X)} \tag{5-102}$$

对于微细粒柱浮选的过程中，微细粒的脉石矿物也会被气泡夹带，从而进入

精矿，为了减少脉石矿物的夹杂，需添加冲淋水。综合考虑冲淋水的水量、泡沫层厚度、充气量的关键参数，就可以获得高选矿回收率。

一粗二精三段柱式分选过程的回收率模型示意图如图 5-3 所示。

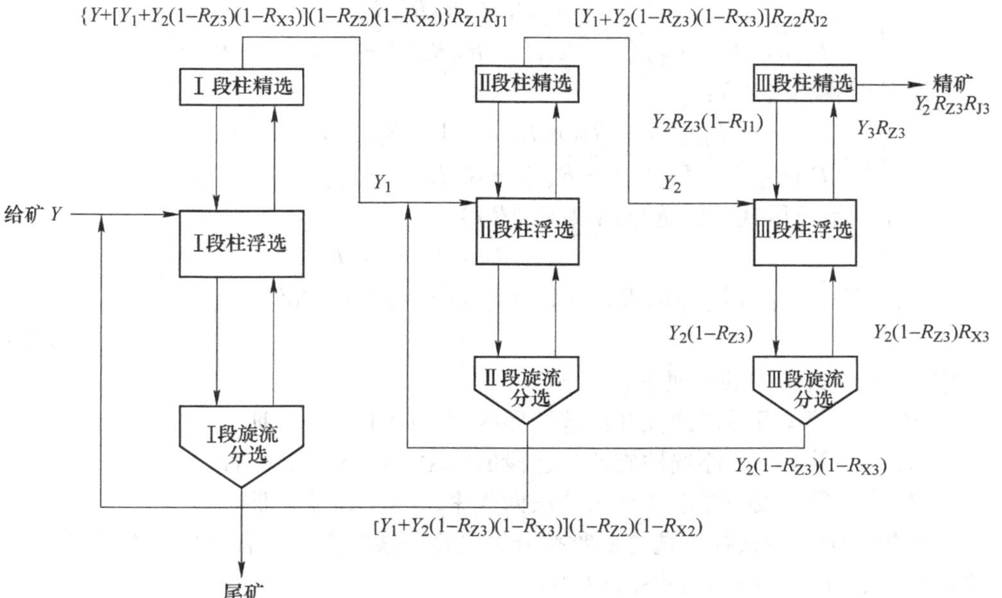

图 5-3 一粗二精三段柱式浮选过程总回收率示意图

R_{Z1}，R_{J1}，R_{X1}—Ⅰ段柱浮选区、柱精选区和旋流分选区回收率；

R_{Z2}，R_{J2}，R_{X2}—Ⅱ段柱浮选区、柱精选区和旋流分选区回收率；

R_{Z3}，R_{J3}，R_{X3}—Ⅲ段柱浮选区、柱精选区和旋流分选区回收率

Ⅰ段柱浮选精矿产量为：Y_1

Ⅱ段柱浮选精矿产量为：Y_2

Ⅲ段柱浮选精矿产量为：$Y_2R_{Z3}R_{J3}$

Ⅰ段柱浮选尾矿产量为：

$$\{Y + [Y_1 + Y_2(1 - R_{Z3})(1 - R_{X3})](1 - R_{Z2})(1 - R_{X2})\}(1 - R_{Z1})(1 - R_{X1})$$

Ⅱ段柱浮选尾矿产量为：$[Y_1 + Y_2(1 - R_{Z3})(1 - R_{X3})](1 - R_{Z2})(1 - R_{X2})$

Ⅲ段柱浮选尾矿产量为：$Y_2(1 - R_{Z3})(1 - R_{X3})$

$$\begin{cases} \{Y + [Y_1 + Y_2(1 - R_{Z3})(1 - R_{X3})](1 - R_{Z2})(1 - R_{X2})\}R_{Z1}R_{J1} = Y_1 \\ [Y_1 + Y_2(1 - R_{Z3})(1 - R_{X3})]R_2R_{J2} = Y_2 \end{cases}$$

解方程组得：

$$Y_1 = \frac{R_{Z1}R_{J1}[R_{Z2}R_{J2}(1 - R_{Z3})(1 - R_{X3}) - 1]}{R_{Z1}R_{J1}(1 - R_{Z2})(1 - R_{X2}) + R_{Z2}R_{J2}(1 - R_{Z3})(1 - R_{X3}) - 1}Y$$

$$Y_2 = \frac{-R_{Z1}R_{J1}R_{Z2}R_{J2}}{R_{Z1}R_{J1}(1-R_{Z2})(1-R_{X2}) + R_{Z2}R_{J2}(1-R_{Z3})(1-R_{X3}) - 1}Y$$

精矿回收率（Y'_1）：

$$Y'_1 = \frac{-R_{Z1}R_{J1}R_{Z2}R_{J2}R_{Z3}R_{J3}}{R_{Z1}R_{J1}(1-R_{Z2})(1-R_{X2}) + R_{Z2}R_{J2}(1-R_{Z3})(1-R_{X3}) - 1}Y$$

尾矿回收率（Y'_2）：

$$Y'_2 = \frac{(1-R_{Z1})(1-R_{X1})[R_{Z2}R_{J2}(1-R_{Z3})(1-R_{X3}) - 1]}{R_{Z1}R_{J1}(1-R_{Z2})(1-R_{X2}) + R_{Z2}R_{J2}(1-R_{Z3})(1-R_{X3}) - 1}Y$$

一粗二精三段式柱浮选总回收率（$R_{总}$）：

$$R_{总} = \frac{Y'_1}{Y'_1 + Y'_2} = \frac{R_{Z1}R_{J1}R_{Z2}R_{J2}R_{Z3}R_{J3}}{R_{Z1}R_{J1}R_{Z2}R_{J2}R_{Z3}R_{J3} - (1-R_{Z1})(1-R_{X1})[R_{Z2}R_{J2}(1-R_{Z3})(1-R_{X3}) - 1]} \tag{5-103}$$

式中 Y——给矿中的金属量；

R_{Zi}——第 i 段的浮选柱柱浮选段回收率，i= Ⅰ，Ⅱ，Ⅲ；

R_{Xi}——第 i 段的浮选柱旋流分选段回收率，i= Ⅰ，Ⅱ，Ⅲ；

R_{Ji}——第 i 段的浮选柱柱精选段回收率，i= Ⅰ，Ⅱ，Ⅲ。

一粗二精三段式柱浮选总回收率分别受每一段柱浮选过程中的柱分选段、旋流分选段、柱精选段的回收率的影响。

对于柱浮选段：

$$R = 1 - \exp(-kt)$$

对于旋流段：

$$R = 1 - (1 + kt)^{-1},\ k = \frac{3J_g}{4R_b}P = \frac{3J_g}{4R_b}P_cP_a(1-P_d)$$

对于柱浮选段：

$$P_c = \left(\frac{D_p}{D_b}\right)^2\left(\frac{3}{2} + \frac{4Re^{0.72}}{15}\right)$$

$$P_\alpha = \sin^2\left[2\arctan\exp\left(\frac{-V_bt_i(45 + 8Re^{0.72})}{30R_b(R_b/R_p + 1)}\right)\right],\ P_d = 0$$

对于旋流段：

$$P_c = 3\frac{R_p}{R_b},\ P_\alpha = \sin^2\left[2\arctan\exp\left(\frac{-3V_bt_i}{2(R_p + R_b)}\right)\right],\ P_d = \exp\left(1 - \frac{1}{Bo^*}\right)$$

由于旋流-静态微泡浮选柱的多流态梯级强化过程与微细粒级黑钨矿可浮性的非线性变化相匹配、旋流力场对微细粒级黑钨矿的强化分选、管流矿化分选的紊流作用，提高了碰撞强度，加快了矿化速度和浮选速度，从而提高了各段的回收率，可以增加三段的柱分选的总浮选回收率，实现微细粒级黑钨矿柱式短流程的高效回收。

5.5 三段式柱分选过程模型品位模型

通常用有用矿物的回收率和品位是评价浮选作业分选效果，目标是少的精选次数得到高品位精矿，通过强化手段实现少扫选次数的短流程而达到高回收率。对于浮选柱动力学数学模型的研究，多数都是针对回收率模型，回收率模型找到了影响回收率的主要影响因素，控制尾矿品位，得到高回收率的精矿。对品位模型的研究和验证对浮选柱动力学也具有十分重要的作用，在精矿有高回收率的前提下，保证最终精矿尽量高的品位。对浮选柱捕集区、旋流区、精选区不同区域的轴向品位模型研究，可以预测在不同区域中沿轴向高度的品位，研究品位梯度，建立轴向品位梯度与浮选柱高度之间的关系。如果品位梯度高，则富集比高，对于缩短精选流程和减小浮选柱的柱体高度有指导意义。

在已经建立的回收率模型的基础上，利用串槽模型推导浮选柱不同分选区域的品位模型。

5.5.1 旋流-静态微泡浮选柱柱分选区和旋流区品位模型推导

在旋流-静态微泡浮选柱的各个区域划分中，对于一个选矿流程来说，柱分选区相当于是粗选，旋流分选区相当于是扫选，精选区相当于是精选，管流矿化区处理的是旋流分选区的中矿，对于整体选矿流程而言，属于扫选。扫选的泡沫精矿向上运动到粗选，粗选的尾矿向下运动进入扫选，粗选的精矿向上进入精选区，精选的尾矿又向下运动进入粗选，最终构成一个选矿系统的循环。柱分选区的原矿为原始给矿，旋流分选区的原矿为柱浮选区的尾矿，精选区的原矿为柱浮选区的精矿。

将浮选区域划分为 n 段微元，轴向品位分布模型推导示意图如图 5-4 所示，每个微元为一个独立的浮选单元。每一个单元内精矿沿浮选柱高度向上流动，每一个单元内尾矿沿浮选柱高度向下。中矿顺序返回，将第 n 级微元的精矿返回到 $n-1$ 级微元的作业，第 n 级微元的尾矿给到 $n+1$ 级微元的作业，形成选矿流程上的闭路循环。不考虑机械损失和其他的流失，进入作业金属量和重量等于作业排除的金属量和重量（物料平衡和金属量平衡）。

（1）高度 $h_{(i)}$ 处前 i 个微元浮选过程的总体回收率（ε_i）[121]：

$$\varepsilon_i = \frac{i \times h}{n}, \quad i = 1, 2, 3, \cdots, n$$

（2）柱分选区和旋流区的推导过程一致，对于柱分选区来说，原矿为给入浮选柱的原矿，旋流区的原矿相当于柱分选矿的尾矿。γ_0、α 分别为进入柱分选区或旋流区的原矿产率和品位，γ_i'、θ_i 分别为第 i 个微元浮选的尾矿产率和尾矿品位，γ_i、β_i 分别为第 i 个微元浮选过程的精矿产率和精矿品位，ε_i、$\beta_{(i)}$ 为浮选柱沿轴向的回收率分布和品位分布。

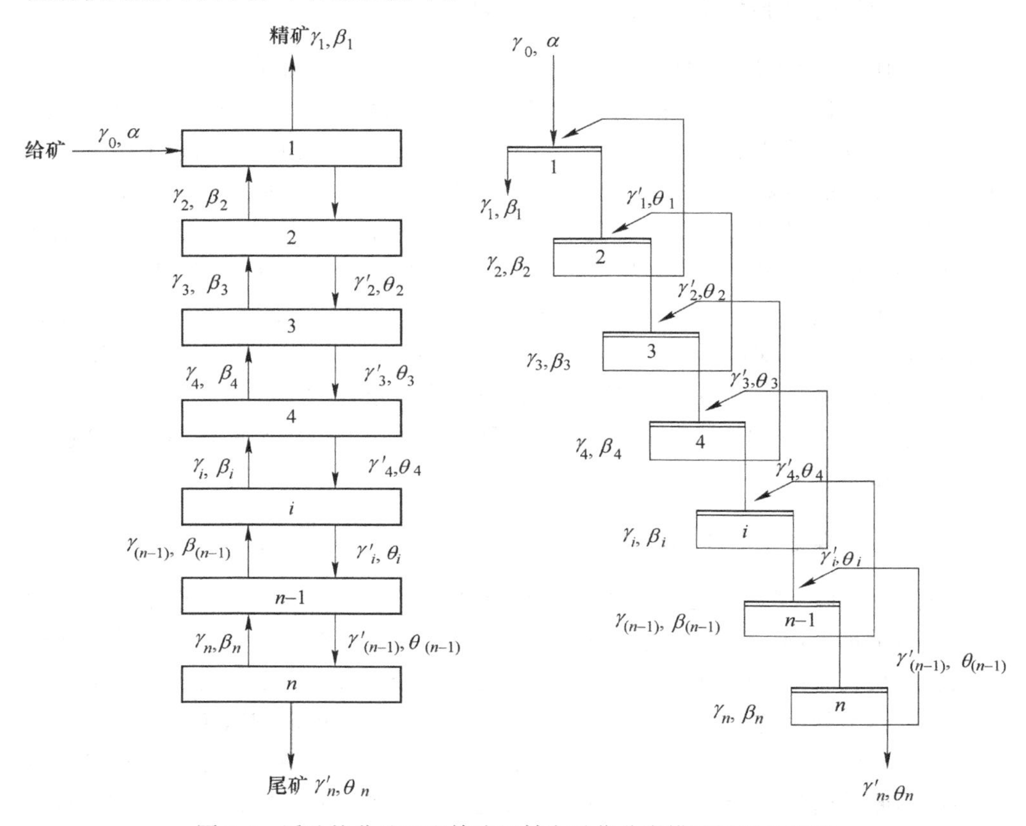

图 5-4　浮选柱分选区和旋流区轴向品位分布模型推导示意图

由金属量平衡的原理可以得出下式：

$$\begin{cases}\gamma_0\alpha + \gamma_2\beta_2 = \gamma_1\beta_1 + \gamma_1'\theta_1 \\ \gamma_0\alpha + \gamma_3\beta_3 = \gamma_1\beta_1 + \gamma_2'\theta_2 \\ \gamma_0\alpha + \gamma_4\beta_4 = \gamma_1\beta_1 + \gamma_3'\theta_3 \\ \gamma_0\alpha + \gamma_5\beta_5 = \gamma_1\beta_1 + \gamma_4'\theta_4 \\ \vdots \\ \gamma_0\alpha + \gamma_{(n-1)}\beta_{(n-1)} = \gamma_1\beta_1 + \gamma_{(n-2)}{}'\theta_{(n-2)} \\ \gamma_0\alpha + \gamma_n\beta_n = \gamma_1\beta_1 + \gamma_{(n-1)}{}'\theta_{(n-1)} \\ \gamma_0\alpha = \gamma_1\beta_1 + \gamma_n'\theta_n \end{cases} \tag{5-104}$$

由回收率的公式可以得出下式：

$$
\begin{cases}
\varepsilon_1 = \dfrac{\gamma_1\beta_1}{\gamma_1\beta_1 + \gamma_1'\theta_1} \\
\varepsilon_2 = \dfrac{\gamma_1\beta_1}{\gamma_1\beta_1 + \gamma_2'\theta_2} \\
\varepsilon_3 = \dfrac{\gamma_1\beta_1}{\gamma_1\beta_1 + \gamma_3'\theta_3} \\
\varepsilon_4 = \dfrac{\gamma_1\beta_1}{\gamma_1\beta_1 + \gamma_4'\theta_4} \\
\vdots \\
\varepsilon_{(n-1)} = \dfrac{\gamma_1\beta_1}{\gamma_1\beta_1 + \gamma_{(n-1)}'\theta_{(n-1)}} \\
\varepsilon_n = \dfrac{\gamma_1\beta_1}{\gamma_1\beta_1 + \gamma_n'\theta_n}
\end{cases}
\tag{5-105}
$$

把式（5-104）代入式（5-105）可以得到式（5-106）：

$$
\begin{cases}
\varepsilon_1 = \dfrac{\gamma_1\beta_1}{\gamma_0\alpha + \gamma_2\beta_2} \\
\varepsilon_2 = \dfrac{\gamma_1\beta_1}{\gamma_0\alpha + \gamma_3\beta_3} \\
\varepsilon_3 = \dfrac{\gamma_1\beta_1}{\gamma_0\alpha + \gamma_4\beta_4} \\
\varepsilon_4 = \dfrac{\gamma_1\beta_1}{\gamma_0\alpha + \gamma_5\beta_5} \\
\vdots \\
\varepsilon_{(n-1)} = \dfrac{\gamma_1\beta_1}{\gamma_0\alpha + \gamma_n\beta_n} \\
\varepsilon_n = \dfrac{\gamma_1\beta_1}{\gamma_0\alpha}
\end{cases}
\tag{5-106}
$$

$$
\varepsilon_n = \frac{\gamma_1\beta_1}{\gamma_0\alpha} \Rightarrow \beta_1 = \frac{\varepsilon_n\gamma_0\alpha}{\gamma_1}
$$

把上式依次代入公式（5-106），可以分别计算出各级的品位，得到公式（5-107）：

$$\begin{cases} \beta_1 = \dfrac{\varepsilon_n \alpha \gamma_0}{\gamma_1} \\ \beta_2 = \dfrac{(\varepsilon_n - \varepsilon_1)\alpha\gamma_0}{\varepsilon_1 \gamma_2} \\ \beta_3 = \dfrac{(\varepsilon_n - \varepsilon_2)\alpha\gamma_0}{\varepsilon_2 \gamma_3} \\ \beta_4 = \dfrac{(\varepsilon_n - \varepsilon_3)\alpha\gamma_0}{\varepsilon_3 \gamma_4} \\ \vdots \\ \beta_{(n-1)} = \dfrac{(\varepsilon_n - \varepsilon_{n-2})\alpha\gamma_0}{\varepsilon_{n-2} \gamma_{n-1}} \\ \beta_n = \dfrac{(\varepsilon_n - \varepsilon_{n-1})\alpha\gamma_0}{\varepsilon_{n-1} \gamma_n} \end{cases} \tag{5-107}$$

所以最终的品位模型为：

$$\beta_{(1)} = \frac{\varepsilon_n}{\gamma_1} \cdot \alpha\gamma_0$$

$$\beta_{(i)} = \frac{\varepsilon_n - \varepsilon_{(i-1)}}{\varepsilon_{(i-1)}\gamma_n} \cdot \alpha\gamma_0$$

确定函数 $\gamma_i = \lambda e^{-k(i-1)}$ （$i=1, 2, 3, 4, \cdots, n$）

$$\beta_{(1)} = \frac{\varepsilon_n}{\lambda} \cdot \alpha\gamma_0$$

$$\beta_{(i)} = \frac{\varepsilon_n - \varepsilon_{(i-1)}}{\varepsilon_{(i-1)}\lambda e^{-k(i-1)}} \cdot \alpha\gamma_0 \tag{5-108}$$

结合柱分选区的回收率模型，可以得到旋流-静态微泡浮选柱在柱分选区的品位模型，浮选柱柱分选区回收率模型代入得柱分选区品位模型得：

$$\beta_{(1)} = \frac{1 - \exp\left\{-\dfrac{6Q_g}{\pi D^2} \cdot \dfrac{D_p^2}{D_b^3}\left(\dfrac{3}{2} + \dfrac{4Re^{0.72}}{15}\right) \cdot \sin^2\left[2\arctan\exp\left(-t_i \dfrac{2(V_p + V_b) + (V_p + V_b)\left(\dfrac{D_b}{D_p + D_b}\right)^3}{D_p + D_b}\right)\right] \cdot \dfrac{H_z}{\dfrac{4(\alpha Q_f + \beta Q_w)}{\pi d^2 (1 - \varepsilon_g)} + U_p}\right\}}{\lambda} \cdot \alpha\gamma_\alpha \tag{5-109}$$

结合品位模型建立过程，捕集区的总高度为 H_Z，将捕集区的高度分为 n 等份，则捕集区高度为任意 h 时，第 i 段处的浮选回收率为：

$$R_{(i)} = 1 - \exp\left\{ -\frac{6Q_g}{\pi D^2}\cdot\frac{D_p^2}{D_b^3}\left(\frac{3}{2}+\frac{4Re^{0.72}}{15}\right)\cdot\sin^2\left[2\arctan\exp\left(-t_i\frac{2(V_p+V_b)+(V_p+V_b)\left(\frac{D_b}{D_p+D_b}\right)^3}{D_p+D_b}\right)\right]\cdot\frac{\frac{H_z i}{n}}{\frac{4(\alpha Q_f+\beta Q_w)}{\pi d^2(1-\varepsilon_g)}+U_p}\right\} \tag{5-110}$$

则浮选柱捕集区品位模型中，将上面两个公式代入下式可以得到浮选柱柱分选区的品位模型：

$$A = -\frac{6Q_g}{\pi D^2}\cdot\frac{D_p^2}{D_b^3}\left(\frac{3}{2}+\frac{4Re^{0.72}}{15}\right)\cdot$$

$$\sin^2\left\{2\arctan\exp\left[-t_i\frac{2(V_p+V_b)+(V_p+V_b)\left(\frac{D_b}{D_p+D_b}\right)^3}{D_p+D_b}\right]\right\}$$

$$B = \frac{4(\alpha Q_f+\beta Q_w)}{\pi d^2(1-\varepsilon_g)}+U_p$$

$$\beta_{(i)} = \frac{\varepsilon_n-\varepsilon_{(i-1)}}{\varepsilon_{(i-1)}\lambda e^{-k(i-1)}}\cdot\alpha\gamma_0 = \frac{-\exp\left(A\cdot\frac{\frac{H_z i}{n}}{B}\right)+\exp\left(A\cdot\frac{\frac{H_z(i-1)}{n}}{B}\right)}{\left[1-\exp\left(A\cdot\frac{\frac{H_z(i-1)}{n}}{B}\right)\right]\cdot\lambda e^{-k(i-1)}}\cdot\alpha\gamma_0 \tag{5-111}$$

结合旋流区的回收率模型，可以得到旋流-静态微泡浮选柱在旋流区的品位模型，将浮选柱旋流分选区的回收率模型代入品位模型可得旋流分选品位模型为：

$$\beta_{(1)} = \frac{1-\left\{1+\frac{18Q_gZ^\alpha}{\pi D^2}\cdot\frac{D_p}{D_b^2}\cdot\sin^2\left[2\arctan\exp\left(\frac{-3V_bt_i}{2(R_p+R_b)}\right)\right]\cdot\left[1-\exp\left(1-\frac{1}{Bo^*}\right)\right]\cdot\frac{H_X}{\frac{Q_W+(\beta+\gamma)Q_F}{\pi D_X^2}-\frac{D_p^2g(\rho_p-\rho_l)}{18\mu}}\right\}^{-1}}{\lambda}\cdot\alpha\gamma_0 \tag{5-112}$$

结合品位模型建立过程，旋流区的总高度为 H_X，将旋流区的高度分为 n 等份，则旋流区高度为任意 h 时，第 i 段处的浮选回收率为：

$$R_{(i)} = 1-\left\{1+\frac{18Q_gZ^\alpha}{\pi D^2}\cdot\frac{D_p}{D_b^2}\cdot\sin^2\left[2\arctan\exp\left(\frac{-3V_bt_i}{2(R_p+R_b)}\right)\right]\cdot\left[1-\exp\left(1-\frac{1}{Bo^*}\right)\right]\cdot\frac{H_X\cdot i/n}{\frac{Q_W+(\beta+\gamma)Q_F}{\pi D_X^2}-\frac{D_p^2g(\rho_p-\rho_l)}{18\mu}}\right\}^{-1}$$

$$R_{(i-1)} = 1-\left\{1+\frac{18Q_gZ^\alpha}{\pi D^2}\cdot\frac{D_p}{D_b{}^2}\cdot\sin^2\left[2\arctan\exp\left(\frac{-3V_bt_i}{2(R_p+R_b)}\right)\right]\cdot\left[1-\exp\left(1-\frac{1}{Bo^*}\right)\right]\cdot\frac{H_X\cdot(i-1)/n}{\frac{Q_W+(\beta+\gamma)Q_F}{\pi D_X^2}-\frac{D_p^2g(\rho_p-\rho_l)}{18\mu}}\right\}^{-1}$$

则浮选柱旋流区品位模型中，将上面两个公式（ε_n 和 $\varepsilon_{(i-1)}$）代入下式（$\beta_{(i)}$）可以得到浮选柱旋流区的品位模型为：

$$A=\frac{18Q_{\mathrm{g}}Z^{\alpha}}{\pi D^{2}}\cdot\frac{D_{\mathrm{p}}}{D_{\mathrm{b}}^{2}}\cdot\sin^{2}\left[2\arctan\exp\left(\frac{-3V_{\mathrm{b}}t_{\mathrm{i}}}{2(R_{\mathrm{p}}+R_{\mathrm{b}})}\right)\right]\cdot\left[1-\exp\left(1-\frac{1}{Bo^{*}}\right)\right]$$

$$B=\frac{Q_{\mathrm{W}}+(\beta+\gamma)Q_{\mathrm{F}}}{\pi D_{\mathrm{X}}^{2}}-\frac{D_{\mathrm{p}}^{2}g(\rho_{\mathrm{p}}-\rho_{\mathrm{l}})}{18\mu}$$

$$\beta_{(i)}=\frac{\varepsilon_{n}-\varepsilon_{(i-1)}}{\varepsilon_{(i-1)}\lambda\mathrm{e}^{-k(i-1)}}\cdot\alpha\gamma_{0}=\frac{-\left(1+A\cdot\dfrac{\dfrac{H_{\mathrm{X}}\cdot i}{n}}{B}\right)+\left[1+A\cdot\dfrac{\dfrac{H_{\mathrm{X}}\cdot(i+1)}{n}}{B}\right]}{\left\{1-\left[1+A\cdot\dfrac{\dfrac{H_{\mathrm{X}}\cdot(i+1)}{n}}{B}\right]\right\}\cdot\lambda\mathrm{e}^{-k(i-1)}}\cdot\alpha\gamma_{0}\tag{5-113}$$

5.5.2　旋流-静态微泡浮选柱精选区品位模型推导

将浮选区域划分为 n 段微元，精选区轴向品位分布模型推导示意图如图 5-5 所示，每个微元为一个独立的浮选单元。每一个单元内精矿沿浮选柱高度向上流动，每一个单元内尾矿沿浮选柱高度向下。中矿顺序返回，将第 n 级微元的精矿返回到 $n+1$ 级微元的作业，第 n 级微元的尾矿给到 $n-1$ 级微元的作业，形成选矿流程上的闭路循环。不考虑机械损失和其他的流失，进入作业金属量和重量等于作业排除的金属量和重量（物料平衡和金属量平衡）。

（1）假设高度 $h_{(i)}$ 处，前 i 个微元浮选过程的总体回收率为 ε_i，

$$h_{(i)}=\frac{i\times h}{n},\ i=1,\ 2,\ 3,\ \cdots,\ n$$

（2）对于精选区来说，原矿为柱分选区的精矿。γ_0、β_0 分别为进入柱精选区的原矿产率和品位，γ_i'、θ_i 分别为第 i 个微元浮选的尾矿产率和尾矿品位，γ_i、β_i 分别为第 i 个微元浮选过程的精矿产率和精矿品位，ε_i、$\beta_{(i)}$ 为浮选柱沿轴向的回收率分布和品位分布。

由金属量平衡的原理可以得出下式（5-114）：

$$\begin{cases}\gamma_0\beta_0+\gamma_2'\theta_2=\gamma_1\beta_1+\gamma_1'\theta_1\\ \gamma_0\beta_0+\gamma_3'\theta_3=\gamma_2\beta_2+\gamma_1'\theta_1\\ \gamma_0\beta_0+\gamma_4'\theta_4=\gamma_3\beta_3+\gamma_1'\theta_1\\ \gamma_0\beta_0+\gamma_5'\theta_5=\gamma_4\beta_4+\gamma_1'\theta_1\\ \vdots\\ \gamma_0\beta_0+\gamma_n'\theta_n=\gamma_{(n-1)}\beta_{(n-1)}+\gamma_1'\theta_1\\ \gamma_0\beta_0=\gamma_n\beta_n+\gamma_1'\theta_1\end{cases}\tag{5-114}$$

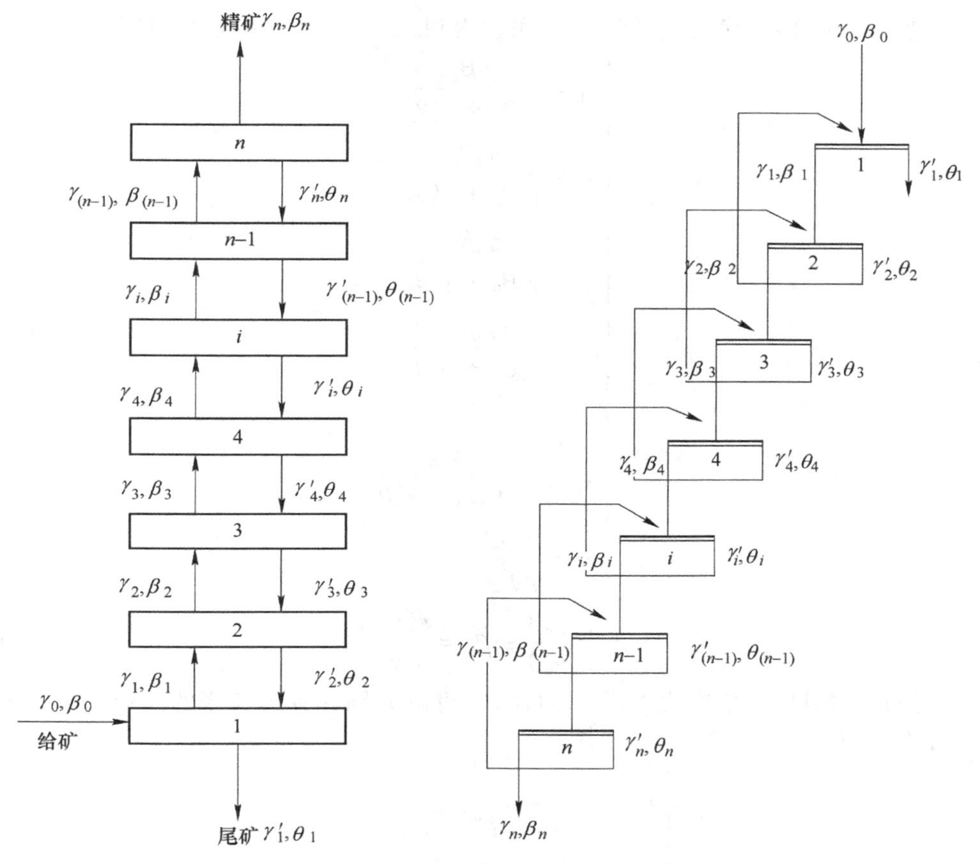

图 5-5　浮选柱精选区轴向品位分布模型推导示意图

由回收率的公式可以得出下式（5-115）：

$$\begin{cases} \varepsilon_1 = \dfrac{\gamma_1\beta_1}{\gamma_1\beta_1 + \gamma'_1\theta_1} \\ \varepsilon_2 = \dfrac{\gamma_2\beta_2}{\gamma_2\beta_2 + \gamma'_1\theta_1} \\ \varepsilon_3 = \dfrac{\gamma_3\beta_3}{\gamma_3\beta_3 + \gamma'_1\theta_1} \\ \varepsilon_4 = \dfrac{\gamma_4\beta_4}{\gamma_4\beta_4 + \gamma'_1\theta_1} \\ \vdots \\ \varepsilon_{(n-1)} = \dfrac{\gamma_{(n-1)}\beta_{(n-1)}}{\gamma_{(n-1)}\beta_{(n-1)} + \gamma'_1\theta_1} \\ \varepsilon_n = \dfrac{\gamma_n\beta_n}{\gamma_n\beta_n + \gamma'_1\theta_1} \end{cases} \tag{5-115}$$

把式（5-114）代入式（5-115）可以得到式（5-116）和式（5-117）：

$$\begin{cases} \varepsilon_1 = \dfrac{\gamma_1\beta_1}{\gamma_0\beta_0 + \gamma'_2\theta_2} \\ \varepsilon_2 = \dfrac{\gamma_1\beta_1}{\gamma_0\beta_0 + \gamma'_3\theta_3} \\ \varepsilon_3 = \dfrac{\gamma_1\beta_1}{\gamma_0\beta_0 + \gamma'_4\theta_4} \\ \varepsilon_4 = \dfrac{\gamma_1\beta_1}{\gamma_0\beta_0 + \gamma'_5\theta_5} \\ \vdots \\ \varepsilon_{(n-1)} = \dfrac{\gamma_1\beta_1}{\gamma_0\beta_0 + \gamma'_n\theta_n} \\ \varepsilon_n = \dfrac{\gamma_n\beta_n}{\gamma_0\beta_0} \end{cases} \tag{5-116}$$

$$\varepsilon_n = \frac{\gamma_n\beta_n}{\gamma_0\beta_0} \Rightarrow \beta_n = \frac{\varepsilon_n\gamma_0\beta_0}{\gamma_n} \tag{5-117}$$

把式（5-117）依次代入式（5-116），可以分别计算出各级的品位，得到式（5-118）：

$$\begin{cases} \beta_1 = \dfrac{\varepsilon_1}{\gamma_1(1-\varepsilon_1)}\gamma'_1\theta_1 \\ \beta_2 = \dfrac{\varepsilon_2}{\gamma_2(1-\varepsilon_2)}\gamma'_1\theta_1 \\ \beta_3 = \dfrac{\varepsilon_3}{\gamma_3(1-\varepsilon_3)}\gamma'_1\theta_1 \\ \beta_4 = \dfrac{\varepsilon_4}{\gamma_4(1-\varepsilon_4)}\gamma'_1\theta_1 \\ \vdots \\ \beta_{(n-1)} = \dfrac{\varepsilon_{(n-1)}}{\gamma_{(n-1)}(1-\varepsilon_{(n-1)})}\gamma'_1\theta_1 \\ \beta_n = \dfrac{\varepsilon_n}{\gamma_n(1-\varepsilon_n)}\gamma'_1\theta_1 \end{cases} \tag{5-118}$$

代入式（5-118）得式（5-119）：

$$\frac{\varepsilon_n}{\gamma_n(1-\varepsilon_n)}\gamma'_1\theta_1 = \frac{\varepsilon_n\gamma_0\beta_0}{\gamma_n} \Rightarrow \gamma'_1\theta_1 = \gamma_0\beta_0(1-\varepsilon_n) \tag{5-119}$$

把式（5-119）代入式（5-118）得式（5-120）：

$$\begin{cases}\beta_1 = \dfrac{\varepsilon_1}{\gamma_1(1-\varepsilon_1)}\gamma_0\beta_0(1-\varepsilon_n)\\ \beta_2 = \dfrac{\varepsilon_2}{\gamma_2(1-\varepsilon_2)}\gamma_0\beta_0(1-\varepsilon_n)\\ \beta_3 = \dfrac{\varepsilon_3}{\gamma_3(1-\varepsilon_3)}\gamma_0\beta_0(1-\varepsilon_n)\\ \beta_4 = \dfrac{\varepsilon_4}{\gamma_1(1-\varepsilon_4)}\gamma_0\beta_0(1-\varepsilon_n)\\ \vdots\\ \beta_{(n-1)} = \dfrac{\varepsilon_{(n-1)}}{\gamma_{(n-1)}(1-\varepsilon_{(n-1)})}\gamma_0\beta_0(1-\varepsilon_n)\\ \beta_n = \dfrac{\varepsilon_n}{\gamma_n}\gamma_0\beta_0\end{cases} \tag{5-120}$$

精选区的最终品位模型为：

$$\beta_n = \frac{\varepsilon_n}{\gamma_n}\gamma_0\beta_0$$

$$\beta_i = \frac{\varepsilon_i}{\gamma_i(1-\varepsilon_i)}\gamma_0\beta_0(1-\varepsilon_n)$$

确定函数 $\gamma_i = \lambda e^{-k(i-1)}$（$i$=1，2，3，4，…，$n$）

$$\beta_n = \frac{\varepsilon_n}{\lambda}\gamma_0\beta_0$$

$$\beta_i = \frac{\varepsilon_i}{\lambda e^{-k(i-1)}(1-\varepsilon_i)}\gamma_0\beta_0(1-\varepsilon_n)$$

将精选区高度为 L 的泡沫区分成 n 等份，把浮选柱精选区的回收率模型代入轴向品位模型，则第 i 段处的回收率为：

$$R_{(i)} = 1 - \exp\left[-\alpha J_g^b H_f^c \cdot \left(\frac{\frac{H_J}{n} i\varepsilon_f}{J_g} + \frac{2h_f\varepsilon_f}{J_g}\ln\left(\frac{R}{r}\right)\right)\right] \tag{5-121}$$

$$\beta_n = \frac{1-\exp\left\{-\alpha J_g^b H_f^c \cdot \left[\frac{H_J\varepsilon_f}{J_g} + \frac{2h_f\varepsilon_f}{J_g}\ln\left(\frac{R}{r}\right)\right]\right\}}{\lambda}\cdot\gamma_0\beta_0$$

$$\beta_{(1)} = \frac{1-\exp\left\{-\alpha J_g^b H_f^c \cdot \left[\frac{\frac{H_J}{n}\varepsilon_f}{J_g} + \frac{2h_f\varepsilon_f}{J_g}\ln\left(\frac{R}{r}\right)\right]\right\}}{\lambda\left(\exp\left\{-\alpha J_g^b H_f^c \cdot \left[\frac{\frac{H_J}{n}\varepsilon_f}{J_g} + \frac{2h_f\varepsilon_f}{J_g}\ln\left(\frac{R}{r}\right)\right]\right\}\right)} \cdot \gamma_0\beta_0 \cdot \left\{\exp\left[-\alpha J_g^b H_f^c \cdot \left(\frac{H_J\varepsilon_f}{J_g} + \frac{2h_f\varepsilon_f}{J_g}\ln\left(\frac{R}{r}\right)\right)\right]\right\}$$

$$\beta_i = \frac{1-\exp\left\{-\alpha J_g^b H_f^c \cdot \left[\frac{\frac{H_J}{n}i\varepsilon_f}{J_g} + \frac{2h_f\varepsilon_f}{J_g}\ln\left(\frac{R}{r}\right)\right]\right\}}{\lambda e^{-k(i-1)}\left(\exp\left\{-\alpha J_g^b H_f^c \cdot \left[\frac{\frac{H_J}{n}i\varepsilon_f}{J_g} + \frac{2h_f\varepsilon_f}{J_g}\ln\left(\frac{R}{r}\right)\right]\right\}\right)} \cdot \gamma_0\beta_0 \cdot \left\{\exp\left[-\alpha J_g^b H_f^c \cdot \left(\frac{H_J\varepsilon_f}{J_g} + \frac{2h_f\varepsilon_f}{J_g}\ln\left(\frac{R}{r}\right)\right)\right]\right\}$$

$$i=2, 3, 4, \cdots, n$$

5.6　浮选柱的设计原则

在进行实际矿物浮选这个复杂过程时，很多因素都将影响到浮选柱性能，要获得最好的工艺性能，必须考虑所有的影响因素，但不同的因素对工艺性能影响大小不一样，在浮选柱设计的时候需考虑不同的影响因素。浮选动力学参数难以考察其影响，浮选柱的设计需要考虑到柱分选区、精选区、旋流分选区和管流矿化区的在浮选柱和浮选过程中的作用，应该充分发挥旋流-静态微泡浮选柱内每个分选区域的作用。

在分析微细粒级黑钨矿浮选过程中难浮的原因基础上，找到能解决微细粒级黑钨矿高效回收需解决的问题，提出微细粒级黑钨矿浮选柱设备结构设计的原则，如图 5-6 所示。

细粒级黑钨矿浮选过程中，微细粒级的脉石矿物如果进入泡沫层，黏附在气泡上就难以脱落，微细粒级的有用矿物和脉石矿物会产生非选择性絮团，分选过程中选择性差，精矿品位不高，药剂用量亦将升高。欲高效浮选微细粒级黑钨矿，应解决强化目的矿物与气泡的作用，并降低杂质在精矿中夹带的问题。

（1）保证浮选柱内能提供大的充气量，在浮选柱内分散小气泡；

（2）能提供提高矿粒与气泡碰撞、黏附的流体力学条件；

（3）应有稳定的分选区和泡沫层；

（4）减小泡沫停留时间；

（5）尽量提高空气分散度；

（6）合理的泡沫冲洗水。

浮选柱不同分选区域的浮选动力学研究结果可知：（1）气泡尺寸变小，可增大微细粒矿物颗粒的速率常数；（2）柱分选区中静态的矿物分选环境，提高

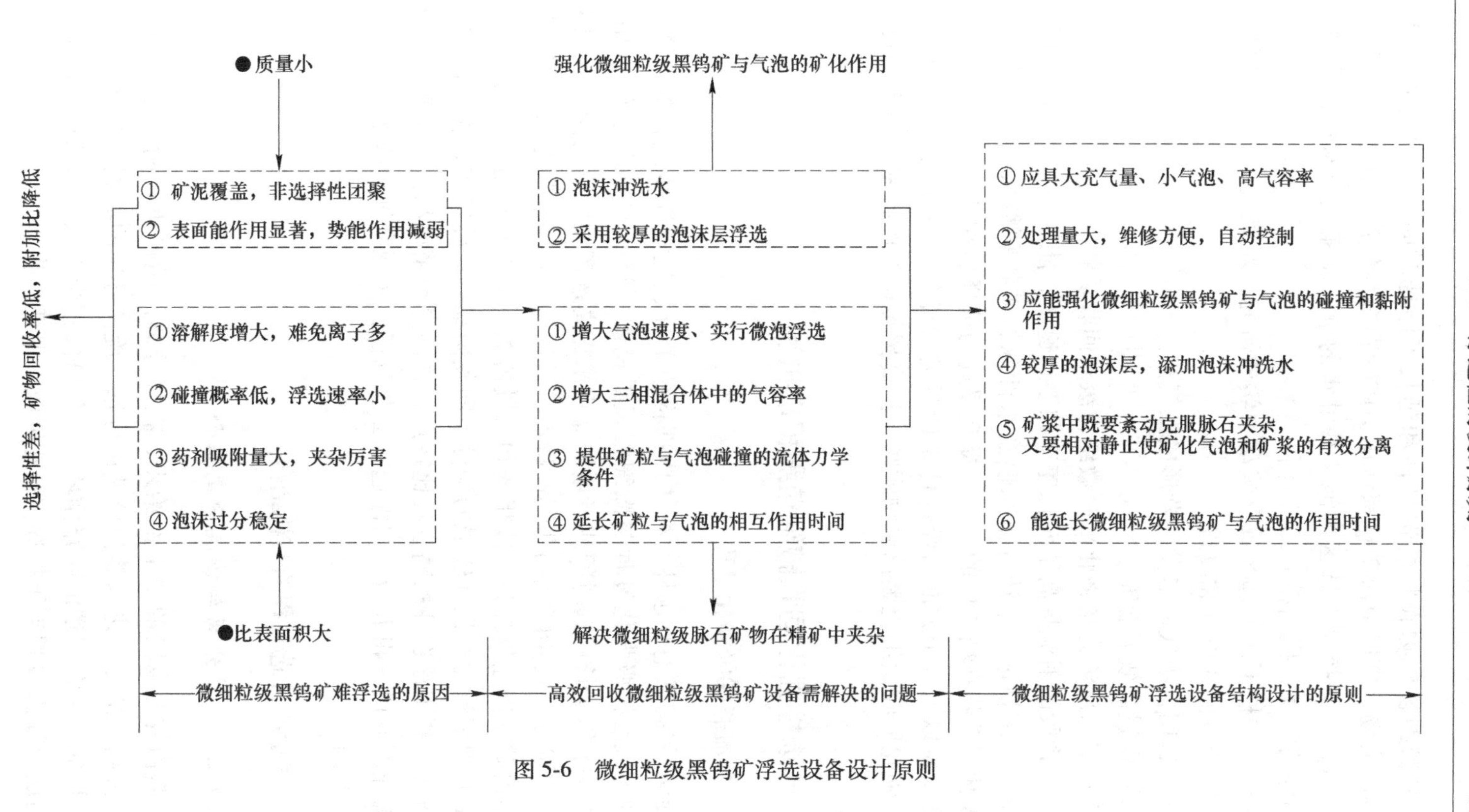

图 5-6　微细粒级黑钨矿浮选设备设计原则

了浮选柱微细粒矿物颗粒的选择性和延长了浮选时间，对提高精矿品位有利；(3) 旋流力场和管段射流矿化都强化了矿物颗粒与气泡的碰撞，对提升回收率有益；(4) 合理控制精选区内泡沫冲淋水的量，能缩短疏水性矿物颗粒在浮选柱内的停留时间，提高精矿品位有利。

通过浮选柱不同分选区域浮选动力学的研究，对旋流-静态微泡浮选柱进行了如下五个方面的设计和改进：

(1) 选用自吸式微泡发生器形成微气泡；

(2) 设置高效混合充填模式；

(3) 引入旋流力场强化回收微细粒级难回收矿物；

(4) 管段的射流提高了矿化速率和浮选速度，能提高有用矿物的回收率；

(5) 利用精选区泡沫冲淋水使亲水性脉石矿物颗粒从气泡上脱附，减少微细粒级脉石矿物在精矿中的夹杂，提高浮选的选择性和精矿品位。

主要从以上五个方面对浮选柱设计时进行优化，使旋流-静态微泡浮选柱可更好地强化回收微细粒黑钨矿物颗粒，提高黑钨矿的回收率，实现钨资源高效综合利用。

5.7　浮选柱强化回收微细粒黑钨矿机制

5.7.1　多流态梯级强化过程

旋流-静态微泡浮选柱在柱体内部构建了分选过程逐步强化的分选机制，这样一种多流态梯级强化过程与微细粒级黑钨矿可浮性的非线性变化相匹配和耦合，解决了靠延长浮选时间或者增加流程来提高选矿回收率的问题。根据微细粒级黑钨矿可浮性逐步降低的非线性特点，设计与之相匹配的分选过程，将微细粒级的黑钨矿分选过程分为一段粗选和二段精选，由于原矿品位较低，一段粗选在循环压力和旋流力场强度较强的条件下回收微细粒级黑钨矿，保证回收率，增加两次精选，利用浮选柱的高富集比特点，提高黑钨精矿品位，也正是一粗二精柱浮选流程可取代一粗五精三扫浮选机工艺流程，实现微细粒级黑钨矿短流程高效选别的原因。

5.7.2　多层次分选过程的有机结合

5.7.2.1　柱分离与旋流分离结合

入料由柱分离段的中上部给入，在柱分离的精矿进入精选区得到最终的精矿，柱分离后的尾矿进入旋流分选区分选，旋流分选的溢流产品又进入柱分选段精选，形成一个粗扫选的闭路循环，柱分离段相当于粗选和精选，保证精矿的品位，而旋流浮选段相当于扫选，强化回收，保证回收率。

5.7.2.2 柱分选与管浮选结合。

柱分选和管浮选处理的对象不一样，柱分选处理的是原矿，管浮选处理的是中矿，管浮选得到的精矿进入柱分选段精选。可浮性好的矿物在柱分选段先浮出来，难浮的矿物在高能量的管段浮选区矿化。它既分离柱分离浮选形成的矿化气泡，又对管浮选与旋流分离过程中形成的矿化气泡进行分离。

5.7.2.3 管浮选与旋流分离结合形成强化分选链

管浮选与旋流分离联合也是重-浮联合。柱分选后的中矿，先进入旋流力场后再进入到管浮选区域，经过管浮选的矿浆全部进入旋流力场，并以入料方式为旋流力场提供能量，高度紊流矿化的矿浆进入旋流力场中分离出精矿进入柱分离段，中矿再进入管浮选形成闭路循环。

5.7.3 旋流力场对微细粒级黑钨矿的强化分选

5.7.3.1 强化微细粒黑钨矿的矿化效果

浮选感应时间（t_i）表达式如下：

$$t_i = \frac{4(R_b + R_p)}{V_r\left[2 + \left(\frac{R_b}{R_b + R_p}\right)^3\right]}\ln\left(\sqrt{P} + \sqrt{P - 1}\right) \qquad (5\text{-}122)$$

式中 R_b，R_p——颗粒、气泡的半径；

V_r——颗粒与气泡间相对速度；

P——与浮选概率相关的常数。

在旋流力场中，浮选感应时间与颗粒与气泡间相对运动速度成反比，颗粒与气泡的相对运动速度增大，缩短了浮选感应时间，旋流-静态微泡浮选柱采用旋流力场和微小气泡浮选是黑钨矿浮选速度大幅度的提高，实现了回收率的提升。

在浮选柱内，由于旋流力场和大量微泡的存在，导致颗粒与气泡在浮选柱分选过程中的相对运动速度要高于浮选机分选时候的运动速度，而且浮选柱产生的微泡半径远远小于浮选机分选时产生的气泡半径，从而大幅度缩短了感应时间，增加了矿物颗粒与气泡的碰撞机会，加快了矿化速率，提高了分选效率，对提高微细粒级黑钨矿的回收率是有益的，也只是浮选柱回收率高于浮选机的原因之一。

5.7.3.2 降低浮选的有效粒度分选下限

$$R_p = \frac{9}{\sqrt{48}}\sqrt{\frac{\nu\mu}{\rho_p a g R_b}} \qquad (5\text{-}123)$$

式中 R_p——有效分选粒度下限，m；

ν——介质运动黏度，m^2/s；

g——力场强度，m/s^2。

浮选柱的旋流分选段，旋流力场使力场强度增大，加强了惯性碰撞，能降低有效分选粒度下限，使分选粒度下限小于常规力场中的分选粒度下限，可使更多微细粒级的矿物能黏附在气泡上得到有效分选，从而提高了微细黑钨矿的回收能力，这也是解释浮选柱短流程回收率高于浮选机系统黑钨回收率的原因。

5.7.3.3 提高浮选速度

$$k = Z^{\alpha} \tag{5-124}$$

浮选速率常数正比于旋流力场的强度，所以浮选柱中旋流力场提高了微细粒级黑钨矿的速率常数，旋流力场强度与循环压力有关，针对低品位微细粒级黑钨矿特点，粗选段采用较高的循环压力，以便在粗选段获得较高回收率的黑钨粗精矿，在精选段采用低循环压力提高选择性和精矿品位。

5.7.3.4 提高浮选的选择性

旋流的剪切作用改善了黑钨矿分选时的选择性，减少了夹带作用，对提高黑钨精矿的品位有利。离心力的存在使矿化的微细粒级黑钨矿颗粒与细泥、石榴子石等脉石矿物的密度差更大，使已矿化的微细粒级黑钨矿向中心移动。

微细粒级的黑钨矿与 GYB 和 TAB-3 作用后表面疏水性强，在浮选柱的旋流段主要分布在旋流的中心，并和气泡作用后一起向上运动进入柱分选区，保证了微细粒级黑钨矿的回收，亲水性的脉石矿物则脱离旋流分选区进入尾矿，黑钨分选时，旋流段可增加回收率，相当于扫选作业，这是在其他柱式分选设备所不具备的。

5.7.4 管流矿化分选的紊流作用

旋流-静态微泡浮选柱的管段具有强烈的紊流环境，高紊流的矿浆环境有利于扩散和混合作用，在高紊流的矿浆环境中，浮选药剂和气泡都能很好地弥散，气泡和浮选药剂能很好地与矿物发生碰撞，与浮选药剂作用后的微细粒黑钨矿颗粒与大量微细气泡发生强烈碰撞，气泡和矿物颗粒都具有很高的动能，提高了气泡与矿物颗粒的碰撞和黏附概率，以及矿化效率和浮选速度，最终体现在回收指标的提升上。这是浮选柱工业试验系统一粗二精代替浮选机一粗五精三扫的流程还能获得高回收率指标的原因。

由于旋流-静态微泡浮选柱的多流态梯级强化过程与微细粒级黑钨矿可浮性的非线性变化相匹配、旋流力场对微细粒级黑钨矿的强化分选、管流矿化分选的紊流作用，提高了碰撞概率、黏附概率，降低了感应时间，加快了矿化速度，从而提高了各段的回收率，可以增加三段柱分选的总浮选回收率，实现微细粒级黑钨矿柱式短流程的高效回收。

5.7.5 泡沫区冲洗水

浮选柱的一个重要工艺操作参数是泡沫区精矿冲洗水，在实际生产工艺中，要严格控制泡沫冲淋水量，它影响矿粒滞留于浮选柱内的时间及精矿品位。冲洗水量试验结果如表 5-2 所示。

表 5-2 泡沫区精矿冲洗水量对黑钨矿浮选的影响结果

冲洗水 /cm · s^{-1}	WO_3品位/%			回收率/%	富集比
	原矿	精矿	尾矿		
0	0.61	5.42	0.09	87.16	8.89
0.02	0.62	7.92	0.10	85.33	12.77
0.04	0.61	12.68	0.12	80.65	20.79
0.06	0.61	16.56	0.21	65.79	27.15
0.08	0.63	24.33	0.31	52.14	38.62

从表 5-2 的试验结果可以得知，泡沫区淋洗水可减少精矿中脉石矿物的夹杂，提高精矿品位是有利的，但是淋洗水量也会对回收率有影响，要严格控制泡沫淋洗水量。

5.7.6 浮选柱上部浮选段静态化

采用混合充填模式遏制了底部多旋流分选结构产生的强旋流、高紊流对柱浮选段的影响。此外，它还具有支撑泡沫层、延长捕集区长度的作用，保证了黑钨精矿的品位，也是浮选柱富集比高、柱式短流程可获得比浮选机长流程还高品位黑钨精矿的原因。

柱分选区混合状态、矿物颗粒的停留时间和浮选速率常数决定浮选柱分选区的回收率。柱体的混合状态可用彼克莱特准数 Pe 表征：

$$Pe = 0.6\left(\frac{L}{D}\right)^{0.63}\left(\frac{V_t}{V_g}\right)^{0.5} \tag{5-125}$$

式中 L，D——浮选柱的高度和直径；

V_t，V_g——矿浆和气流的速度。

混合充填后轴向混合扩散引起的无量纲模型：

$$N_d = \frac{0.6\left(\frac{L}{D}\right)^{0.63}\left(\frac{V_t}{V_g}\right)^{0.5}}{\left(\frac{J_t}{1-\varepsilon_g} + U_{sg}\right)H_c}(1+\phi) \tag{5-126}$$

式中　ϕ——筛板开孔率。

$$R = 1 - \frac{4a\exp\left(\frac{1}{2N_d}\right)}{(1+a)^2\exp\left(\frac{a}{2N_d}\right)(1-a)^2\exp\left(\frac{-a}{2N_d}\right)} \tag{5-127}$$

$$a = (1 + 4k\tau N_d)^{\frac{1}{2}} \tag{5-128}$$

假如某矿石的浮选回收率为 86.5%，相同条件下在工业上柱分选时，如果 $N_d=0.5$，停留时间 5min，则回收率只有 75%，只有将停留时间增大到 8.3min，才能获得 86.5%的选矿回收率。如果在浮选柱充填实现上部浮选段静态化，N_d不变，则可以获得相同的回收率。

引入混合充填模式使浮选柱上部浮选段静态化，可以遏制旋流紊动对柱分选段影响，使精选在静态的矿浆环境中进行，减少矿浆在柱体内的轴向混合，提高了柱分选段的选择性，能保证获得高品位的精矿，也是柱式短流程所获得的黑钨精矿品位比浮选机长流程获得黑钨精矿品位高的原因。

5.8 小结

（1）推导了浮选柱柱分选区的浮选速率和回收率模型。

浮选柱柱浮选区的浮选速率：

$$k_Z = \frac{6Q_g}{\pi D^2}\cdot\frac{D_p^2}{D_b^3}\left(\frac{3}{2}+\frac{4Re^{0.72}}{15}\right)\cdot\sin^2\left\{2\arctan\exp\left[-t_i\frac{2(V_p+V_b)+(V_p+V_b)\left(\frac{D_b}{D_p+D_b}\right)^3}{D_p+D_b}\right]\right\}$$

柱浮选区的回收率模型：

$$R_Z = 1-\exp\left\{-\frac{6Q_g}{\pi D^2}\cdot\frac{D_p^2}{D_b^3}\left(\frac{3}{2}+\frac{4\,Re^{0.72}}{15}\right)\cdot\sin^2\left[2\arctan\exp\left(-t_i\frac{2(V_p+V_b)+(V_p+V_b)\left(\frac{D_b}{D_p+D_b}\right)^3}{D_p+D_b}\right)\right]\cdot\frac{H_z}{\frac{4(\alpha Q_f+\beta Q_w)}{\pi d^2(1-\varepsilon_g)}+U_p}\right\}$$

（2）推导了柱精选区的停留时间、回收率模型和品位模型。

柱精选区的停留时间：

$$t_{(r)} = \frac{H_f\varepsilon_f}{J_g}+\frac{2h_f\varepsilon_f}{J_g}\ln\left(\frac{R}{r}\right)$$

柱精选区回收率模型：

$$R_J = 1 - \exp\left\{ - \alpha J_g^b H_f^c \cdot \left[\frac{H_f \varepsilon_f}{J_g} + \frac{2h_f \varepsilon_f}{J_g} \ln\left(\frac{R}{r}\right) \right] \right\}$$

柱精选区品位模型：

$$\beta_i = \frac{1 - \exp\left[- \alpha J_g^b H_f^c \cdot \left(\frac{\frac{H_J}{n} i \varepsilon_f}{J_g} + \frac{2h_f \varepsilon_f}{J_g} \ln\left(\frac{R}{r}\right) \right) \right]}{\lambda e^{-k(i-1)} \left(\exp\left[- \alpha J_g^b H_f^c \cdot \left(\frac{\frac{H_J}{n} i \varepsilon_f}{J_g} + \frac{2h_f \varepsilon_f}{J_g} \ln\left(\frac{R}{r}\right) \right) \right] \right)} \cdot \gamma_0 \beta_0 \cdot$$

$$\left\{ \exp\left[- \alpha J_g^b H_f^c \cdot \left(\frac{H_J \varepsilon_f}{J_g} + \frac{2h_f \varepsilon_f}{J_g} \ln\left(\frac{R}{r}\right) \right) \right] \right\}$$

（3）推导了管流段的回收率模型：

$$R = 1 - \left\{ 1 + 2.89 (R_p + R_b)^2 N_b \overline{V'^2_p + V'^2_b} \exp\left(- \frac{E_1}{m_p \frac{V'^2_p}{2}} \right) \cdot \frac{H_G}{\sqrt{\frac{\frac{2(P_c - P_b)}{\rho}}{1 + \lambda_t \frac{h}{d_t} + \left(\lambda_c \frac{H}{D} + \zeta - 1 \right) \left(\frac{d_t}{D} \right)^4 n^2}}} \right\}^{-1}$$

（4）综合考虑浮选柱柱浮选区、精选区和旋流分选区的回收率。

单段式柱浮选总回收率（$R_{总}$）：

$$R_{总} = \frac{R_Z R_J}{R_Z R_J + (1 - R_Z)(1 - R_X)}$$

一粗二精三段式柱浮选总回收率（$R_{总}$）：

$$R_{总} = \frac{Y'_1}{Y'_1 + Y'_2} = \frac{R_{Z1} R_{J1} R_{Z2} R_{J2} R_{Z3} R_{J3}}{R_{Z1} R_{J1} R_{Z2} R_{J2} R_{Z3} R_{J3} - (1 - R_{Z1})(1 - R_{X1})[R_{Z2} R_{J2} (1 - R_{Z3})(1 - R_{X3}) - 1]}$$

（5）通过浮选柱不同分选区域浮选动力学的研究，提出浮选柱结构优化和设计的原则，从五个方面对浮选柱设计进行优化，使旋流-静态微泡浮选柱能更好地强化回收微细粒黑钨矿物颗粒。

（6）利用精选区泡沫的冲淋水，有利于提高浮选的选择性和精矿品位，能有效减少细粒级脉石矿物夹杂在精矿中。

6 微细粒级黑白钨矿短流程分选工艺研究

试验矿样来源于柿竹园多金属选矿厂，在对黑钨矿单矿物浮选行为研究的基础上，采用“钼铋硫化矿浮选—黑白钨分选—萤石回收”原则流程。对于硫化矿而言，进行混合浮选脱硫化矿，硫化矿的分选和萤石的回收不是研究重点，重点是硫化矿浮选尾矿选钨，分别进行了“硫化矿浮选—黑白钨混浮—白钨加温精选—黑钨摇床—黑钨细泥浮选”（方案 1）、“硫化矿浮选—黑白钨混浮—高梯度磁选—白钨浮选—黑钨摇床—黑钨细泥浮选”（方案 2）、“硫化矿浮选—高梯度磁选—黑钨浮选—白钨浮选”（方案 3）和“硫化矿浮选—高梯度磁选—白钨矿浮选—黑钨矿柱分选”（方案 4）四种方案试验，对比几种流程方案的指标和特点。一是考察黑钨矿采用重选—浮选流程与全粒级浮选流程的选别效果；二是利用旋流-静态微泡浮选柱对微细粒级矿物回收的优势，考察强化微细粒级黑钨矿的效果，能否对整个钨选别流程进行优化，旨在开发微细粒级复杂黑钨矿全粒级柱式短流程分选工艺，解决细粒钨的回收率低的问题，提高资源利用率。

“黑白钨混浮—加温精选—黑钨摇床—黑钨细泥浮选”和“黑白钨混浮—高梯度磁选—白钨浮选—黑钨摇床—黑钨细泥浮选”两种方案，都是先进行黑白钨混合浮选，得到黑白钨混合精矿，再进行黑白钨分离。这两种方案的黑钨矿回收均采用摇床—浮选流程，白钨矿都采用加温精选的流程；“高梯度磁选—黑钨浮选—白钨浮选”的方案，经过高梯度磁选后，黑钨矿和白钨矿分别浮选，特别是黑钨矿，直接浮选，不用摇床重选回收。无论哪种选钨的方案，特别是黑钨矿，最主要的问题就是微细粒级黑钨矿的选矿回收率低，导致整个选钨的回收率低，加强微细粒级的黑钨矿的回收，是提高钨总回收率的关键。

6.1 矿石性质研究

原矿的化学成分分析结果见表 6-1，钨、钼、铋和铁的化学物相分析结果见表 6-2~表 6-5。

表 6-1 矿石的化学成分分析结果 （%）

成分	WO_3	Mo	Bi	Sn	Pb	Zn	S
含量	0.41	0.08	0.18	0.15	0.012	0.021	1.12

续表 6-1

成分	Fe	Mn	SiO_2	Al_2O_3	CaO	MgO	CaF_2
含量	8.22	0.51	38.66	9.68	22.35	0.88	23.54

表 6-2 矿石中钨的化学物相分析结果 (%)

相类	黑钨矿中钨	白钨矿中钨	其他钨	总含钨量
WO_3	0.12	0.25	0.04	0.41
分布率	29.26	60.98	9.76	100.00

表 6-3 矿石中钼的化学物相分析结果 (%)

相类	硫化钼	氧化钼	其他钼	总含钼量
Mo 含量	0.077	0.003	—	0.08
分布率	96.25	3.75	—	100.00

表 6-4 矿石中铋的化学物相分析结果 (%)

相类	硫化铋	自然铋	氧化铋	总含铋量
Bi 含量	0.136	0.025	0.019	0.18
分布率	75.56	13.89	10.45	100.00

表 6-5 矿石中铁的化学物相分析结果 (%)

相类	磁铁矿	（磁）黄铁矿中铁	其他铁	总铁
Fe 含量	2.36	1.27	4.59	8.22
分布率	28.71	15.45	55.84	100.00

由表 6-2~表 6-5 可见，白钨矿占钨总含量的 60.98%，黑钨矿占钨总含量的 29.26%，其他钨占钨总含量的 9.76%；硫化钼占总钼含量的 96.25%，氧化钼占总钼含量的 3.75%；硫化铋占铋总含量的 75.56%，自然铋占铋总含量的 13.89%，氧化铋占铋总含量的 10.45%；磁铁矿占总铁含量的 28.71%、（磁）黄铁矿中铁占总铁含量的 15.45%，其他占总铁含量的 55.84%。

6.2 试验流程方案的确定

在以往试验工作和原生产实践的基础上，大的原则是“钼铋硫化矿浮选—黑白钨分选—萤石回收”，试验围绕着图 6-1（硫化矿浮选—黑白钨混浮—白钨加温精选—黑钨摇床—黑钨细泥浮选）、图 6-2（硫化矿浮选—黑白钨混浮—高梯度磁选—黑钨摇床加浮选—白钨浮选）、图 6-3（硫化矿浮选—高梯度磁选—黑钨浮选—白钨浮选）的三种原则流程，进行了详细的试验研究，对于硫化矿而言，主要进行了硫化矿的混合浮选，硫化矿的分选和萤石的回收不是研究重点，重点是硫化矿混合浮选后的尾矿对钨的分选，对比三种流程方案的特点。

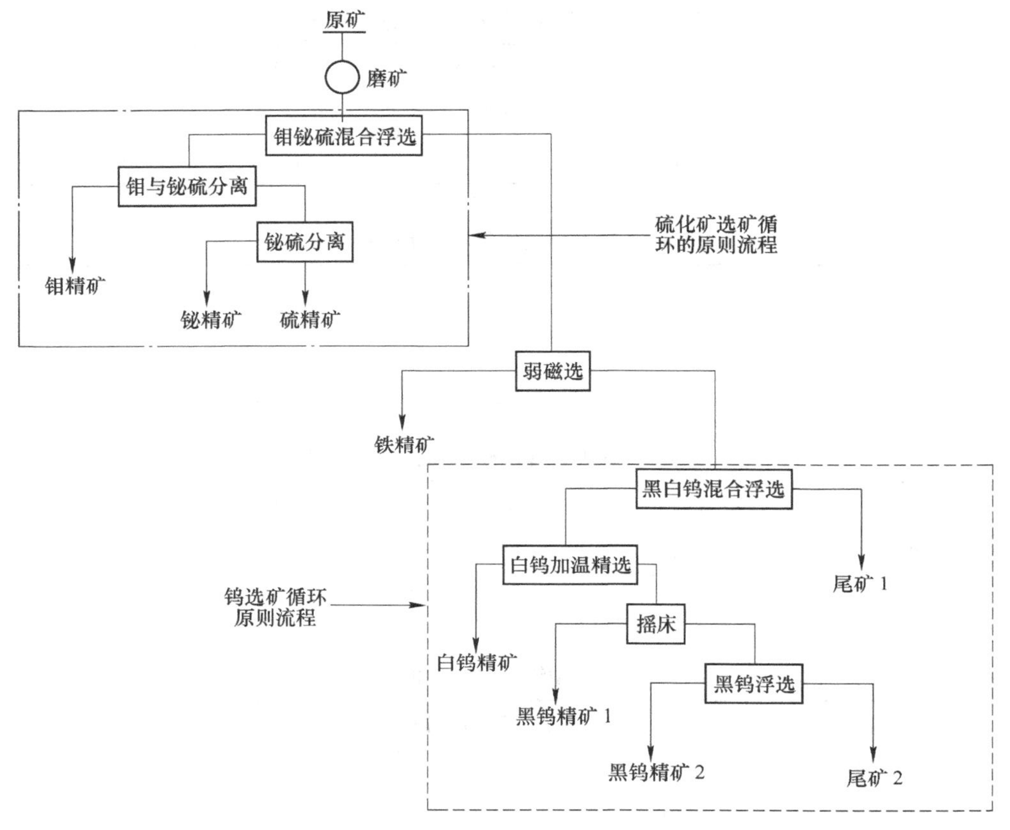

图 6-1　“硫化矿浮选—黑白钨混浮—白钨加温精选—黑钨摇床—黑钨浮选”方案原则流程图

6.3　“硫化矿浮选—黑白钨混浮—白钨加温精选—黑钨细泥浮选”试验

6.3.1　磨矿细度试验

该多金属矿有价金属多，总的原则是先硫化矿、再氧化矿，硫化矿浮选不是本书的重点，主要是研究在浮钨之前脱除钼铋硫等硫化矿，考察不同的磨矿细度对硫化矿和钨的选矿指标的影响，试验流程见图 6-4，试验结果见图 6-5。

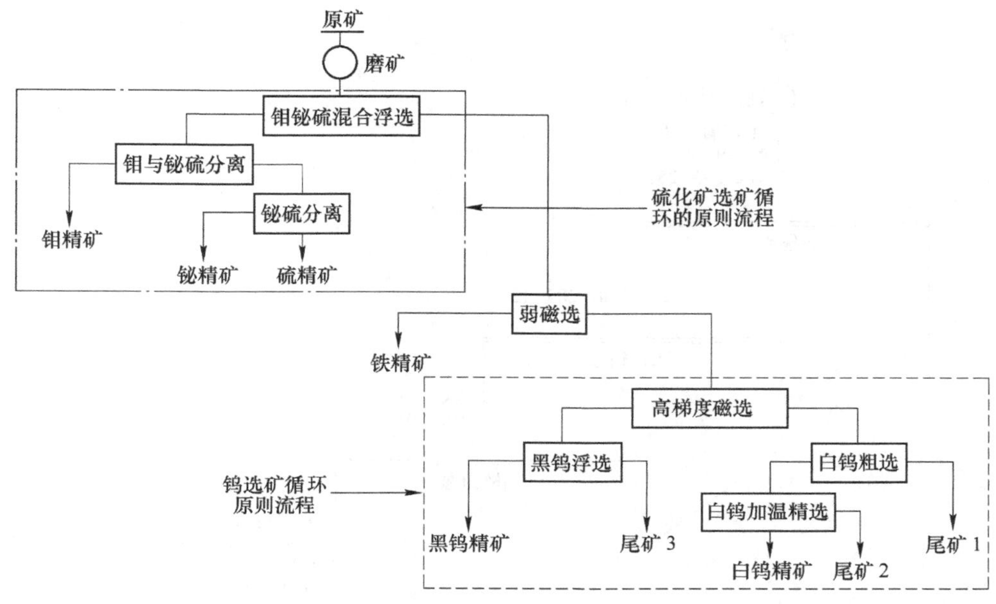

图 6-2 “硫化矿浮选—高梯度磁选—黑钨浮选—白钨浮选”方案的原则流程图

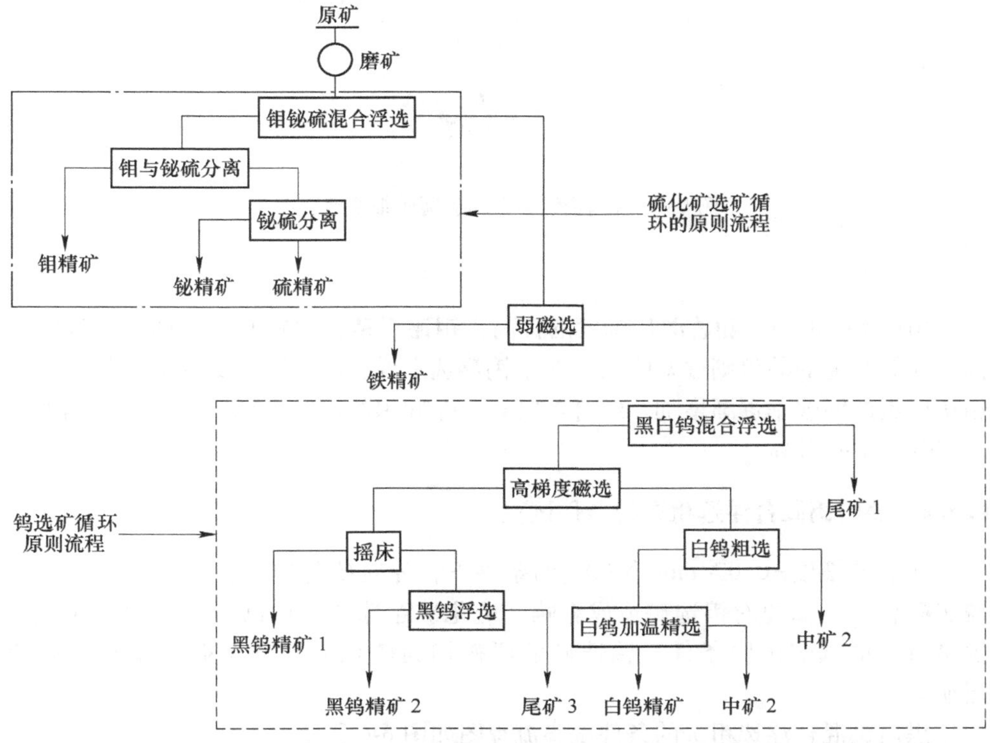

图 6-3 “硫化矿浮选—黑白钨混浮—高梯度磁选—黑钨浮选—白钨浮选”方案原则流程图

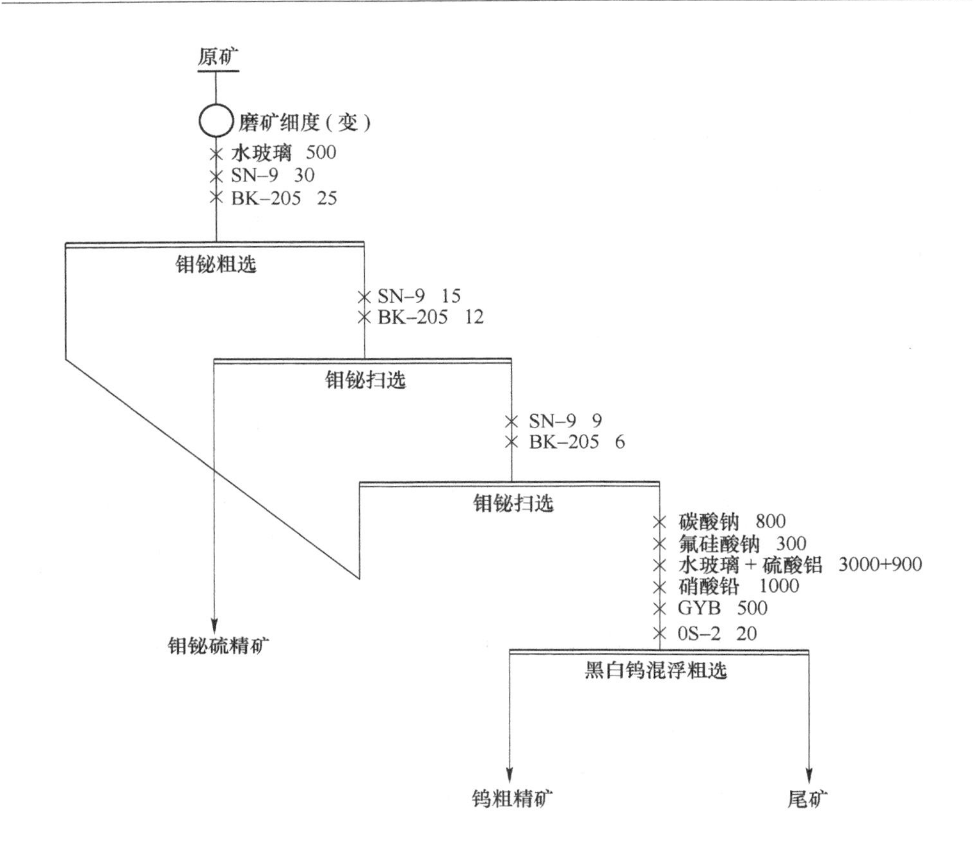

图 6-4　含钨钼铋多金属矿磨矿细度流程图

由图 6-5 可知，随着磨矿细度的提高，钼铋粗精矿中钼和铋的回收率逐渐提高，而钼和铋的品位则逐渐降低。对于钨浮选来说，随着磨矿细度的增加，钨粗精矿中钨的回收率逐渐增加。综合考察钼、铋和钨的试验指标，确定磨矿细度为 -0. 074mm 占 90%。

6. 3. 2　黑白钨混合浮选粗选的条件试验

在磨矿细度-0. 074mm 占 90%的条件下，先对硫化矿进行混合浮选，尽量脱出硫化矿，以免对钨选矿造成影响，硫化矿浮选的条件试验不详细论述，主要考查钨的选矿试验条件，钨选矿的原矿均为硫化矿浮选尾矿经弱磁选后的尾矿。

黑白钨混合浮选粗选的条件试验流程图如图 6-6 所示。

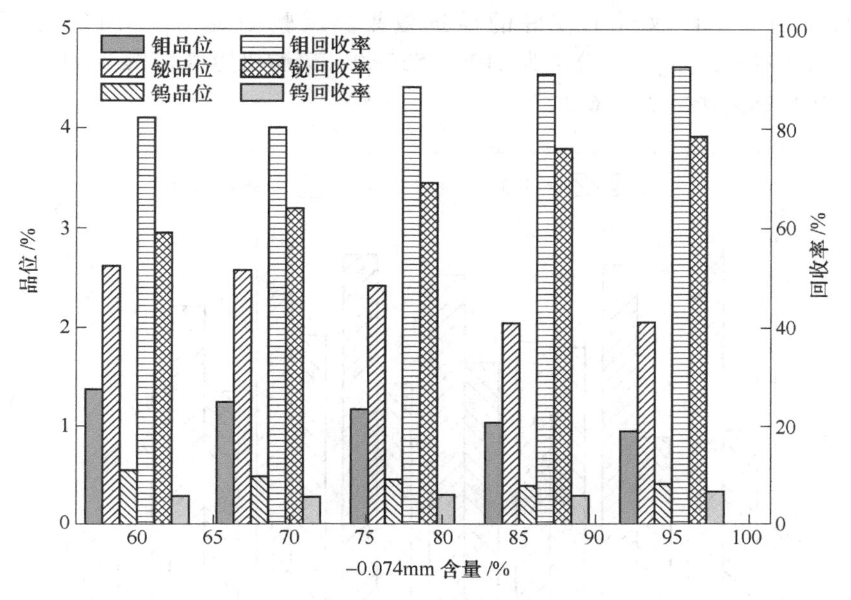

图 6-5 磨矿细度试验结果图

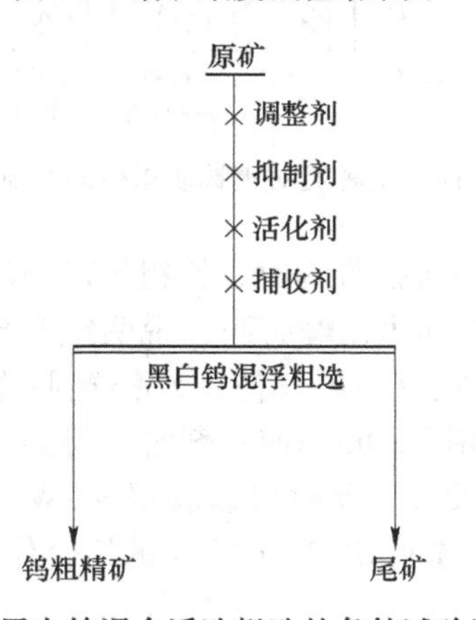

图 6-6 黑白钨混合浮选粗选的条件试验流程图

试验条件包括黑白钨混合浮选粗选 Na_2SiO_3 与 $Al_2(SO_4)_3$ 配比试验，调整剂的探索试验，CMC 与 Na_2SiO_3、$Al_2(SO_4)_3$ 分别、混合添加试验，黑白钨混合浮选粗选调整剂用量试验，黑白钨混合浮选粗选调整剂搅拌时间试验，GYB 用量、辅助捕收剂选择及用量试验，黑白钨混合浮选开路试验和闭路试验。

6.3.2.1 捕收剂种类对钨选矿指标影响试验

脂肪酸类捕收剂对白钨矿有较好的捕收能力，但选择性差。螯合类捕收剂选择性比脂肪酸类好，过去常用于黑钨矿的浮选，但是近年来在白钨矿浮选中也有一定的应用，并且取得了较好的浮选效果。试验固定 CMC 用量为 120g/t，Na_2SiO_3 和 $Al_2(SO_4)_3$用量分别为 2100、525g/t，硝酸铅用量 800g/t，捕收剂种类对钨选矿指标的影响见图 6-7。

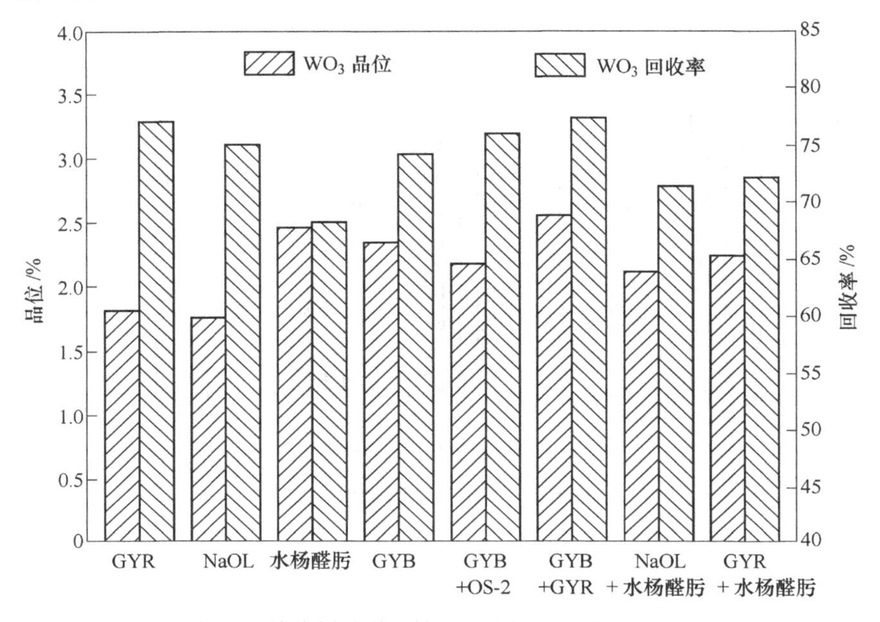

图 6-7　捕收剂种类对钨选矿指标的影响试验结果

由图 6-7 可知，采用组合捕收剂时，钨粗精矿中的 WO_3回收率均比使用单一捕收剂 GYB、GYR、NaOL 和水杨醛肟高，说明组合捕收剂的使用能增强药剂的捕收能力，提高钨矿的回收率。单一使用水杨羟肟作捕收剂时，得到的粗精矿 WO_3回收率最低；单一使用 NaOL 作捕收剂时，得到的粗精矿 WO_3品位最低；其中 GYB 与 GYR 组合效果最好，此时可以获得 $w(WO_3)=2.56\%$、WO_3回收率为 77.29%的钨粗精矿，因此选取 GYB 与 GYR 的组合作为黑白钨混合浮选捕收剂。

6.3.2.2　组合捕收剂配比对钨选矿指标影响试验

为使 GYB 与 GYR 获得最佳的组合效果，考察了两者用量比例对黑白钨混合浮选指标的影响，GYB 与 GYR 用量比分别为 9∶1、8∶2、6∶4、5∶5、4∶6、2∶8、1∶9，试验固定碳酸钠用量 1500g/t，水玻璃用量 2500g/t，硝酸铅用量 200g/t，并固定 GYB 与 GYR 总用量为 300g/t，组合捕收剂配比试验结果见图 6-8。

由图 6-8 可知，随着组合捕收剂中 GYR 用量的增加，GYB 用量的减少，钨粗精矿的 WO_3回收率呈先上升后下降的趋势，当 GYB 与 GYR 用量比为 4∶1 时，钨粗精矿的 WO_3回收率最高达 78.63%，WO_3品位也较高，达 3.37%；当组合捕

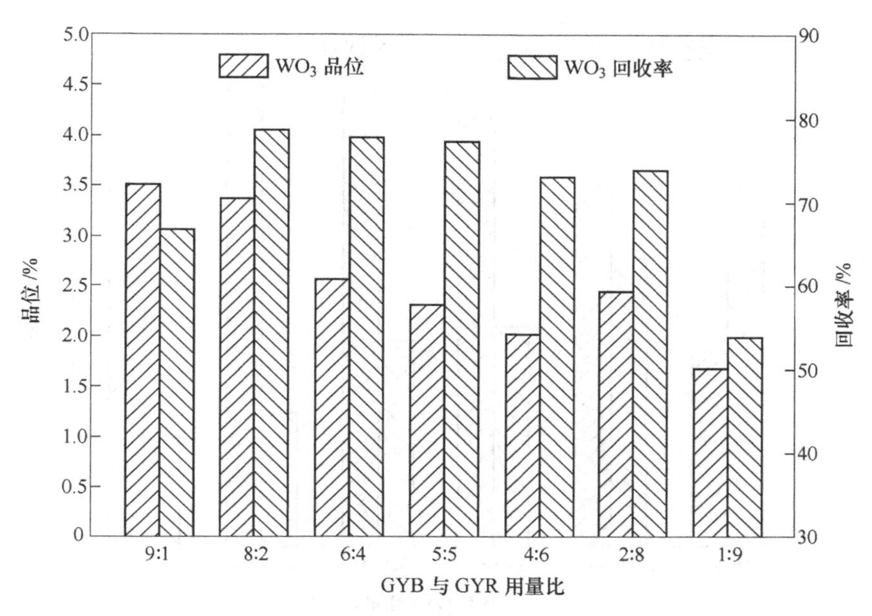

图 6-8 组合捕收剂配比对钨选矿指标影响试验结果

收剂用量比大于 4∶1 时，随着 GYR 用量增加，混合浮选钨粗精矿的品位和回收率都逐渐下降，因此综合考虑选取 GYB 与 GYR 比例为 4∶1 效果最佳。

6.3.2.3 组合捕收剂用量对钨选矿指标影响试验

在确定了 GYB 与 GYR 组合用量比为 4∶1 的基础上，考察组合捕收剂用量对黑白钨混合浮选指标的影响。试验固定硝酸铅用量为 600g/t，Na_2SiO_3 和 $Al_2(SO_4)_3$用量分别为 3000、1000g/t，考察组合捕收剂用量对黑白钨混合浮选指标的影响，试验结果见图 6-9。

由图 6-9 可知，随着组合捕收剂用量的增加，钨粗精矿 WO_3品位不断下降，WO_3回收率却逐渐上升，当 GYB 和 GYR 用量分别为 400、100g/t 时，WO_3回收率达到最大值，但其 WO_3品位较低。GYB 和 GYR 用量较低时，钨粗精矿的品位虽然较高，但是 WO_3回收率较低；当 GYB 和 GYR 用量分别为 320、80g/t 时，钨粗精矿的 WO_3品位和回收率指标均较好；继续增加组合捕收剂用量，钨粗精矿的 WO_3回收率变化不大，但是 WO_3品位却下降很多，因此综合考虑选取 GYB 用量 320g/t，GYR 用量 80g/t 较适宜。

6.3.2.4 Na_2SiO_3与 $Al_2(SO_4)_3$配比对钨选矿指标影响试验

Na_2SiO_3与 $Al_2(SO_4)_3$配比对钨选矿指标的影响结果见图 6-10。

由图 6-10 可知，随着组合药剂 Na_2SiO_3与 $Al_2(SO_4)_3$配比的增加，WO_3品位

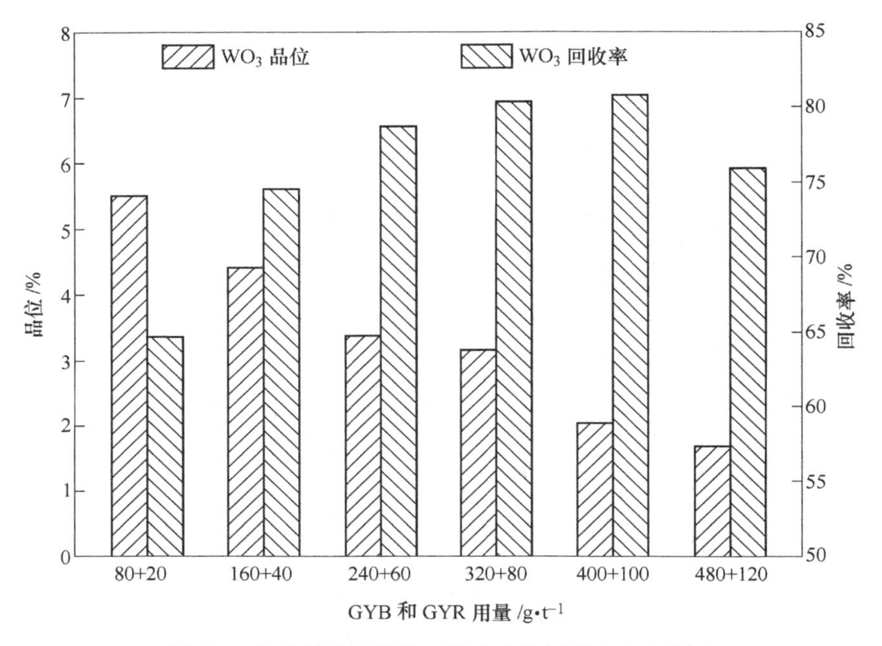

图 6-9 组合捕收剂用量对钨选矿指标影响试验结果

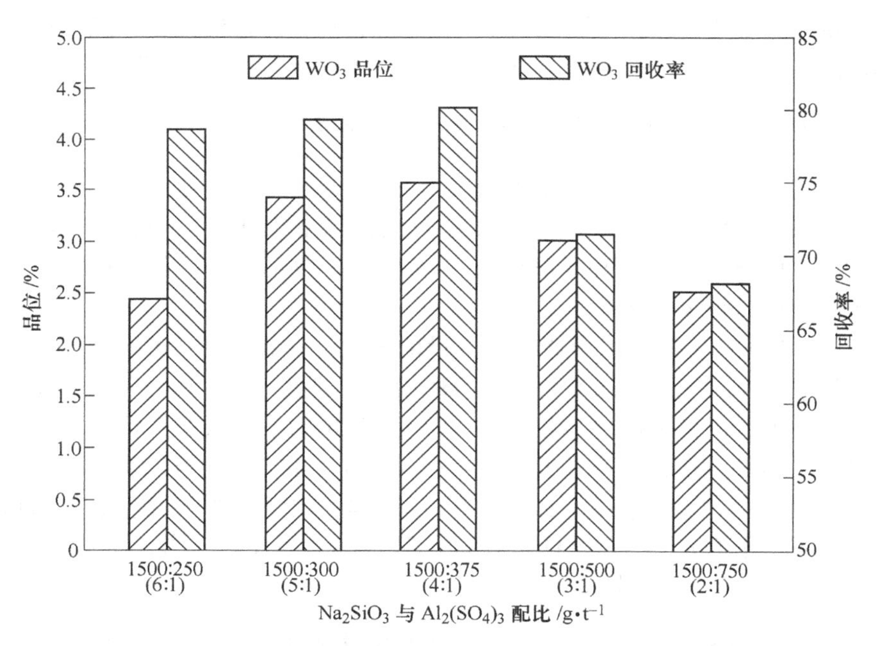

图 6-10 Na_2SiO_3与$Al_2(SO_4)_3$配比对钨选矿指标的影响结果

以及回收率变化趋势相同，均为先升高后逐渐降低。当Na_2SiO_3与$Al_2(SO_4)_3$配比为 4∶1 时，选别指标最好，此时可获得 $w(WO_3)$= 3.56%、WO_3回收率 80.16 的黑白钨混合粗精矿。

6.3.2.5 调整剂种类对钨选矿指标影响试验

调整剂种类对钨选矿指标的影响结果见图 6-11。

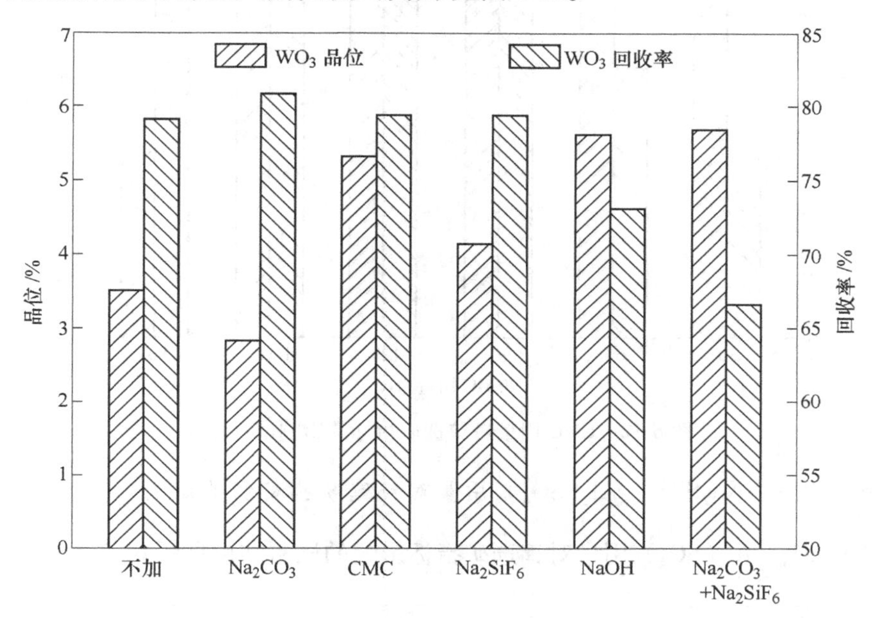

图 6-11　粗选调整剂种类对钨选矿指标的影响试验结果

由图 6-11 的试验结果可知，试验分别考察了不加调整剂以及加 Na_2CO_3、CMC、Na_2SiF_6、NaOH 和“Na_2CO_3+Na_2SiF_6组合”等 5 组调整剂，试验结果表明，选用 NaOH 和“Na_2CO_3+Na_2SiF_6 组合”调整剂时，选别效果很差，虽然能得到品位较高的粗精矿，但回收率较低；不加调整剂以及加 Na_2CO_3为调整剂时，回收率较高，但品位较低；综合比较，选用 CMCC 为调整剂时，选别效果最佳，此时可获得 $w(WO_3)$= 5.31%、WO_3回收率为 79.52%的钨粗精矿。

6.3.2.6 CMC 用量对钨选矿指标影响试验

调整剂 CMC 用量对钨选矿指标的影响见图 6-12。

由图 6-12 可知，随着 CMC 药剂用量加大，钨精矿的回收率整体处于下降的趋势，而其品位则趋于增大，当黑白钨混合浮选粗选在现场原流程基础上添加 CMC 用量为 120g/t 时，回收率及品位指标均较好。因此选择 CMC 用量为 120g/t，此时可获得 $w(WO_3)$= 5.65%、WO_3回收率为 81.12%的钨粗精矿。

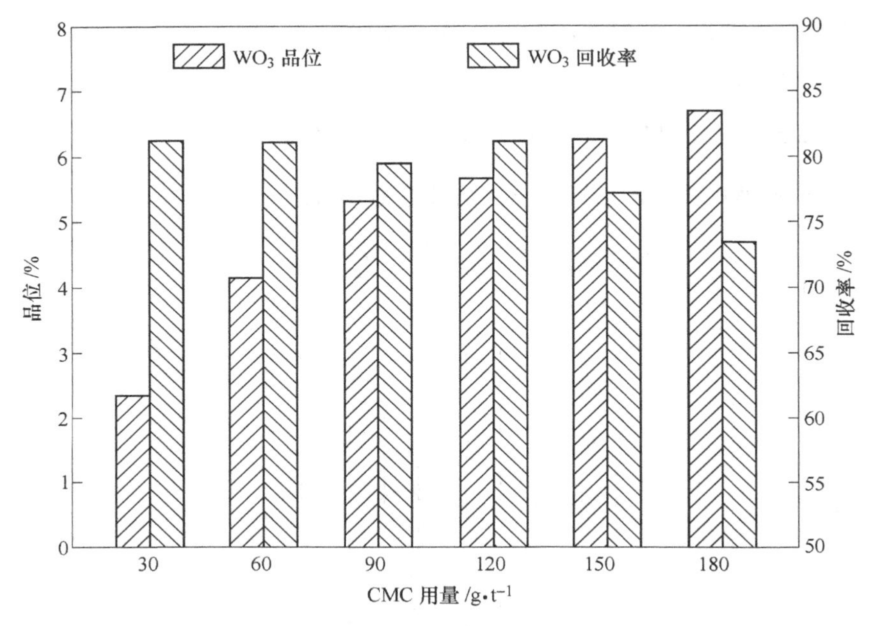

图 6-12　CMC 用量对钨选矿指标的影响试验结果

6.3.2.7　Na_2SiO_3、$Al_2(SO_4)_3$用量对钨选矿指标影响试验

Na_2SiO_3、$Al_2(SO_4)_3$用量对钨选矿指标影响的试验结果见图 6-13。

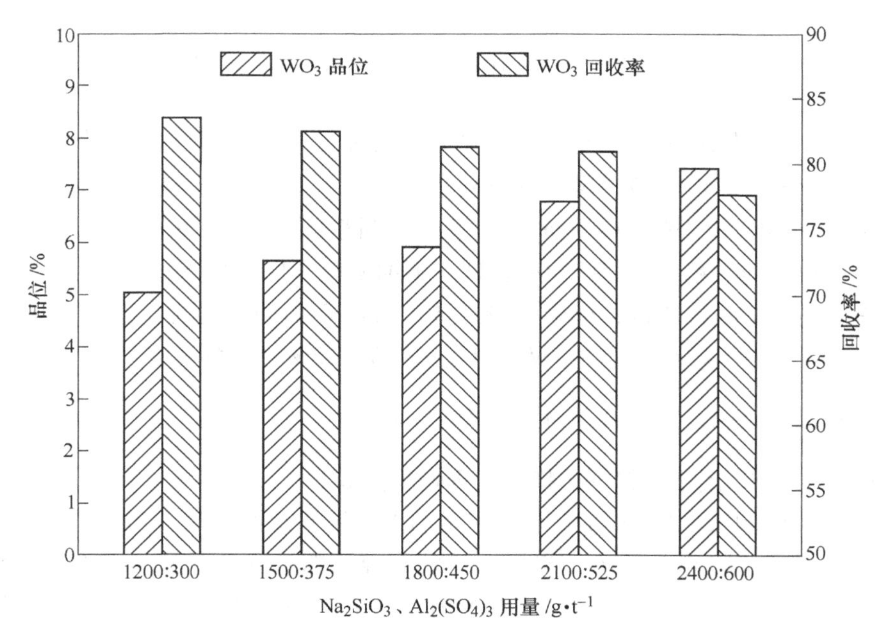

图 6-13　Na_2SiO_3、$Al_2(SO_4)_3$用量对钨选矿指标的影响试验结果

由图6-13可知，随着组合药剂Na_2SiO_3和$Al_2(SO_4)_3$用量的增加，钨精矿的回收率处于下降的趋势，而其品位则趋于增大，当Na_2SiO_3用量为2100g/t、$Al_2(SO_4)_3$用量为525g/t时，选别指标较好。此时可获得$w(WO_3)=6.78\%$、WO_3回收率为81.04%的钨粗精矿。

6.3.2.8 硝酸铅用量对钨选矿指标影响试验

硝酸铅是浮选矿物常用的活化剂之一，常常与螯合类捕收剂共同使用，可以明显提高矿物的回收率。试验固定碳酸钠用量1500g/t，水玻璃用量2500g/t，GYB与水杨醛肟用量分别为280、140g/t，考察不同硝酸铅用量对钨选矿指标的影响，试验结果见图6-14。

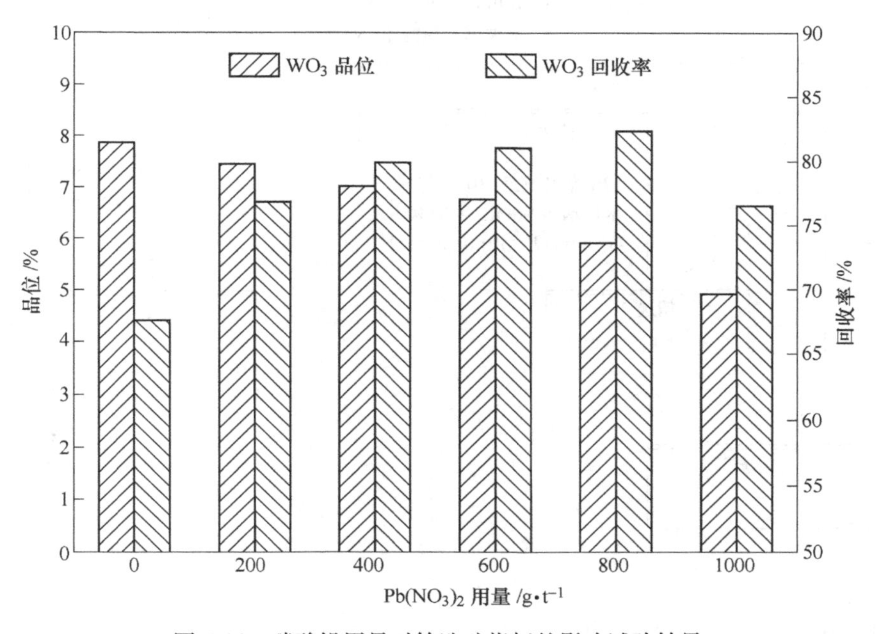

图6-14 硝酸铅用量对钨选矿指标的影响试验结果

由图6-14可知，$Pb(NO_3)_2$对黑白钨的活化效果明显，随着$Pb(NO_3)_2$用量的增加，钨回收率先逐渐提高，在用量为800g/t时达到最大值，随后回收率随着用量增加而下降；钨品位则随着$Pb(NO_3)_2$用量增加而逐步下降。综合考虑，选用$Pb(NO_3)_2$用量为800g/t，此时可获得$w(WO_3)=5.91\%$、WO_3回收率为82.3%的钨粗精矿。

6.3.3 黑白钨混合浮选粗选的闭路试验

在条件试验的基础上，进行了钨粗选的闭路试验，粗选段闭路流程为一粗三精两扫，粗选闭路流程如图 6-15 所示，试验结果见表 6-6。

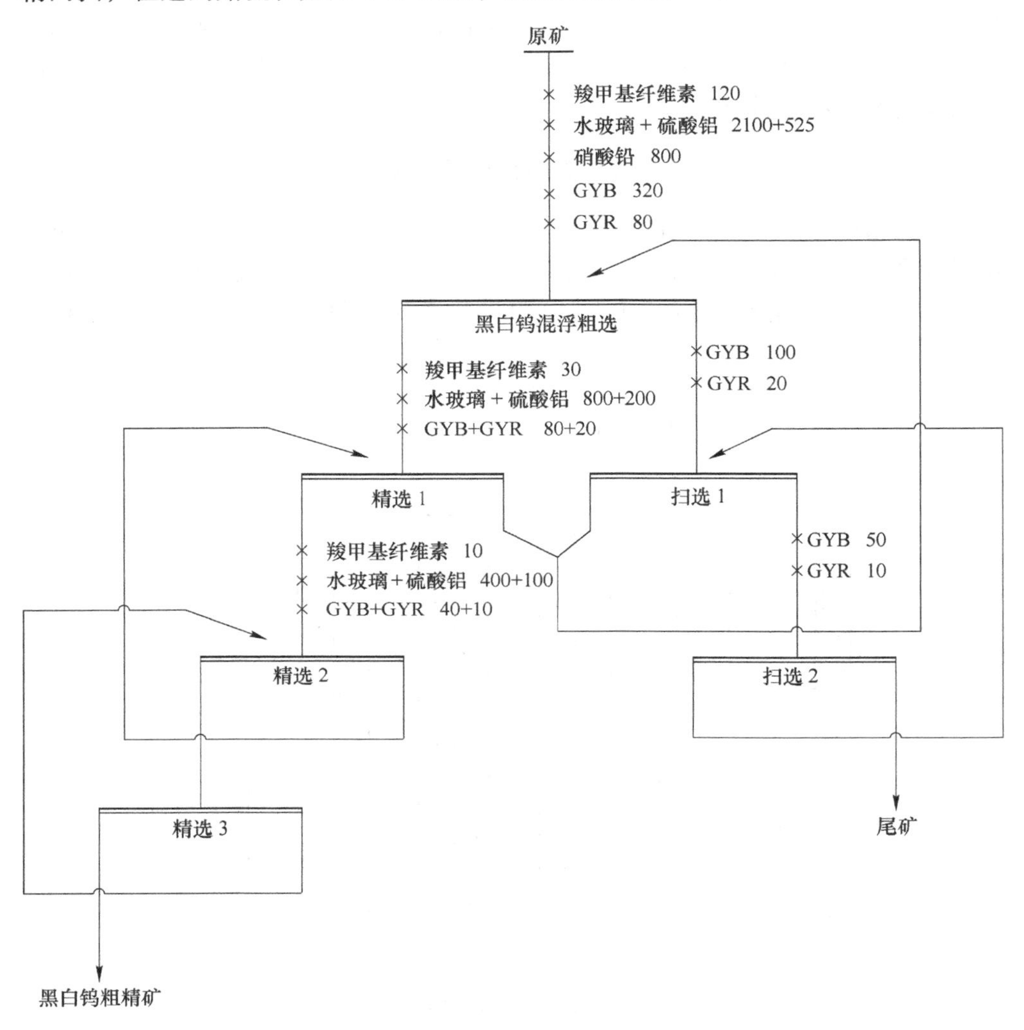

图 6-15　黑白钨混合浮选粗选闭路试验流程图

表 6-6　黑白钨混浮粗选闭路试验结果　　（%）

产品名称	产率	WO_3 品位	WO_3 回收率
黑白钨混合粗精矿	2.72	12.83	81.16
尾矿	97.28	0.08	18.84
原矿	100.00	0.43	100.00

由表 6-6 可见，黑白钨混合浮选闭路试验可获得 $w(WO_3)=12.83\%$、作业回

收率为81.16%的黑白钨混合粗精矿。

黑白钨混合浮选得到的混合精矿，分别进行：

（1）加温精选白钨，尾矿粗粒黑钨摇床重选和细粒黑钨浮选的试验；

（2）高梯度磁选分离黑白钨，“摇床—浮选”黑钨、白钨单独选别。

6.3.4 “加温精选—粗粒摇床—细粒浮选黑钨”试验

6.3.4.1 黑白钨混合精矿加温精选分离试验

黑白钨混合精矿通过加温精选，实现黑白钨的分离。关键是精选段能使黑钨矿与白钨矿有效分离，分离条件是适当的水玻璃用量、合适的矿浆浓度、充分的搅拌，使黑钨矿物表面吸附的捕收剂解吸下来被抑制，而白钨矿仍具有可浮性。加温精选过程中，加入水玻璃和硫化钠进行加温浮选，加温搅拌浓度为55%，温度为90℃，搅拌时间为60min，试验流程见图6-16，试验结果见表6-7。

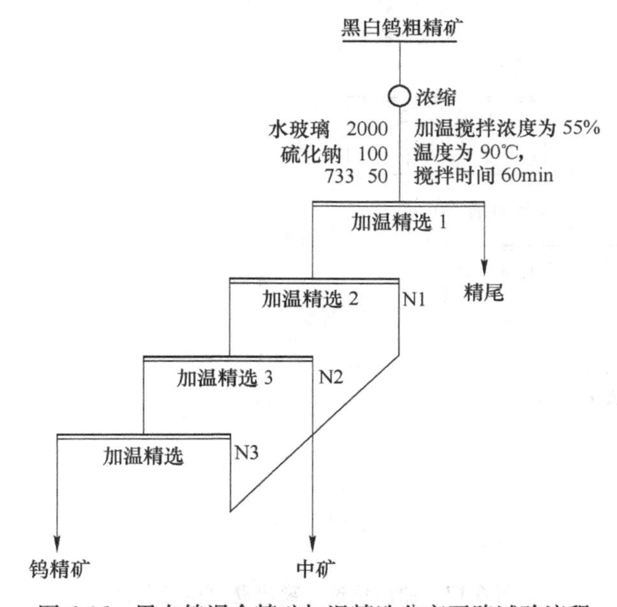

图6-16 黑白钨混合精矿加温精选分离开路试验流程

表6-7 白钨精选开路试验结果 （%）

产品名称	产率	WO_3品位	WO_3回收率
钨精矿	7.25	68.78	38.87
精尾矿	73.78	6.34	36.46
中矿	18.97	31.76	24.67
钨粗精矿	100.00	12.83	100.00

开路试验结果表明：混合精矿经四次次精选可获 $w(WO_3)=68.78\%$、回收率为 38.87%的白钨精矿。

在开路试验的基础上，进行了白钨精选的闭路试验，试验流程见图 6-17，试验结果见表 6-8。

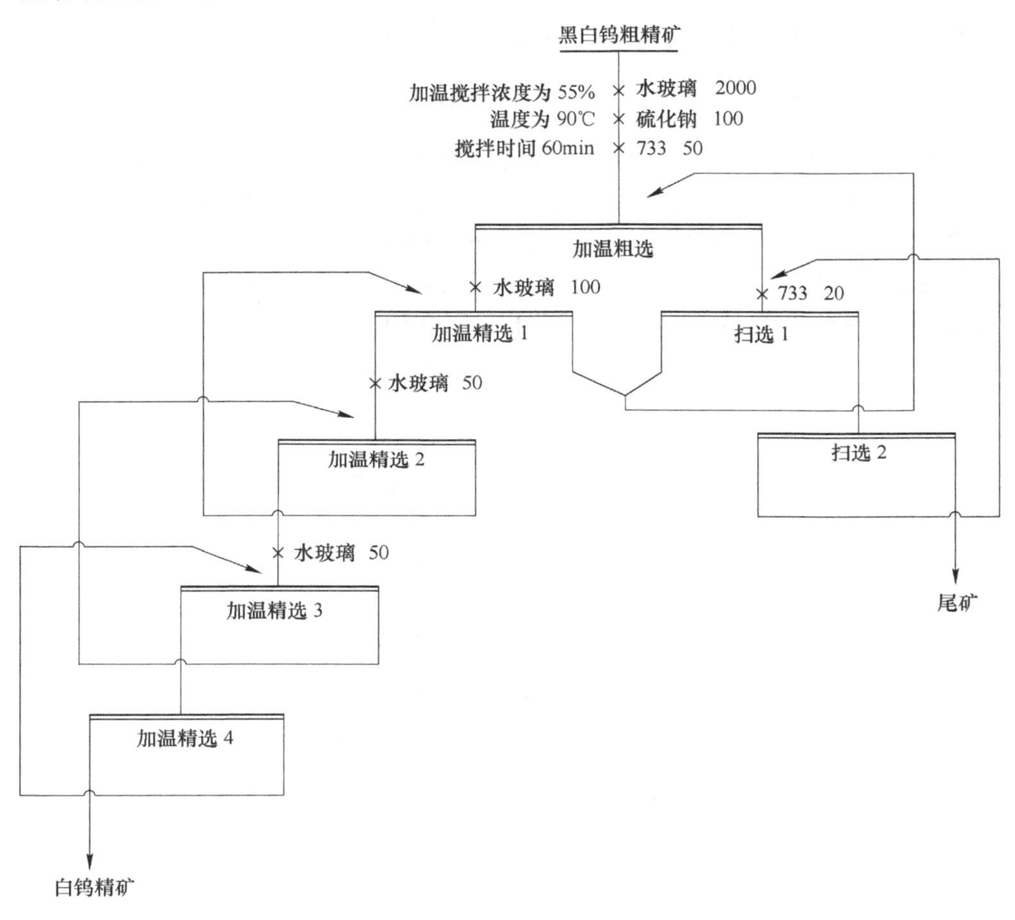

图 6-17 加温精选分离闭路试验流程图

表 6-8 闭路试验结果 (%)

产品名称	产率（γ）		WO_3品位（β）	WO_3回收率（ε）	
	作业	对原矿		作业	对原矿
白钨精矿	11.67	0.32	67.12	61.05	49.56
尾矿	88.33	2.40	5.66	38.95	31.59
黑白钨混合精矿	100.00	2.72	12.83	100.00	81.15

表 6-8 的结果表明：$w(WO_3)$= 12.83%的黑白钨粗精矿，经过一粗四精二扫的加温精选流程，可获得 $w(WO_3)$= 67.12%、WO_3回收率为 61.05%白钨精矿的选矿指标。

6.3.4.2 加温精选尾矿选黑钨矿的试验研究

黑白钨混合精矿经过加温精选分离得到的尾矿，主要矿物就是黑钨矿，黑钨矿回收先采用摇床选别得到粗粒级的黑钨精矿 1，摇床尾矿经浓缩脱药后，进行细粒级黑钨矿的浮选。试验流程如图 6-18 所示，闭路试验结果见表 6-9。

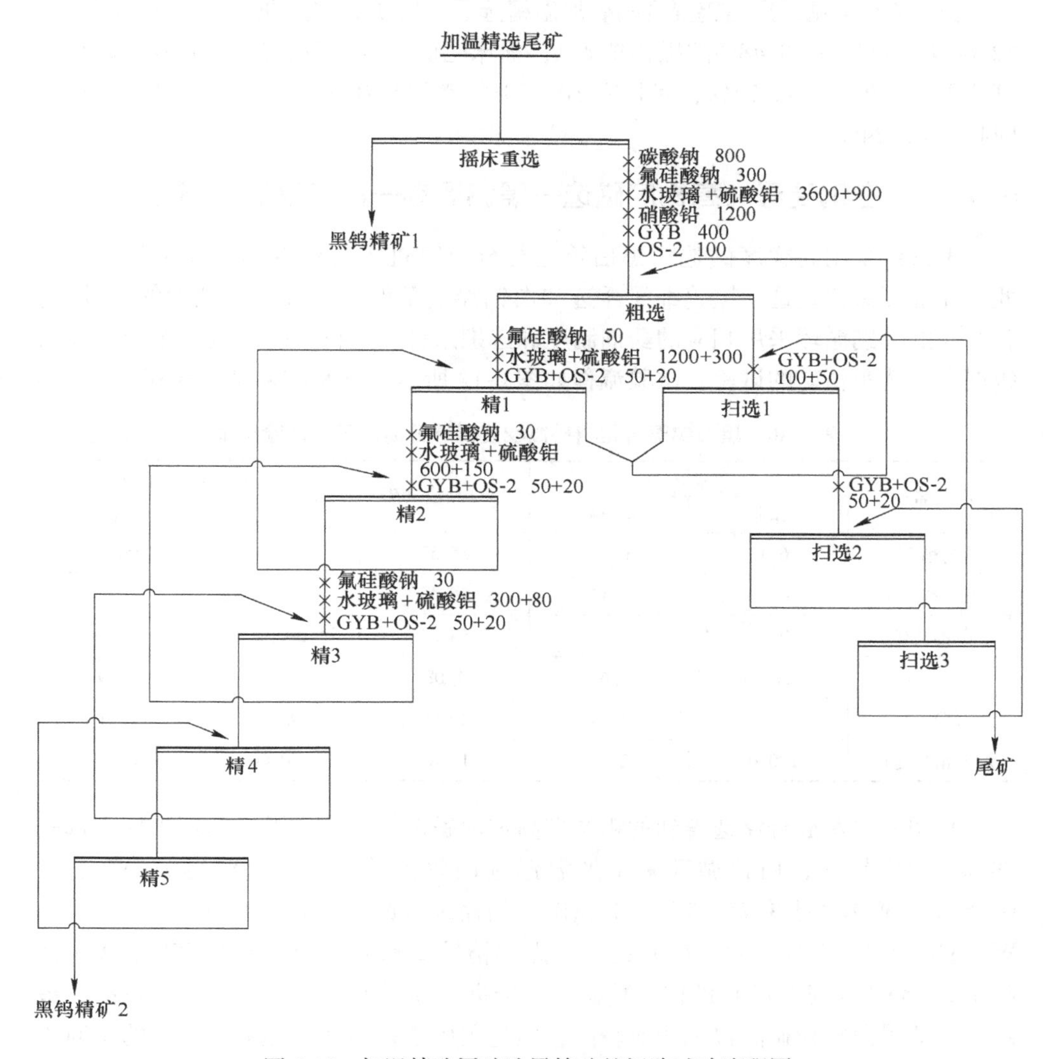

图 6-18 加温精选尾矿选黑钨矿的闭路试验流程图

表 6-9　加温精选尾矿黑钨选矿试验结果　　（%）

产品名称	产率（γ）		WO_3 品位（β）	WO_3 回收率（ε）	
	作业	对原矿		作业	对原矿
黑钨精矿 1	6.28	0.15	52.68	58.48	18.38
黑钨精矿 2	4.12	0.099	42.25	30.76	9.73
尾矿	89.60	2.15	0.68	10.76	3.40
加温精选尾矿	100.00	2.40	5.66	100.00	31.51

由表 6-9 可见，黑白钨混合精矿加温精选后，尾矿经摇床重选可得 $w(WO_3)=$ 52.68%、回收率 58.48% 的黑钨精矿 1，摇床尾矿经过一粗五精三扫的浮选流程，可获得 $w(WO_3)=42.25\%$、回收率 30.76% 的黑钨精矿 2，黑钨精矿对作业总钨回收率 89.24%。

6.4 “黑白钨混浮—高梯度磁选—黑钨浮选—白钨浮选”试验

考虑到采用高梯度磁选对黑白钨进行分离时进入高梯度的矿物量较多，因此，在前面黑钨重选、黑钨细泥浮选和白钨浮选条件试验及闭路试验的基础上，相对应的选别循环采用相应的药剂制度和选别条件，进行了高梯度磁选分离黑白钨混合浮选粗精矿的试验，试验流程如图 6-19 所示，试验结果见表 6-10。

表 6-10　黑白钨混合粗精矿高梯度磁选分离的闭路试验结果　　（%）

产品名称	产率（γ）		WO_3 品位（β）	WO_3 回收率（ε）	
	作业	对原矿		作业	对原矿
黑钨精矿 1	6.12	0.17	65.53	31.26	25.37
黑钨精矿 2	4.22	0.11	56.45	18.57	15.07
白钨精矿	7.34	0.20	68.55	39.22	31.83
尾矿 1	27.70	0.67	1.08	1.45	1.69
尾矿 2	54.62	1.57	2.23	9.51	7.21
加温精选尾矿	100.00	2.72	12.83	100.00	81.16

采用黑白钨混合浮选得到的粗精矿高梯度磁选分离后，黑钨循环采用重选—浮选回收黑钨矿，白钨循环采用加温浮选回收白钨矿，可以获得 $w(WO_3)=$ 65.53%、WO_3回收率 25.37%（对原矿）的摇床黑钨精矿 1，$w(WO_3)=56.45\%$、WO_3回收率 15.07%（对原矿）的浮选黑钨精矿 2 和 $w(WO_3)=68.55\%$、WO_3回收率 31.83%（对原矿）的白钨精矿。由于进入高梯度磁选时候的品位较高，最终获得的黑白钨精矿品位也相对较高，但是尾矿中含 WO_3也较高，WO_3的总回收率为 72.26%（对原矿），白钨精矿的回收率较低，而且该流程结构也较复杂，

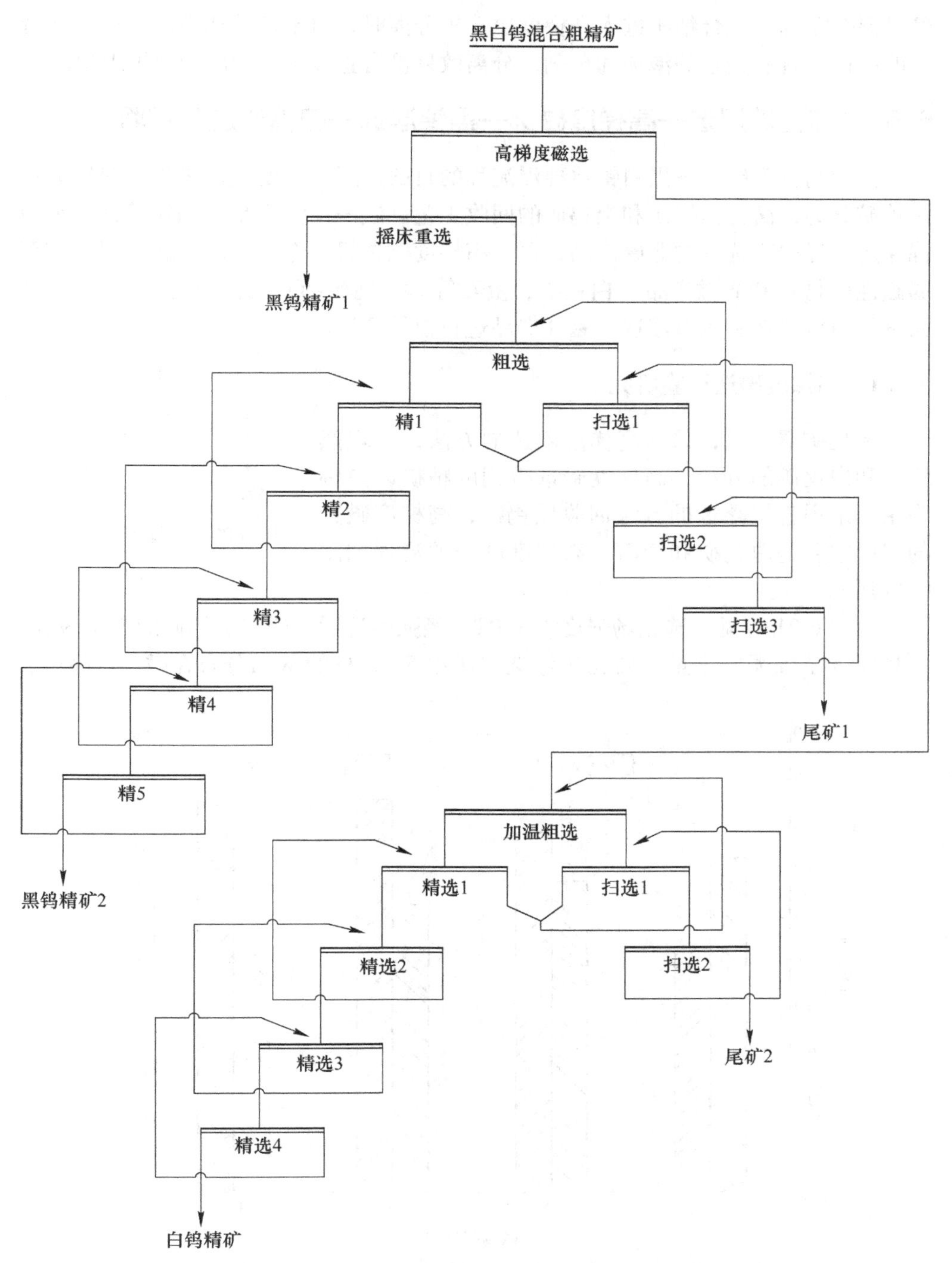

图 6-19 “黑白钨混浮—高梯度磁选—黑钨浮选—白钨浮选”试验流程图

经过混合浮选的混合精矿进入高梯度磁选机分离时，由于是浮选泡沫精矿为磁选机的给矿，含有大量的泡沫和药剂，分离效果没有直接磁选分离的效果理想。

6.5 "硫化矿浮选—高梯度磁选—黑钨浮选—白钨浮选" 试验

采用高梯度磁选—黑白钨单独浮流程的目的是用高梯度磁选机先将黑钨矿和白钨矿分离，简化白钨矿和黑钨矿的回收工艺。磁—浮流程是将钼铋等浮、铋硫混浮尾矿经中磁选后的非磁产品，再经高梯度磁选机分选出磁性产品（黑钨矿等弱磁性矿物）和非磁产品（白钨矿、萤石等非磁性矿物），并将分选出的非磁产品进行白钨浮选和萤石浮选、磁性产品进行黑钨浮选。

6.5.1 高梯度磁选试验研究

硫化矿浮选后，采用高梯度磁选的方法，实现黑钨矿和白钨矿的分离，高梯度磁选得到的精矿以黑钨为主，采用直接浮选的方法回收黑钨矿，高梯度磁选的尾矿主要是白钨矿和萤石，高梯度磁选的流程如图6-20所示。

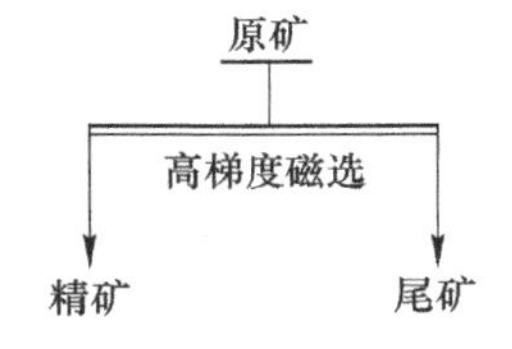

图 6-20　高梯度磁选试验流程图

由图6-21可见，选磁场强度为1.0T，经强磁选后，磁选黑钨矿的产率较大，而且减少了细泥的含量，硫化矿浮选尾矿中51.35%的WO_3分布在磁性产品中、

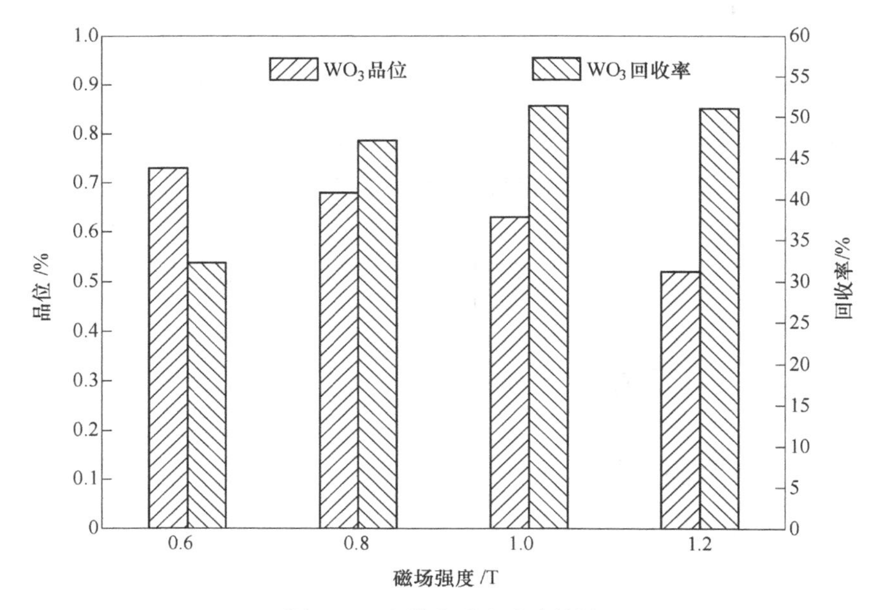

图 6-21　高梯度磁选试验结果

48.66%的 WO_3分布在非磁性产品中。

6.5.2 黑钨矿浮选试验研究

对高梯度磁选机分选出的磁性产品进行黑钨浮选试验研究，其中包括捕收剂种类试验、捕收剂用量试验、调整剂的选择及用量试验、水玻璃和硫酸铝比例和用量试验，黑钨矿浮选闭路流程试验研究，条件试验的流程如图 6-22 所示。

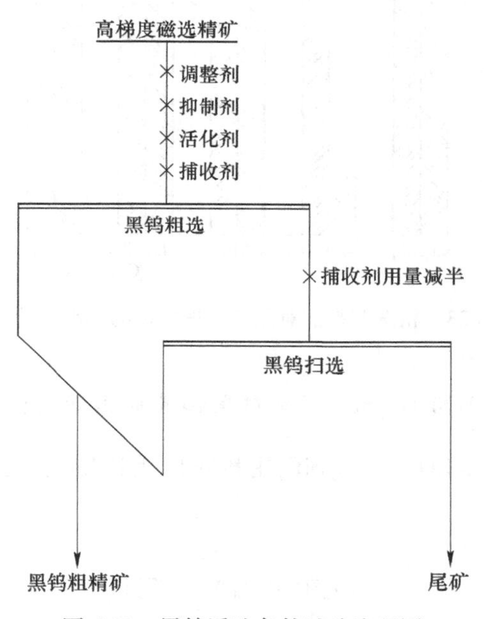

图 6-22 黑钨浮选条件试验流程图

6.5.2.1 黑钨浮选粗选调整剂试验研究

选择 Na_2SiF_6、Na_2CO_3、$(NaPO_3)_6$、CMC 作为黑钨浮选调整剂，分别考察了 Na_2SiF_6、Na_2CO_3、$(NaPO_3)_6$、CMC 及其组合对黑钨选别指标的影响，试验结果见图 6-23。

由图 6-23 可知，整体而言，单一调整剂选别效果较组合调整剂要弱。其中采用 CMC 为调整剂时，回收率最低；采用 Na_2CO_3为调整剂时，所得粗精矿品位最低，仅为 1.04%；采用 Na_2SiF_6为调整剂时，得到的粗精矿品位最高，达 4.38%，但其回收率不理想；综合考虑选择“Na_2SiF_6+Na_2CO_3 组合”调整剂，选别效果较佳，此时可获得 $w(WO_3)=2.78\%$、WO_3回收率为 77.4%的钨粗精矿。

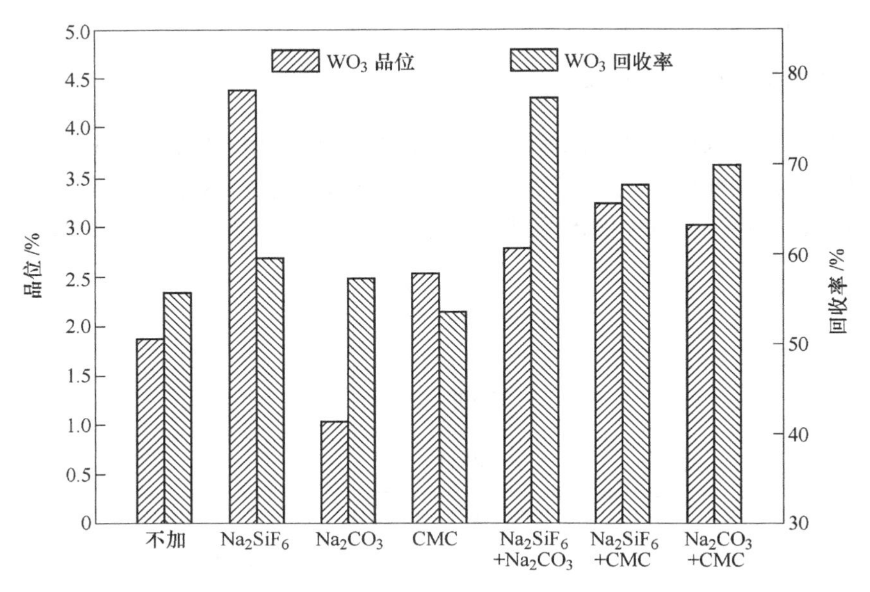

图 6-23　粗选调整剂对黑钨浮选指标的影响试验结果

6.5.2.2　Na_2CO_3与 Na_2SiF_6用量对黑钨选别指标的影响

黑钨浮选粗选 Na_2CO_3和 Na_2SiF_6用量对黑钨选别指标的影响结果分别见图 6-24、图 6-25。

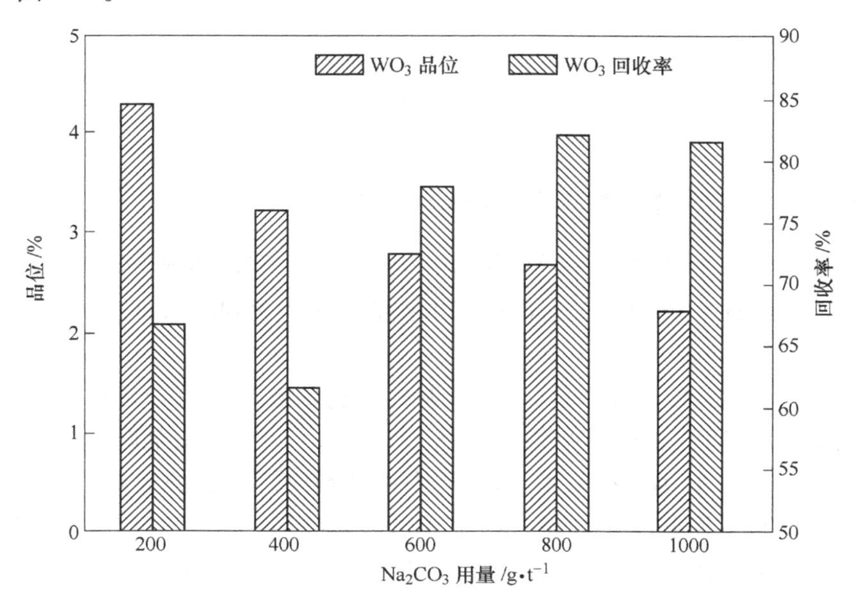

图 6-24　Na_2CO_3用量对黑钨选别指标的影响试验结果

由图 6-24 可知，随着调整剂 Na_2CO_3的用量增加，钨精矿的回收率呈上升的趋势，然而品位则趋于减少。当 Na_2CO_3用量为 800g/t 时，选别指标较好。故确定 Na_2CO_3 的用量为 800g/t。此时可获得 $w(WO_3)=2.67\%$、WO_3 回收率为 81.58%的钨粗精矿。

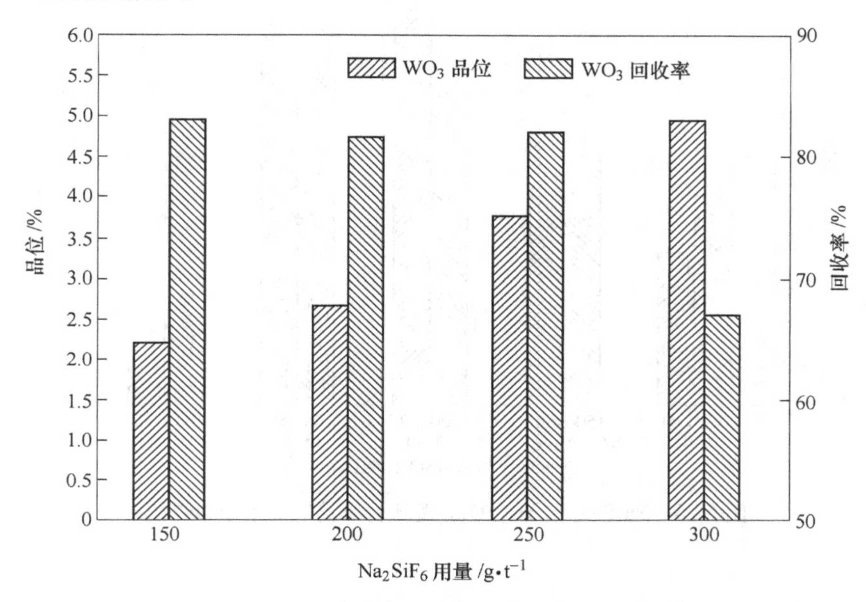

图 6-25 Na_2SiF_6用量对黑钨选别指标的影响试验结果

由图 6-25 可知，随着调整剂 Na_2SiF_6的用量增加，钨精矿的回收率呈下降的趋势，而品位则趋于增大。当 Na_2SiF_6用量为 250g/t 时，选别指标较好。故确定 Na_2SiF_6的用量为 250g/t。此时可获得 $w(WO_3)=3.78\%$、WO_3回收率为 81.96%的钨粗精矿。

6.5.2.3 Na_2SiO_3与 $Al_2(SO_4)_3$配比及用量对黑钨选矿指标影响

黑钨浮选粗选 Na_2SiO_3与 $Al_2(SO_4)_3$配比及用量试验结果分别见图 6-26、图 6-27。

由图 6-26 可知，随着组合药剂中 $Al_2(SO_4)_3$比重的增加，钨精矿的品位和回收率都呈现出先升高后降低的趋势。当黑钨矿浮选粗选 Na_2SiO_3与 $Al_2(SO_4)_3$配比为 3∶1，选别效果最佳，故确定 Na_2SiO_3与 $Al_2(SO_4)_3$配比为 3∶1。此时可获得 $w(WO_3)=4.58\%$、WO_3回收率为 81.79%的钨粗精矿。

由图 6-27 可知，随着组合药剂 Na_2SiO_3与 $Al_2(SO_4)_3$的用量增加，钨精矿的回收率整体呈现为逐步降低的趋势，品位则处于上升的趋势。当 Na_2SiO_3用量 2100g/t、$Al_2(SO_4)_3$用量为 700g/t 时，选别效果最佳。此时可获得 $w(WO_3)=7.78\%$、WO_3回收率为 79.28%的钨粗精矿。

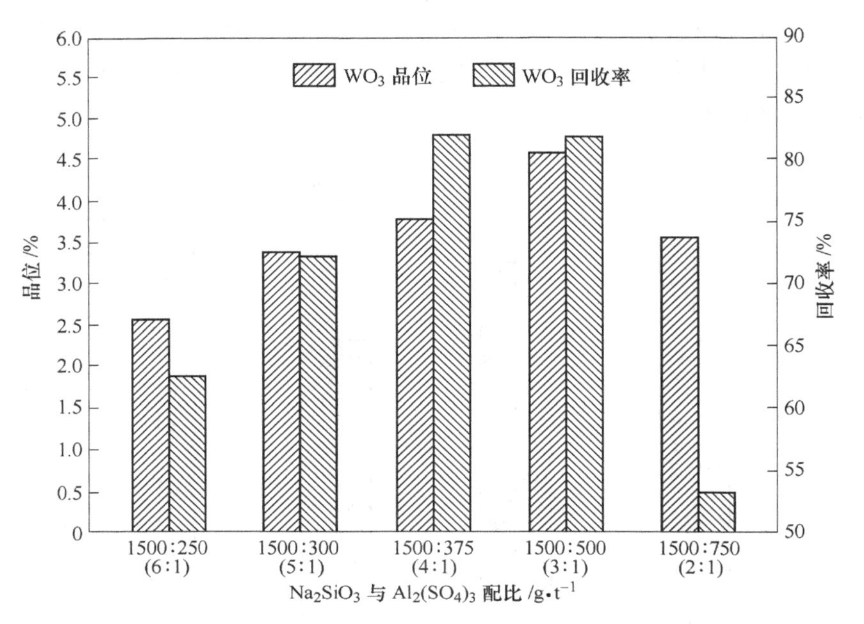

图 6-26　Na_2SiO_3与 $Al_2(SO_4)_3$配比对黑钨选矿指标影响结果

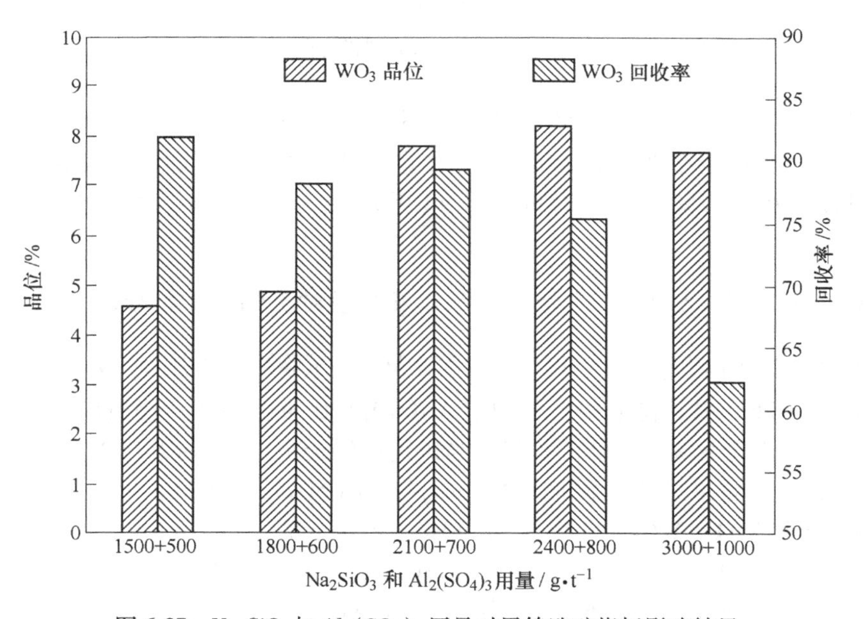

图 6-27　Na_2SiO_3与 $Al_2(SO_4)_3$用量对黑钨选矿指标影响结果

6.5.2.4 $Pb(NO_3)_2$用量对黑钨选矿指标影响

黑钨矿浮选粗选 $Pb(NO_3)_2$用量试验结果见图 6-28。

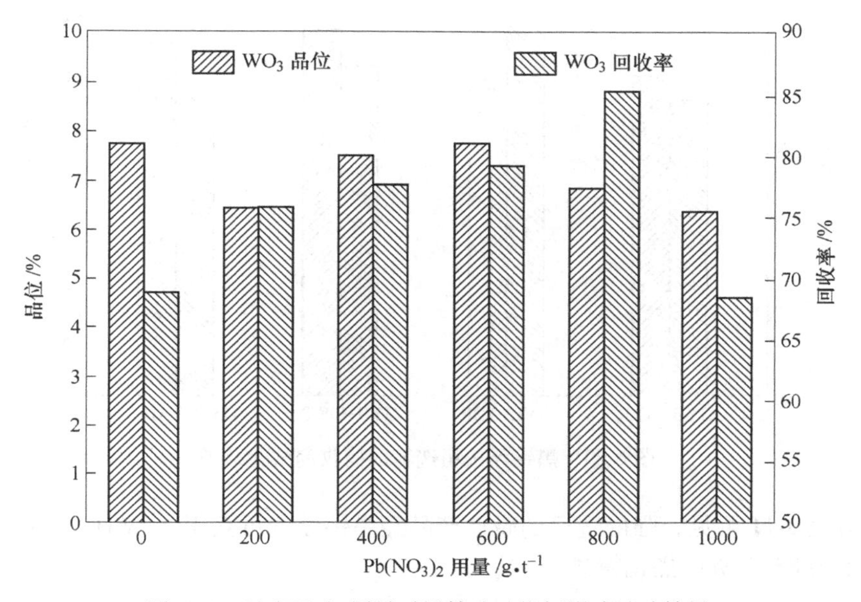

图 6-28 $Pb(NO_3)_2$用量对黑钨选矿指标影响试验结果

由图 6-28 可知，随着 $Pb(NO_3)_2$用量的加大，钨精矿的回收率呈上升的趋势，然而品位则趋于减少。当 $Pb(NO_3)_2$用量为 800g/t，选别指标较好。此时可获得 $w(WO_3)=6.82\%$、WO_3回收率为 85.3%的钨粗精矿。

6.5.2.5 捕收剂对黑钨选矿指标影响

黑钨浮选时捕收剂以 GYB 为主，添加辅助捕收剂 GYR、TBP、TAB-3、OS-02 与 GYB 为黑钨浮选的组合捕收剂，分别考察组合捕收剂对黑钨浮选指标的影响，试验结果见图 6-29。

由图 6-29 可知，选用 GYB 和 TBP 为组合捕收剂时，得到的钨精矿品位最高，但其回收率不高；选用 GYB 和 OS-2 为组合捕收剂时，钨精矿的品位与回收率指标相对较好。所以确定 OS-2 为所需辅助捕收剂。此时可获得 $w(WO_3)=6.74\%$、WO_3回收率为 84.3%的钨粗精矿。

6.5.2.6 黑钨浮选闭路试验研究

在黑钨矿浮选条件试验的基础上，进行了黑钨浮选浮选闭路试验，试验流程见图 6-30。

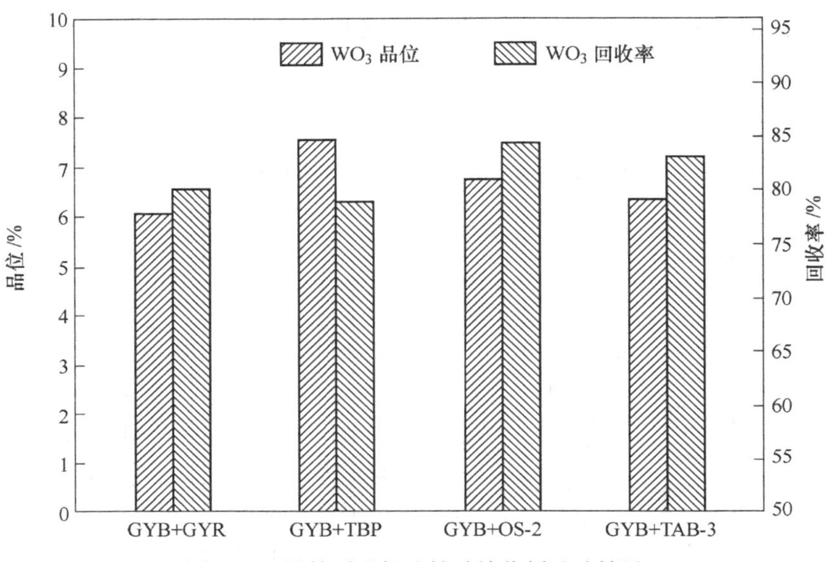

图 6-29　黑钨浮选粗选辅助捕收剂试验结果

由表 6-11 可见，强磁选后的磁性产品经黑钨浮选可获得 $w(WO_3)=51.05\%$、回收率为 83.46%的黑钨精矿。

表 6-11　高梯度磁选精矿黑钨浮选闭路试验结果　　（%）

产品名称	产率（γ）		WO_3 品位（β）	WO_3 回收率（ε）	
	作业	对原矿		作业	对原矿
黑钨精矿	1.03	0.35	51.05	83.46	42.54
尾矿	98.97	33.87	0.11	16.54	8.87
高梯度磁选精矿	100.00	34.23	0.63	100.00	51.41

6.5.3　白钨矿浮选试验研究

对强磁选试验的非磁产品进行白钨浮选试验研究，其中包括白钨浮选粗选调整剂种类和用量试验研究、白钨浮选粗选捕收剂种类和用量试验研究、白钨浮选开路试验和白钨浮选闭路试验研究。白钨粗选条件试验流程图见图 6-31 所示。

6.5.3.1　捕收剂种类和用量对白钨浮选指标的影响

白钨浮选粗选捕收剂种类试验结果见图 6-32。

由图 6-32 可知，选用 731 为捕收剂时，选别回收率最低，效果不佳；选用 733 为捕收剂时，选别品位最高，但其回收率不高，效果亦不理想；当选用 ZL

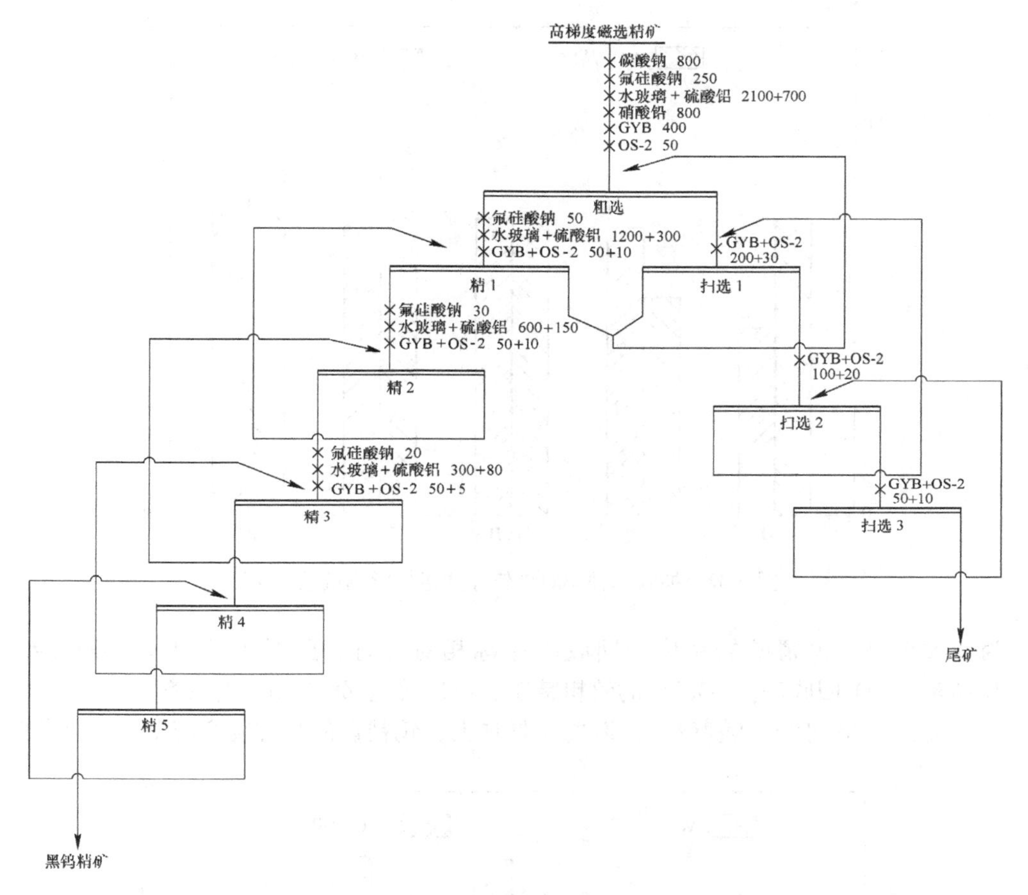

图 6-30 黑钨浮选闭路试验流程图

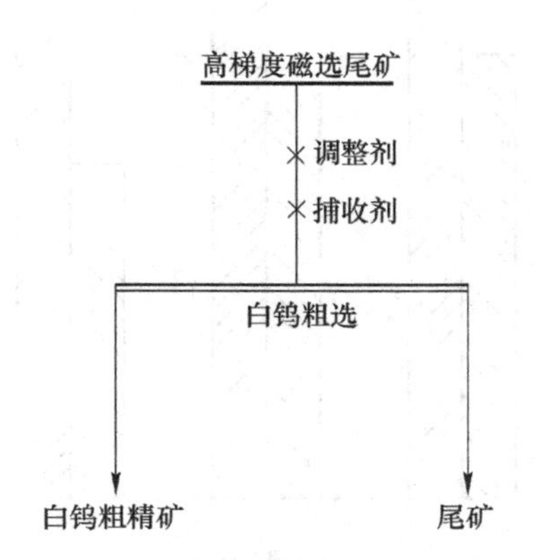

图 6-31 白钨粗选条件试验流程图

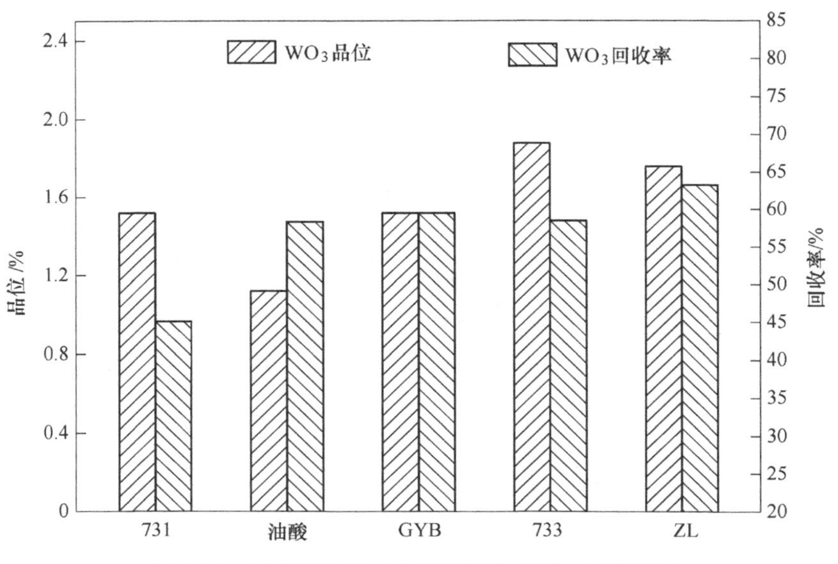

图 6-32　捕收剂种类对白钨浮选指标影响试验结果

为捕收剂时，钨精矿的品位与回收率指标相对较好，此时可获得 $w(WO_3)=1.76\%$、WO_3回收率为 63.3%的钨粗精矿，所以确定 ZL 为所需捕收剂。

由图 6-33 可知，随着药剂 ZL 的用量加大，钨精矿的品位随之降低，但回收

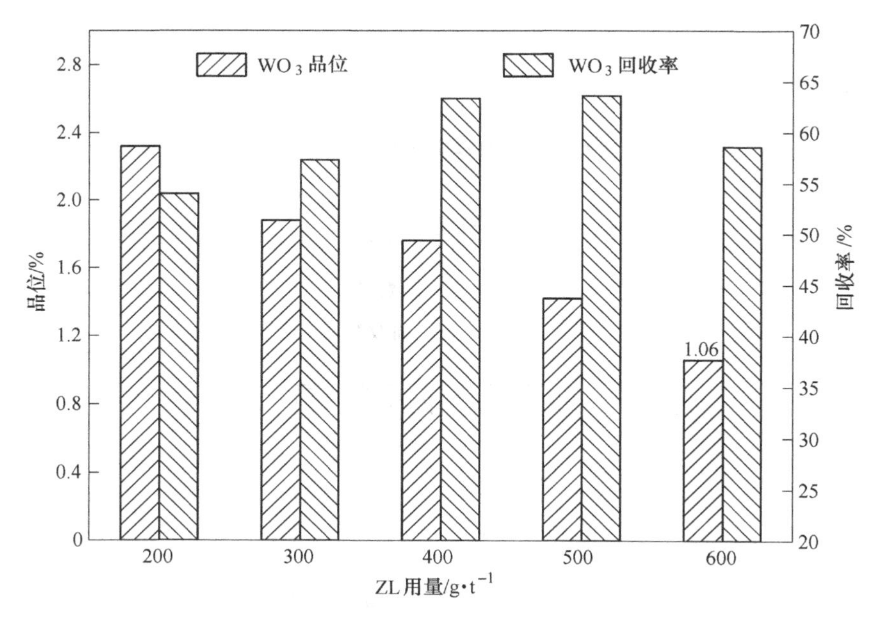

图 6-33　捕收剂 ZL 的用量对白钨浮选指标影响试验结果

率呈先上升趋势，在用量为 400g/t 时达到最大值，随后回收率稍有下降。综合考虑选用捕收剂 ZL 用量为 400g/t，此时选别指标较理想，可获得 $w(WO_3)$ = 1.76%、WO_3回收率为 63.3%的钨粗精矿。

6.5.3.2 调整剂种类对白钨浮选指标的影响

白钨浮选粗选调整剂探索试验结果见图 6-34。

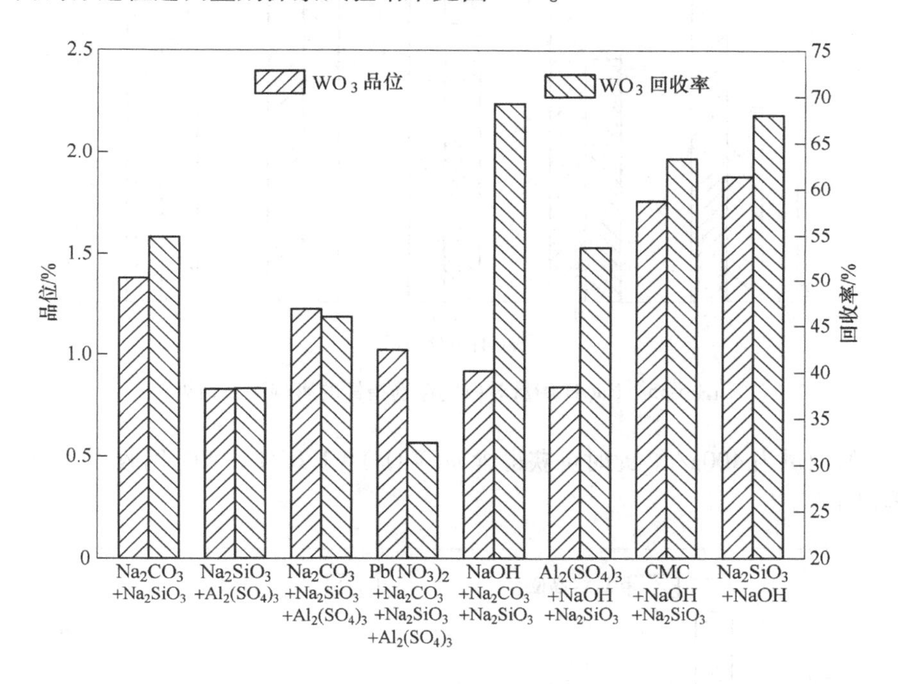

图 6-34 白钨浮选粗选调整剂探索试验结果

由图 6-34 可知，在各种调整剂方案中，组合捕收剂“$Na_2SiO_3+Al_2(SO_4)_3$”“$Na_2CO_3+Na_2SiO_3+Al_2(SO_4)_3$”“$Pb(NO_3)_2+Na_2CO_3+Na_2SiO_3+Al_2(SO_4)_3$”的选别效果较差，回收率较低；综合比较，确定调整剂采用 NaOH 与 Na_2SiO_3组合，钨精矿可获得较高的品位和回收率。故采用 NaOH 与 Na_2SiO_3组合作为作业调整剂，此时可获得 $w(WO_3)$= 1.88%、WO_3回收率为 67.98%的钨粗精矿。

6.5.3.3 调整剂用量对白钨浮选指标的影响

分别考察了 NaOH 和 Na_2SiO_3的用量对白钨粗选浮选指标的影响，试验结果分别见图 6-35、图 6-36。

由图 6-35 可知，随着 NaOH 的用量的增加，钨精矿品位呈上升的趋势，而回收率则趋于降低的趋势。当 NaOH 的用量在 400g/t 时，效果最佳。所以确定

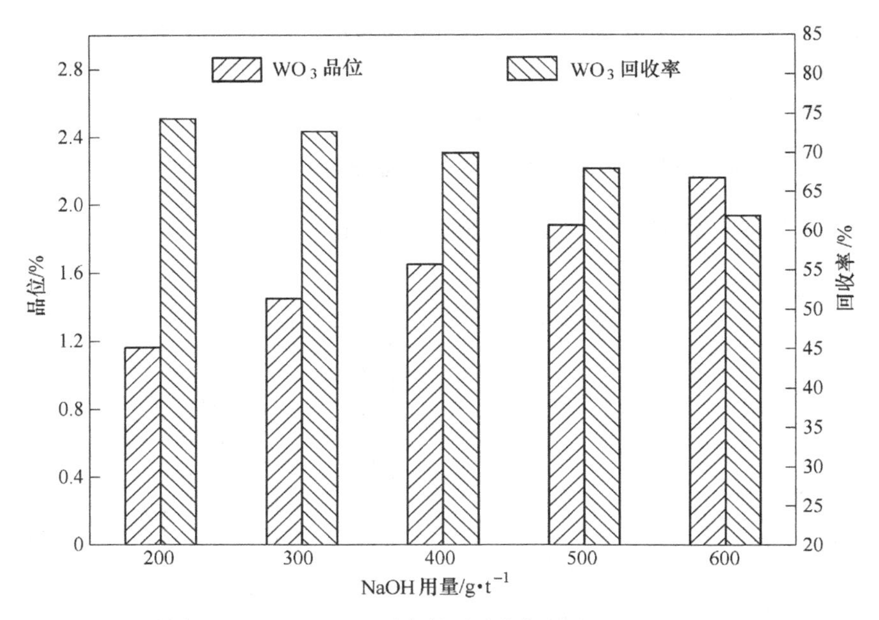

图 6-35　NaOH 用量对白钨浮选指标的影响试验结果

NaOH 的用量为 400g/t。此时可获得含 $w(WO_3)=1.65\%$、WO_3回收率为 69.99% 的钨粗精矿。

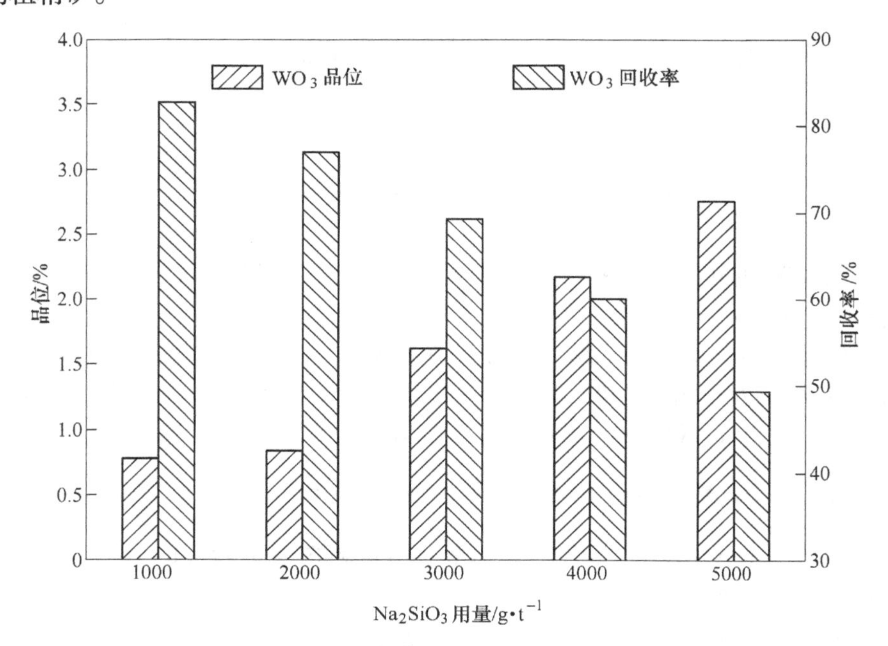

图 6-36　Na_2SiO_3的用量对白钨浮选指标影响的试验结果

由图6-36可知，WO_3回收率随着药剂硅酸钠的用量增加而减小，品位则随之增大。到硅酸钠用量为3000g/t时，效果最好，所以确定硅酸钠的用量为3000g/t。此时可获得$w(WO_3)=1.62\%$、WO_3回收率为69.24%的钨粗精矿。

6.5.3.4 高梯度磁选尾矿白钨浮选闭路试验

在前面条件试验和黑白钨混合浮选试验的基础上，高梯度磁选尾矿进行了白钨粗选闭路试验和白钨闭路浮选的试验，试验流程见图6-37，试验结果分别见表6-12~表6-14。

表6-12 白钨浮选粗选段闭路试验结果 (%)

产品名称	产率	WO_3品位	WO_3回收率
白钨粗精矿	3.31	6.85	73.14
尾矿	96.69	0.09	26.86
原矿	100.00	0.31	100.00

由表6-12试验结果表明，高梯度磁选尾矿浮选白钨，经过一粗三精二扫的白钨粗选闭路流程，可获得$w(WO_3)=6.85\%$、作业回收率为73.14%的白钨粗精矿。

白钨浮选精矿加温精选闭路试验结果见表6-13。

表6-13 白钨加温精选段闭路试验结果 (%)

产品名称	产率	WO_3品位	WO_3回收率
白钨精矿	9.57	65.56	91.59
尾矿	90.43	0.64	8.41
钨粗精矿	100.00	6.85	100.00

闭路试验结果表明：WO_3品位6.85%的白钨粗精矿，经过一粗四精二扫的加温精选流程，可获得$w(WO_3)=65.56\%$、WO_3回收率为91.59%白钨精矿的选矿指标。

表6-14 高梯度磁选尾矿白钨浮选闭路试验结果 (%)

产品名称	产率 (γ)		WO_3品位 (β)	WO_3回收率 (ε)	
	作业	对原矿		作业	对原矿
白钨精矿	0.35	0.23	66.82	75.44	36.62
尾矿2	2.88	1.89	0.74	6.87	3.34
尾矿1	96.77	63.65	0.06	17.68	8.58
高梯度磁选尾矿	100.00	65.77	0.31	100.00	48.54

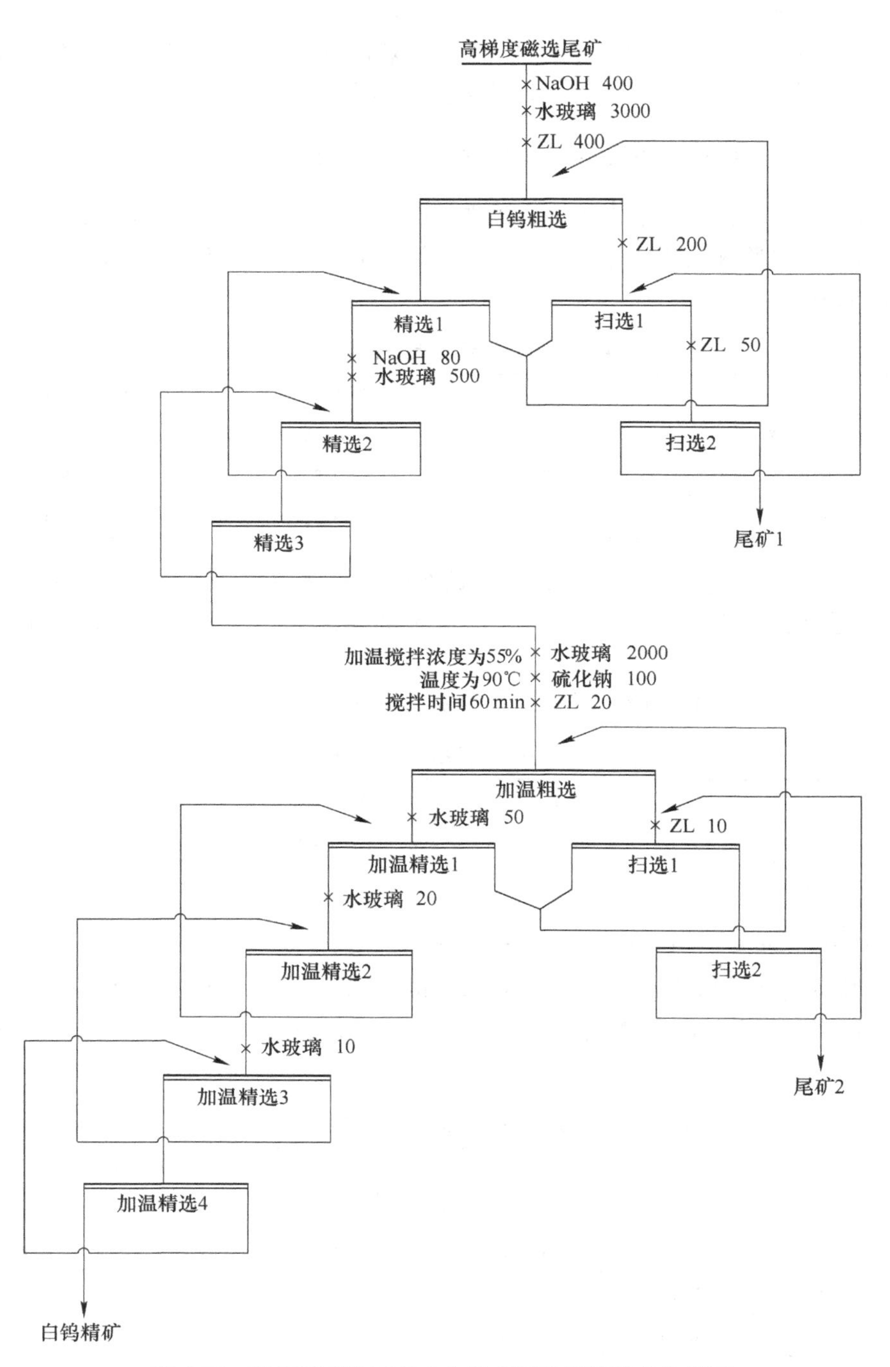

图 6-37　高梯度磁选尾矿中白钨矿浮选闭路试验流程图

6.6 试验方案对比及优化

三种方案试验结果对比见表6-15。

表 6-15 三种方案回收黑钨矿和白钨矿试验结果对比 (%)

方案	产品	产率		WO_3品位	WO_3回收率	
		作业	对原矿		作业	对原矿
方案1	白钨精矿	11.67	0.32	67.12	61.05	49.56
	黑钨精矿1	6.28	0.15	52.68	58.48	18.38
	黑钨精矿2	4.12	0.099	42.25	30.76	9.73
	合计	—	0.565	58.69	—	77.67
方案2	白钨精矿	6.12	0.17	65.53	31.26	25.37
	黑钨精矿1	4.22	0.11	56.45	18.57	15.07
	黑钨精矿2	7.34	0.20	68.55	39.22	31.83
	合计	—	0.48	64.62	—	72.26
方案3	白钨精矿	0.35	0.23	66.82	75.44	36.62
	黑钨精矿	1.03	0.35	51.05	83.46	42.54
	合计	—	0.58	57.30	—	79.16

通过三种回收黑白钨矿的流程方案对比，“硫化矿浮选—高梯度磁选—黑钨浮选—白钨浮选”方案在流程结构和选矿指标方面有优势，推荐采用该方案。

黑白钨混合浮选过程中主要存在的问题：

（1）黑钨矿和白钨矿的最佳浮选 pH 值不一致，白钨矿的最佳浮选 pH 值范围高于黑钨矿的最佳浮选 pH 值范围，在黑白钨矿混合浮选过程时，需要降低浮选矿浆的碱度来适应黑钨矿的浮选要求，影响到了白钨矿的选别指标。

（2）采用螯合捕收剂进行黑白钨混合浮选，螯合捕收剂价格高，用量相对于黑白钨分流后单独分选时候要大，药剂成本上升和生产成本增加。

（3）螯合捕收剂对铁矿物、石榴石等脉石矿物也有一定的捕收能力，会影响混合精矿的品位，同时药剂的耗量上升。

（4）黑白钨矿混合浮选精矿加温精选分离，需加温的精矿产率也较大，能耗高；而黑钨矿则要经历混合浮选、加温抑制和再活化浮选的过程，“浮选—抑制—浮选”的过程造成黑钨矿的可浮性下降，导致微细粒级黑钨浮选回收率低，也违背了混浮的初衷。

（5）由于白钨加温精选时，黑钨表面性质发生了改变，在后续浮选过程中难以回收，黑钨浮选效果不理想，回收率低，特别是细粒级的黑钨矿最终形成尾矿流失掉，而且选别的工艺流程很长，添加浮选药剂的种类也很多。

（6）采用黑白钨混合浮选得到的钨粗精矿，通过高梯度磁选分离后单独分流浮选流程，虽然可以获得较理想的摇床黑钨精矿和黑钨细泥浮选精矿指标，但是白钨矿的回收率较低，导致最终钨的总回收率无优势。

采用“硫化矿浮选—高梯度磁选—黑钨浮选—白钨浮选”的方案，得到的选钨指标较其他两种方案更好，钨的回收率主要来源于黑钨精矿，黑钨浮选尾矿的粒度及金属分布如表 6-16 所示，分析可知，最终钨损失在尾矿中的主要是微细粒级的黑钨矿，要提高钨选矿回收率，关键是微细粒级黑钨矿的回收。

表 6-16　黑钨浮选尾矿粒度及金属分布情况

粒度/mm	产率/%	WO_3品位/%	金属分布率/%
+0. 18	0. 26	0. 2	0. 68
−0. 18+0. 15	3. 39	0. 11	4. 95
−0. 15+0. 096	21. 74	0. 056	16. 17
−0. 096+0. 074	5. 93	0. 046	3. 62
−0. 074+0. 045	25. 41	0. 045	15. 19
−0. 045+0. 038	8. 12	0. 037	3. 99
−0. 038+0. 031	7. 15	0. 04	3. 32
−0. 031	28. 00	0. 14	52. 08
总计	100. 00	0. 095	100. 00

虽然“硫化矿浮选—高梯度磁选—黑钨浮选—白钨浮选”方案效果优于其他两种方案，但无论哪种方案，也都存在微细粒级黑钨矿回收难、流程长的问题，中国矿业大学刘炯天等自主研制的旋流-静态微泡浮选柱在微细物料分选方面具有独特的优势，能强化回收微细粒级黑钨矿，能优化和缩短现有的流程，实现短流程高效回收微细粒黑钨矿，提高细粒级黑钨矿的回收率，从而提高钨的总回收率。用浮选柱强化回收黑钨矿浮选中细粒级钨的文献报道尚无。

利用旋流-静态微泡浮选柱在微细物料分选方面的优势，提出“硫化矿浮选—高梯度磁选—黑钨矿柱浮选—白钨浮选”的方案来强化黑钨矿浮选，提高钨综合回收率。在实验室浮选机一粗五精三扫闭路试验流程的基础上，高梯度磁选的精矿作为柱浮选的给矿，进行了浮选柱分选黑钨的试验研究。

由于黑钨矿的浮选速率慢，原矿品位低，精矿产率小，在分选过程设计时，针对黑钨矿浮选过程的非线性，设计与之相对于的浮选流程，如果流程中增加扫选，设计粗—扫选一体的流程，会导致能耗高和效率低等一系列问题。应设计粗—精选一体的流程，一段柱浮选在高循环压力下，尽量提高黑钨的回收率，保证回收率的前提下，在相对平稳的流体环境中，利用精选柱浮选，获得较高品位的黑钨精矿。

一段柱分选可以获得含 $w(WO_3)=24.56\%$、回收率 86. 58%的黑钨粗精矿，黑钨矿的富集比是浮选机流程所获得富集比的 3. 6 倍，体现了浮选柱高富集比的优势，浮选柱可以强化回收黑钨矿，一段浮选柱的回收率较浮选机高得多，品位富集比也较高，为获得高品位的黑钨精矿，设计三段柱分选的浮选流程，试验流程如图 6-38 所示。

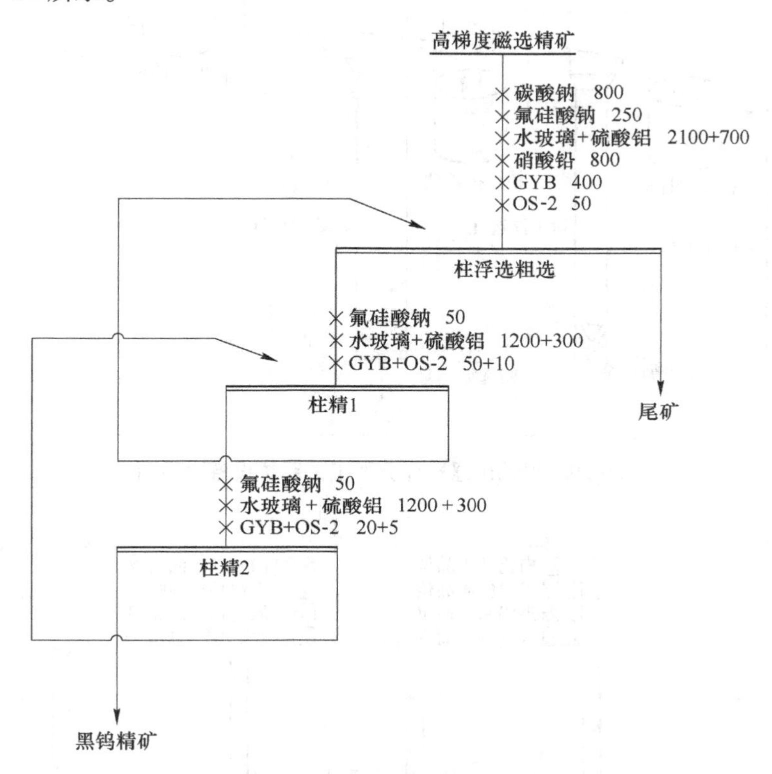

图 6-38 浮选柱浮选黑钨矿的试验流程图

为了确保分流试验矿浆与浮选机分选矿浆性质相一致，确定在浮选机粗选搅拌桶给矿处为分流试验的取样点，通过手动闸门控制给料量，给矿浓度 35%。黑钨矿的分选采用一粗二精的流程，试验采用中国矿业大学研制的旋流-静态微泡浮选柱的系统，系统包括了调浆系统、柱分选系统和自动控制系统，粗选采用 1 台 400×4000 型浮选柱，精 1 采用 1 台 250×3800 型浮选柱，精 2 采用 1 台 200×3800 型浮选柱，中矿采用依次返回的顺序。浮选柱浮选黑钨矿的试验流程如图 6-38 所示，黑钨矿浮选柱分选工艺系统设备联系图如图 6-39 所示。

由表 6-17 可见，强磁选后的黑钨矿经一粗二精的三段柱浮选，可获得 $w(WO_3)=57.34\%$、回收率为 86.47%的黑钨精矿。对于整个钨选矿流程来说，综合考虑黑钨矿和白钨矿的回收率，获得 $w(WO_3)=61.23\%$、综合回收率为 81.02%的黑白钨混合精矿，可以实现黑钨矿全粒级浮选。对四种方案的黑白钨回收效果进行了比较，对比结果见图 6-40。

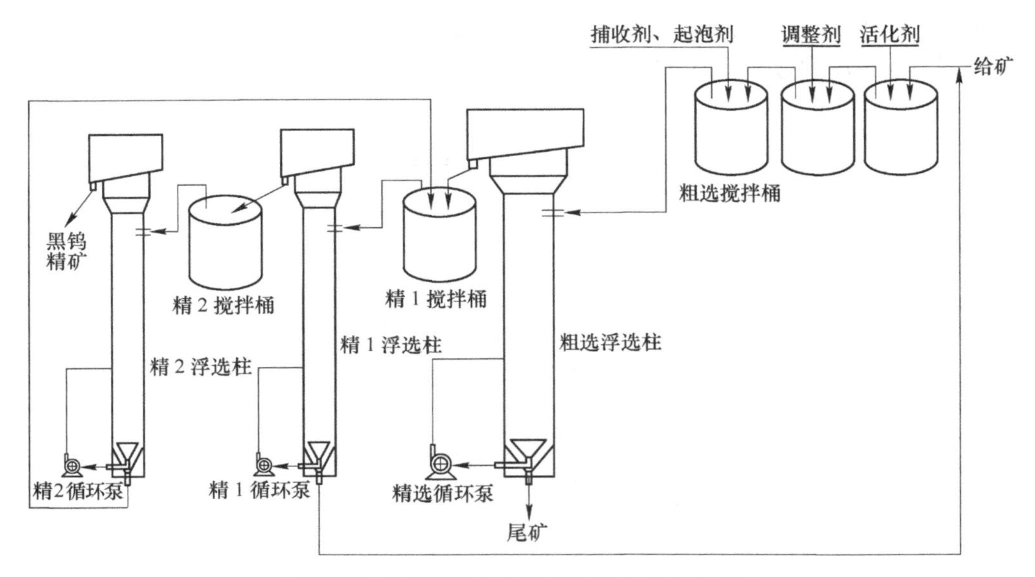

图 6-39　黑钨矿浮选柱分选工艺系统设备联系图

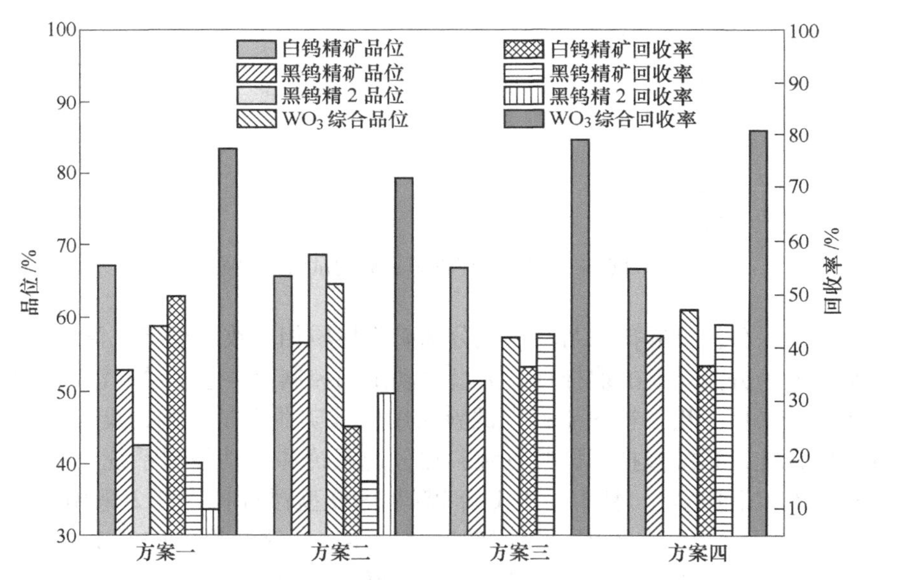

方案一　黑白钨混浮—白钨加温精选—黑钨摇床—黑钨浮选；

方案二　黑白钨混浮—高梯度磁选—白钨浮选—黑钨摇床—黑钨浮选；

方案三　高梯度磁选—白钨矿浮选—黑钨矿机浮选；

方案四　高梯度磁选—白钨矿浮选—黑钨矿柱分选

图 6-40　四种方案回收黑白钨矿的试验结果对比

表 6-17 高梯度磁选精矿黑钨柱浮选试验结果 (%)

产品名称	产率		WO_3品位	WO_3回收率	
	作业	对原矿		作业	对原矿
黑钨精矿	0.95	0.33	57.34	86.47	44.40
尾矿	99.05	33.90	0.09	13.53	6.95
高梯度磁选精矿	100.00	34.23	0.63	100.00	51.35

6.7 小结

(1) 采用“黑白钨混合浮选—白钨加温精选—黑钨摇床—黑钨浮选”的流程，当原矿 $w(WO_3)$ = 0.43%，经过一粗三精二扫的黑白钨混合浮选流程，可以获得 $w(WO_3)$ = 12.83%、回收率为81.16%黑白钨混合粗精矿；黑白钨混合精矿经过一粗四精二扫的加温精选流程，可获得 $w(WO_3)$ = 67.12%、回收率为61.05%白钨精矿；白钨加温精选尾矿经摇床重选可得 $w(WO_3)$ = 52.68%、回收率58.48%的黑钨精矿 1，摇床尾矿经过一粗五精三扫的浮选流程，可获得 $w(WO_3)$= 42.25%、回收率 30.76%的黑钨精矿 2，黑钨精矿对作业总钨回收率89.24%。

(2) 采用“黑白钨混合浮选—高梯度磁选—白钨浮选—黑钨摇床—黑钨浮选”的流程，当原矿 $w(WO_3)$ = 0.43%，可以获得 $w(WO_3)$ = 65.53%、回收率25.37%（对原矿）的摇床黑钨精矿，$w(WO_3)$ = 56.45%、回收率 15.07%（对原矿）的浮选黑钨精矿和 $w(WO_3)$ = 68.55%、回收率 31.83%（对原矿）的白钨精矿。由于进入高梯度磁选时候的品位较高，最终获得的黑白钨精矿品位也相对较高，但是尾矿中含 WO_3 也较高，WO_3 的总回收率为 72.26%（对原矿），白钨精矿的回收率较低，而且该流程结构也较复杂，经过混合浮选的混合精矿进入高梯度磁选机分离时，由于是浮选泡沫精矿为磁选机的给矿，含有大量的泡沫和药剂，分离效果没有直接磁选分离的效果理想。

(3) 采用“高梯度磁选—黑钨矿浮选—白钨矿浮选”的流程，当原矿 $w(WO_3)$ = 0.43%，强磁选后的磁性产品经一粗五精三扫的黑钨浮选流程，可获得 $w(WO_3)$ = 51.05%、回收率为83.46%的黑钨精矿；高梯度磁选尾矿经过一粗三精二扫的白钨粗选闭路流程，可获得 $w(WO_3)$ = 6.85%、作业回收率为73.14%的白钨粗精矿；白钨粗精矿经过一粗四精二扫的加温精选流程，可获得 $w(WO_3)$ = 65.56%、回收率为91.59%白钨精矿的选矿指标。

(4) 原矿品位相当的情况下，“黑白钨混合浮选—白钨加温精选—黑钨摇床—黑钨浮选”的流程，可以获得 $w(WO_3)$ = 58.69%、回收率为 77.67%的钨混合精矿的选矿指标；“黑白钨混合浮选—高梯度磁选—白钨浮选—黑钨摇床—黑钨浮选”的流程，可以获得 $w(WO_3)$ = 64.62%、回收率为 72.26%的钨混合精矿的选矿指标；"高梯度磁选—黑钨矿浮选—白钨矿浮选"的流程，可以获得 $w(WO_3)$ = 57.30%、回收率为 79.16%的钨混合精矿的选矿指标。

（5）采用"高梯度磁选—黑钨矿柱浮选—白钨浮选"流程，强磁选后的黑钨矿经一粗二精的三段柱浮选，可获得 $w(WO_3)$ = 57.34%、回收率为 86.47%的黑钨精矿；高梯度磁选尾矿经过一粗三精二扫的白钨粗选闭路流程，可获得 $w(WO_3)$ = 6.85%、回收率为 73.14%的白钨粗精矿；白钨粗精矿经过一粗四精二扫的加温精选流程，可获得 $w(WO_3)$ = 65.56%、回收率为 91.59%白钨精矿的选矿指标。

（6）采用"高梯度磁选—黑钨矿柱浮选—白钨浮选"流程，由于浮选柱强化了微细粒级黑钨矿的分选过程，使细粒级的黑钨矿得到有效回收，提高了黑钨矿的回收率，从而提高了复杂低品位钨钼铋多金属矿回收中钨的总回收率，相对对原矿，可以获得 $w(WO_3)$ = 61.23%、回收率为 81.02%的钨混合精矿的选矿指标。

7 复杂黑钨矿全粒级短流程分选过程强化实践

柿竹园多金属矿的高效综合回收问题一直是公认的选矿难题，主要因为矿物种类繁多，矿物成分和组成复杂，分选难度大，含钨品位低。硫化矿浮选时对原矿进行了细磨，硫化矿浮选尾矿（选钨原矿）中微细粒级含量高，导致钨可浮性变差，且恶化黑钨矿的浮选环境。目前采用“硫化矿浮选—黑白钨混浮—白钨加温精选—黑钨摇床—黑钨细泥浮选”工艺，该工艺存在流程长（黑钨矿需要重选和浮选）、黑钨细泥回收率低的问题。本章在前文理论研究的基础上，针对柿竹园多金属矿石开展浮选技术研究，通过黑钨矿浮选过程的强化，以期实现柿竹园复杂黑钨矿的全粒级回收，为我国钨矿资源的高效利用提供了技术支撑。

固液界面作用调控研究表明，矿物表面离子溶解现象可增大捕收剂在矿物表面的吸附差异，低碱环境中增大矿物间的可浮性差异，分散剂、絮凝剂与捕收剂在矿物表面的竞争吸附，可以使黑钨矿浮选体系实现选择性絮凝，增大微细粒级黑钨矿表观粒度，形成的黑钨絮团可以与捕收剂作用实现上浮，有利于细粒黑钨矿的回收，体现为精矿品位的提高。浮选柱强化微细粒级黑钨矿浮选机制表明，基于对微细粒级黑钨矿可浮性的特征，旋流-静态微泡浮选柱多层次的分选结构使柱分离、管浮选、旋流分离强化有机结合，形成难浮微细粒黑钨矿分选的强化分选回收机制，建立黑钨矿可浮性与矿化环境相适应的强化分选过程和分选体系，克服了浮选机回收微细粒级能力差的弊端，实现了黑钨矿柱分选过程与可浮性过程的匹配，体现为精矿回收率的提高。

基于微细粒级黑钨矿浮选体系界面作用调控和柱强化回收机制的研究基础上，形成复杂黑钨矿浮选新技术的原型，探讨不经摇床重选、高梯度磁选精矿全粒级浮选的可行性。在现场矿石性质和工艺流程详细研究的基础上，对现场进行了流程改造，对比一粗二精三段柱分选系统和一粗五精三扫九段的浮选机分选系统的分选效果，开发黑钨矿全粒级浮选新技术，以期实现复杂黑钨矿的短流程高效回收。

7.1 矿石性质研究

经过高梯度磁选分离后得到的精矿为黑钨矿浮选的给矿（原矿），给矿的组成矿物种类较为复杂，钨矿物包括黑钨矿和白钨矿；铁矿物较常见的是磁铁矿、赤铁矿和褐铁矿；金属硫化物多为黄铁矿和磁黄铁矿，其次是辉铋矿，偶见黄铜矿；脉石矿物以方解石居多，次为萤石、石榴石、白云石、石英、绢云母和绿泥石，其他微量矿物尚见闪锌矿、锡石、钛铁矿、长石、透辉石、滑石、菱铁矿、黄玉、绿帘石、磷灰石、金红石、榍石和独居石等，样品中钨矿物的含量约为0.5%~0.6%。

原矿中黑钨矿和白钨矿均为选矿进一步富集回收的主要目的矿物，二者矿物含量比约为80：20。其中黑钨矿以具非均质性和内反射色而有别于磁铁矿，半自形板片状或不规则粒状，粒度粗者可至0.1mm左右，细小者小于0.005mm，一般变化于0.01~0.05mm之间。据显微镜下统计，样品中呈单体产出的钨矿物占84.35%，其余部分主要与脉石矿物镶嵌构成不同比例的连生体，少数与辉铋矿连生，而与磁黄铁矿、黄铁矿、磁铁矿等其他金属矿物的嵌连关系并十分不密切（图7-1~图7-5，表7-1）。显然，欲获得较高品位的钨精矿，需要对样品或由样品中分选出的粗选钨精矿进行进一步的适度细磨。

表7-1　样品中钨矿物的解离度

单体/%	连生体/%			
	>3/4	3/4~1/2	1/2~1/4	<1/4
84.35	7.32	3.40	2.76	2.17

除黑钨矿和白钨矿以外，样品中尚存在少量的辉铋矿，主要呈十分细小的片状以浸染状的形式嵌布在脉石中，偶见其交代钨矿物，粒度普遍在0.001~0.005mm之间，极个别可至0.01mm左右（图7-4、图7-6）。由于辉铋矿含量较低、粒度过于细小、分散程度高，加之与脉石的交代关系过于复杂，因此综合回收的难度较大。

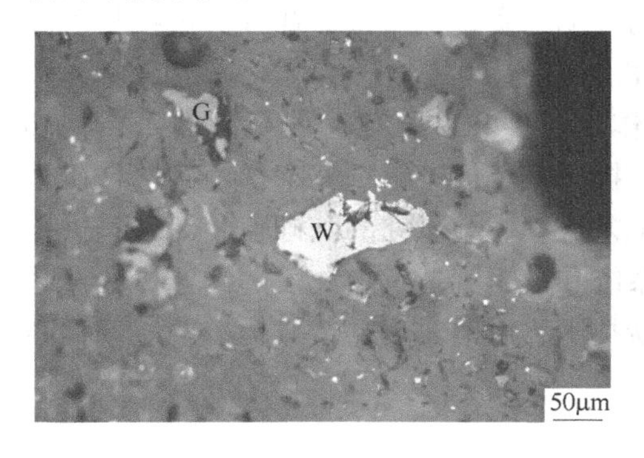

图7-1　半自形板片状单体黑钨矿（W）　反光

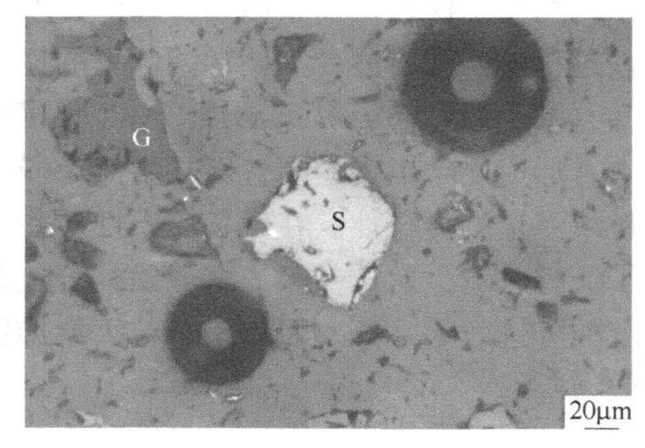

图7-2　形态较为规则的单体粒状白钨矿（S）　反光

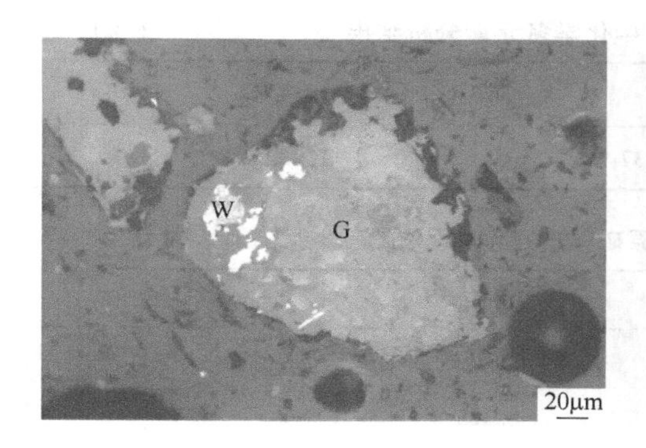

图 7-3 微细粒黑钨矿（W）呈交代残余包裹在脉石（G）中 反光

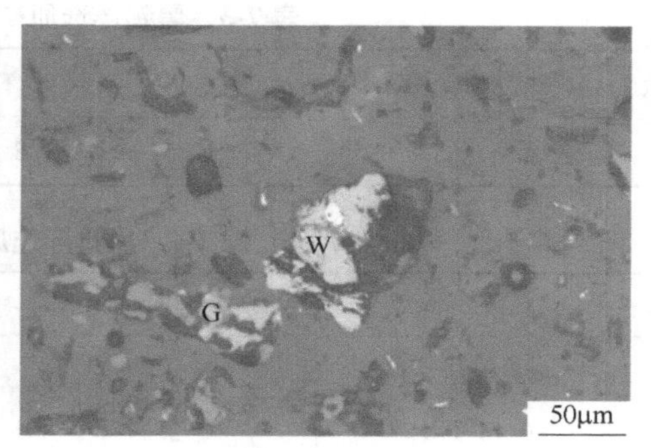

图 7-4 微细的辉铋矿（中部白色）沿粒间充填交代黑钨矿（W） 反光

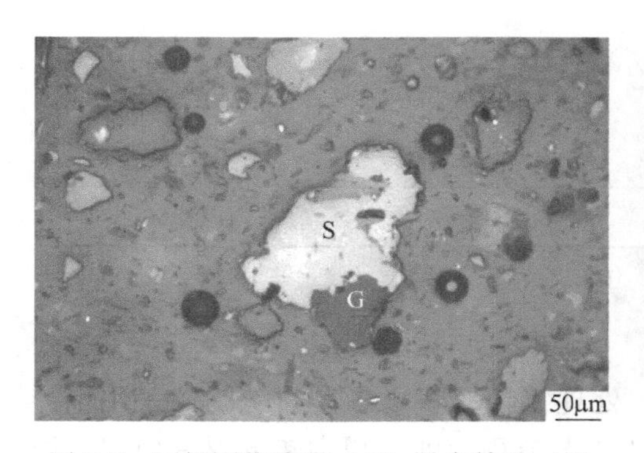

图 7-5 不规则状脉石（G）沿白钨矿（S）边缘或粒间充填嵌布 反光

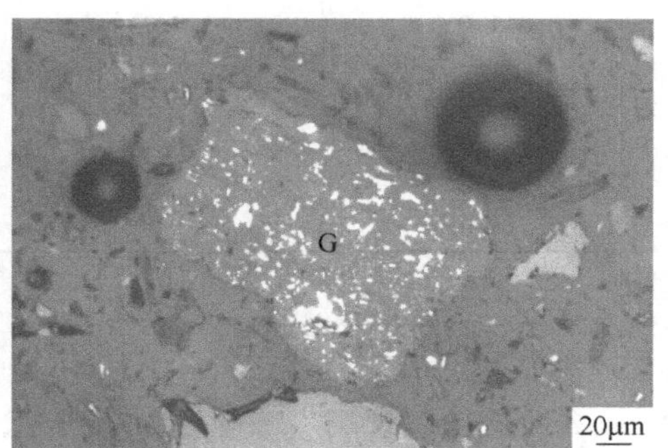

图 7-6 粒度极细小的辉铋矿（白色）呈浸染状散布在脉石（G）中 反光

矿石的 X 荧光光谱分析和化学成分分析结果，分别见表 7-2 和表 7-3。原矿粒度及金属分布见表 7-4。

表 7-2 原矿的 X 荧光光谱分析结果 （%）

元 素	W	Sn	Bi	Mo	Zn	Cu	Ga	Fe
含 量	0.418	0.562	0.031	0.006	0.024	0.009	0.004	9.144
元 素	Rb	Sr	Zr	Cr	Si	Ti	Al	Ca
含 量	0.042	0.007	0.006	0.011	14.701	0.145	5.908	17.240
元 素	Mg	Mn	Na	K	P	S	F	Cl
含 量	1.082	1.417	0.436	1.007	0.018	0.107	6.783	0.036

表 7-3　黑钨浮选原矿中化学多元素分析结果　(%)

成分	WO_3	Mn	Fe	SnO_2	Al_2O_3	SiO_2
含量	0.53	10.52	8.37	0.81	1.08	1.30

表 7-4　黑钨浮选原矿粒度及金属分布

粒度/mm	产率/%	WO_3品位/%	金属分布率/%
+0.18	0.29	0.18	0.10
-0.18+0.15	3.24	0.123	0.73
-0.15+0.096	20	0.116	4.27
-0.096+0.074	8.83	0.128	2.08
-0.074+0.045	26.61	0.375	18.36
-0.045+0.038	4.05	0.69	5.14
-0.038+0.031	9.67	0.93	16.55
-0.031	27.32	1.05	52.78
总计	100.00	0.54	100.00

7.2　现场的生产流程

380 选矿厂现场生产规模为 300t/d，处理钨钼铋多金属矿石，钼铋采用全浮选、白钨全浮选、黑钨重选—浮选的主干工艺流程，即“黑白钨混浮—白钨加温精选—黑钨摇床—黑钨细泥浮选”的浮选流程，现场工艺的原则流程图见图 1-5。

现场“磨矿分级—钼铋等浮—钼铋分离—铋硫等浮”的设备联系图见图 7-7，“黑白钨混浮—白钨加温精选—黑钨摇床—黑钨细泥浮选”的设备联系图见图 7-8。

7.3　新工艺流程改造和分选过程强化实践结果

7.3.1　新工艺流程和设备改造设计

进行基于浮选体系界面作用调控和柱强化回收机制形成的新工艺工业分流试验的目的，是根据推荐的“硫化矿浮选—高梯度磁选—黑钨矿柱分选—白钨浮选”试验流程，研究新工艺在工业试验规模的实际指标、对比经过高梯度磁选使黑白钨矿分离后，使用新工艺回收黑钨矿的分选效果，考察柱浮选和浮选机浮选黑钨浮的实际的黑钨精矿品位和回收率指标。

结合现场现有工艺流程、设备和能利用的场地，根据推荐的“硫化矿浮选—高梯度磁选—黑钨矿柱分选”小型试验流程，经过多次论证，工业分流试验新流

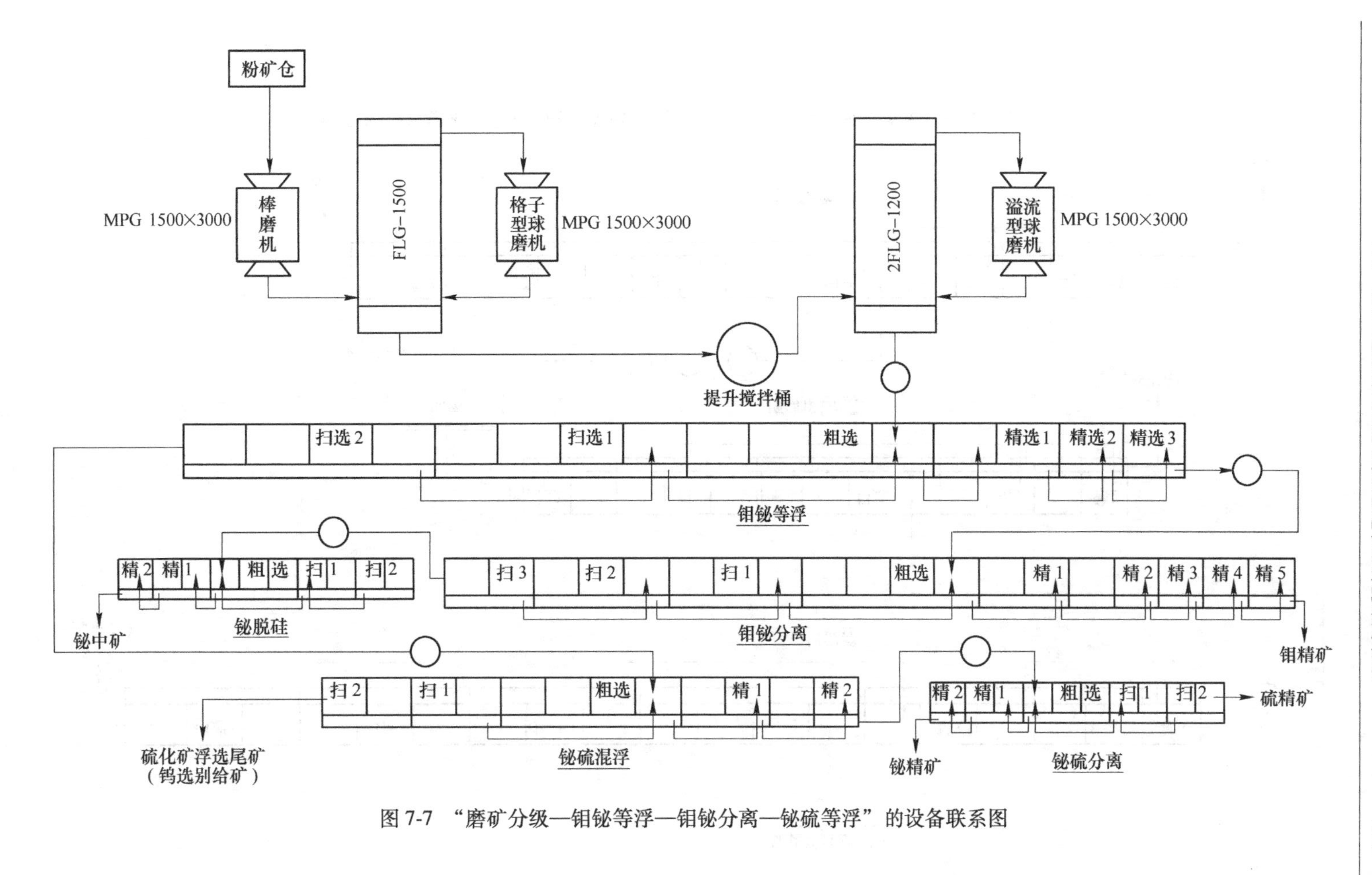

图 7-7 “磨矿分级—钼铋等浮—钼铋分离—铋硫等浮”的设备联系图

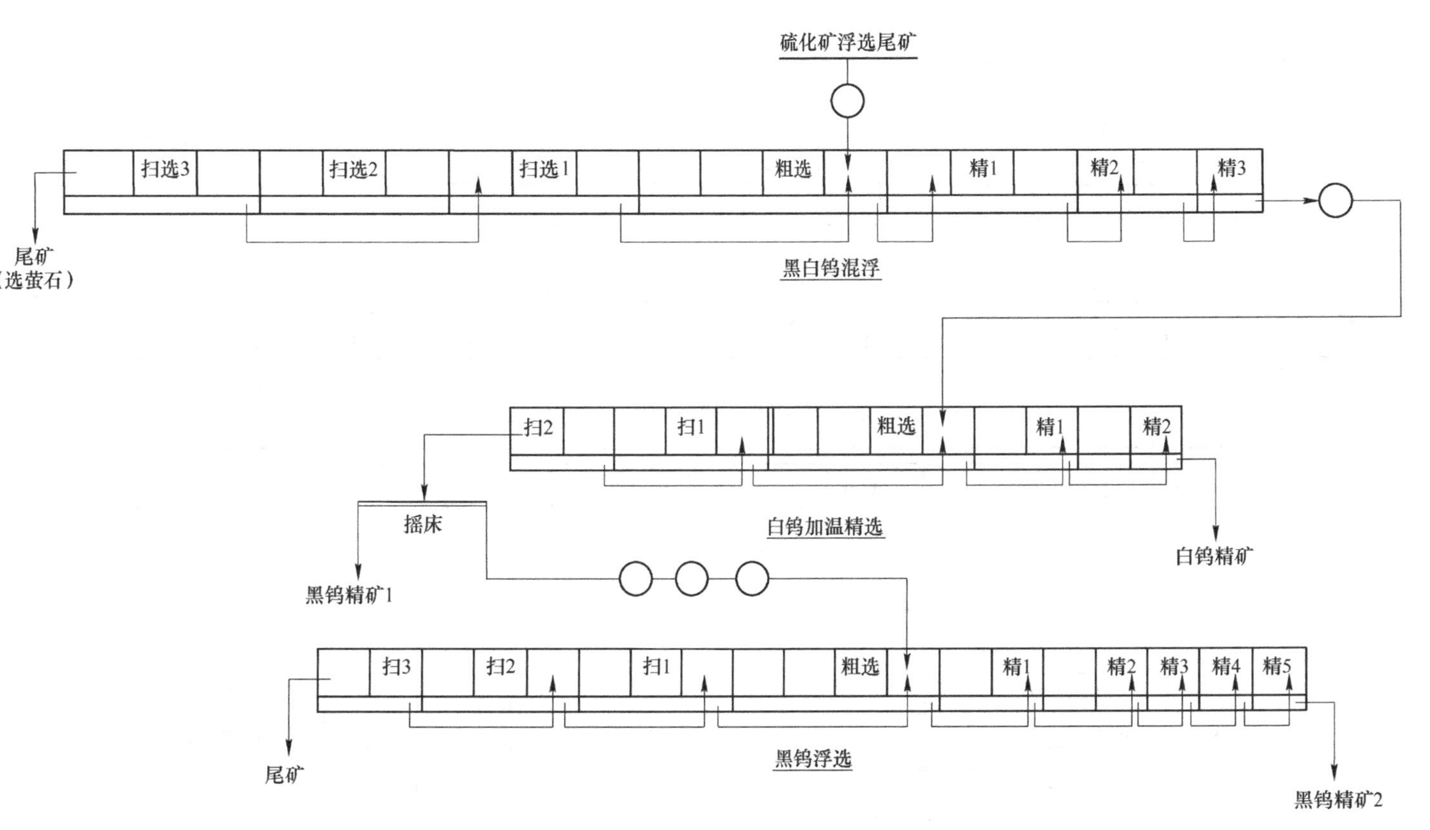

图 7-8 “黑白钨混浮—白钨加温精选—黑钨摇床—黑钨细泥浮选” 的设备联系图

程设计为：

（1）原矿经硫化矿浮选后的尾矿进入高梯度磁选机，进行黑钨矿和白钨矿的磁选分离，采用一粗一扫的工艺流程，粗、扫选的高梯度磁选设备均采用脉动高梯度 SLon-1250 磁选机，磁场感应强度为 1.0~1.2T。

（2）高梯度磁选得到的精矿，经浓密后进入黑钨矿分选系统，为了更好地对比同一时段浮选柱分选系统和浮选机分选系统的效果，在高梯度磁选精矿浓密后的矿浆分别进入浮选柱系统和浮选机系统浮选黑钨矿。

（3）浮选机浮选黑钨的浮选机系统采用一粗五精三扫的分选流程，硝酸铅为活化剂，GYB 为捕收剂，TAB-3 为辅助捕收剂的最佳选矿药剂制度。

（4）在实验室试验流程试验的基础上，浮选柱浮选黑钨矿系统采用一粗二精的分选流程，浮选的选矿药剂制度与浮选机分选系统的一致。

（5）高梯度磁选后的尾矿浮选白钨矿，白钨矿浮选采用“常温粗选—加温精选”工艺，考察整个流程的钨总回收率时，近似认为白钨浮选系统钨的回收率一致，黑钨矿和白钨矿的回收率之和为钨总回收率。

7.3.2 新工艺流程图

新工艺的浮选流程图见图 7-9。

7.3.3 新工艺改造设备联系图

新工艺改造设备联系图见图 7-10。

黑钨矿浮选的柱分选系统工业试验设备联系图见图 7-11，浮选柱工业分流试验设备实物图见图 7-12。黑钨矿浮选的浮选柱系统主要由柱分选、调浆和液位自动控制三个系统组成。

7.3.4 新工艺工业分流试验结果

现场的工业分流试验从 2010 年 3 月 1 日正式开始，至 6 月 8 日结束，分阶段进行。

7.3.4.1 捕收剂用量对黑钨矿选别指标的影响试验

试验条件及药剂制度主要参考浮选机的最佳药剂制度和其他工艺参数，首先进行了捕收剂用量对黑钨矿选别指标的影响试验，黑钨浮选的给矿为高梯度强磁选精矿。在粗选循环压力 0.28MPa，精 1 循环压力 0.24MPa，精 2 循环压力 0.20MPa，Na_2CO_3、$Pb(NO_3)_2$、Na_2SiF_6、Na_2SiO_3、$Al_2(SO_4)_3$和 TAB-3 的用量分别为 150、300、10、600、185、11g/t 的条件下，考察 GYB 用量对黑钨矿浮选指标的影响。试验结果见图 7-13。

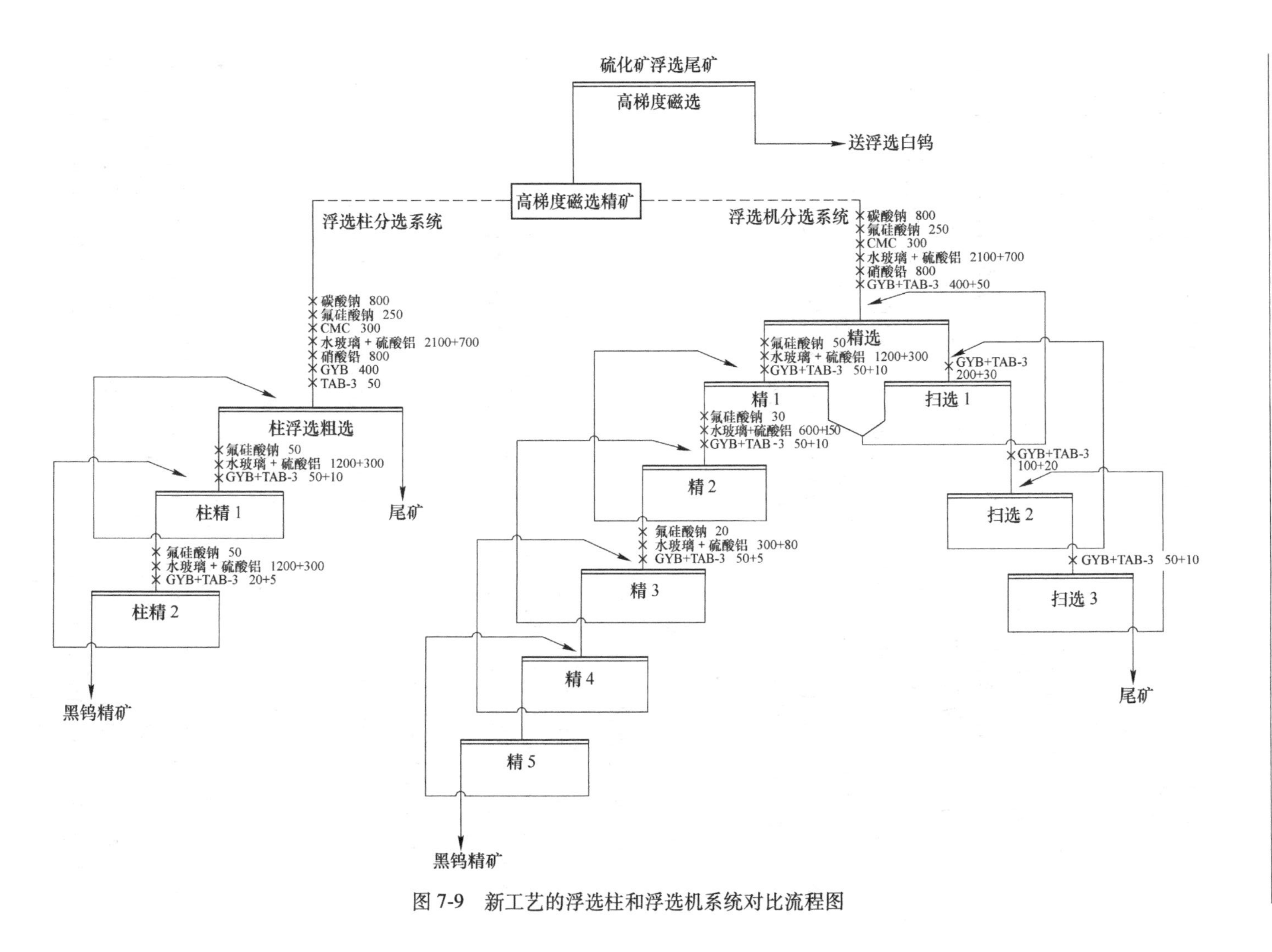

图 7-9　新工艺的浮选柱和浮选机系统对比流程图

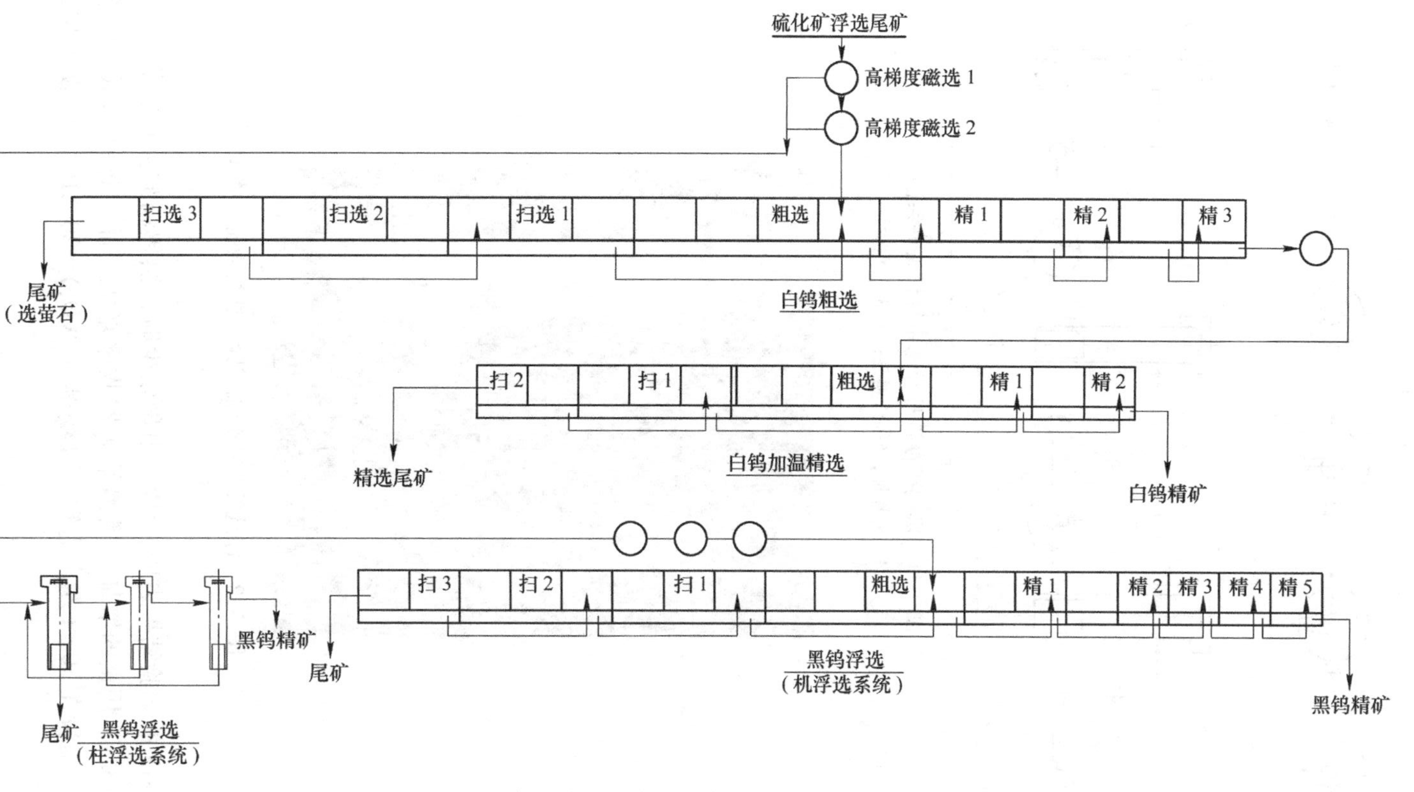

图 7-10 “新工艺工业分流试验流程改造”的设备联系图

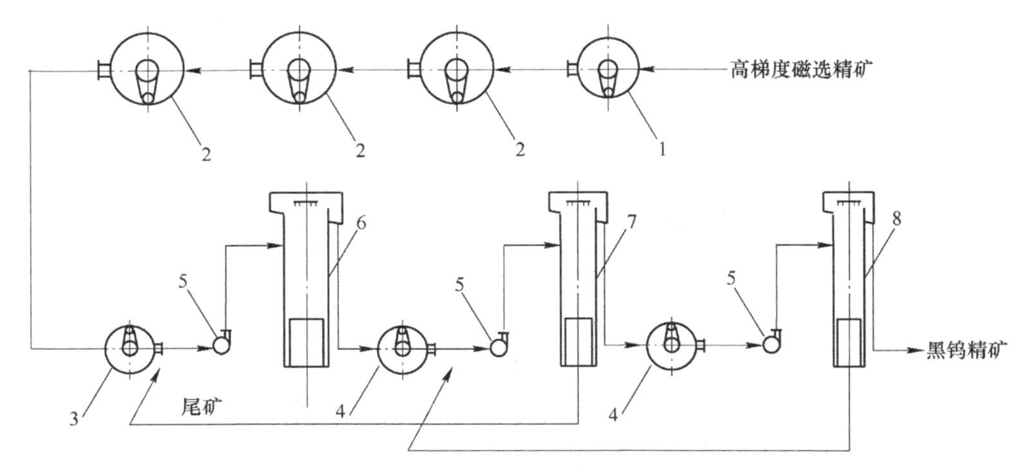

图 7-11　黑钨矿浮选柱浮选系统设备联系图

1~4—搅拌桶；5—给料泵；6~8—浮选柱

图 7-12　浮选柱工业分流试验浮选柱设备实物图

图 7-13 的试验结果表明，GYB 用量较少时，黑钨精矿品位较高，但回收率低，随着 GYB 用量的增加，黑钨精矿回收率增大，品位逐渐降低，综合考虑，确定 GYB 用量在 30g/t 左右为宜，可获得 $w(WO_3)=20.21\%$、回收率 85.56%的黑钨精矿。

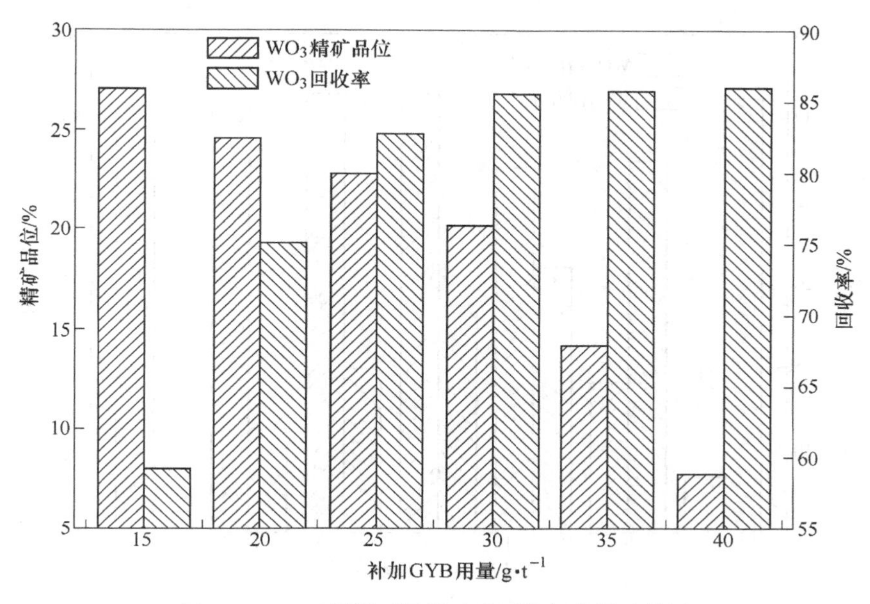

图 7-13 GYB 用量对黑钨矿选别指标的影响结果

7.3.4.2 TAB-3 用量对黑钨矿选别指标的影响试验

硫化矿浮选的尾矿进行高梯度磁选分流后，黑白钨矿进行分别浮选工艺中，采用了新型的选矿药剂 TAB-3，该药剂具有辅助捕收性能和起泡性能，在粗选循环压力 0.28MPa，精 1 循环压力 0.24MPa，精 2 循环压力 0.20MPa，其他药剂用量不变的情况下，考察辅助捕收剂 TAB-3 用量对黑钨矿浮选指标的影响，试验结果见图 7-14。

图 7-14 的试验结果表明，当 TAB-3 用量较大时，精矿泡沫量较大，尾矿品位低，但精矿产率大，黑钨精矿的品位低，且粗选压力不稳定；当 TAB-3 用量较小时，精矿品位高，但回收率较低。综合考虑，TAB-3 用量为 14g/t 为宜，可获得 $w(WO_3)$ = 18.73%、回收率 86.47%的黑钨精矿。

7.3.4.3 调整剂用量对黑钨矿选别指标的影响试验

在粗选循环压力 0.28MPa，精 1 循环压力 0.24MPa，精 2 循环压力 0.20MPa，GYB 和 TAB-3 用量分别为 30、14g/t，其他药剂用量不变的条件下，考察 Na_2CO_3用量对黑钨矿浮选指标的影响，试验结果见图 7-15。

图 7-15 的试验结果表明，碳酸钠用量 200g/t 为宜，可获得 $w(WO_3)$ = 17.82%、回收率 88.25%的黑钨精矿。

在粗选循环压力 0.28MPa，精 1 循环压力 0.24MPa，精 2 循环压力

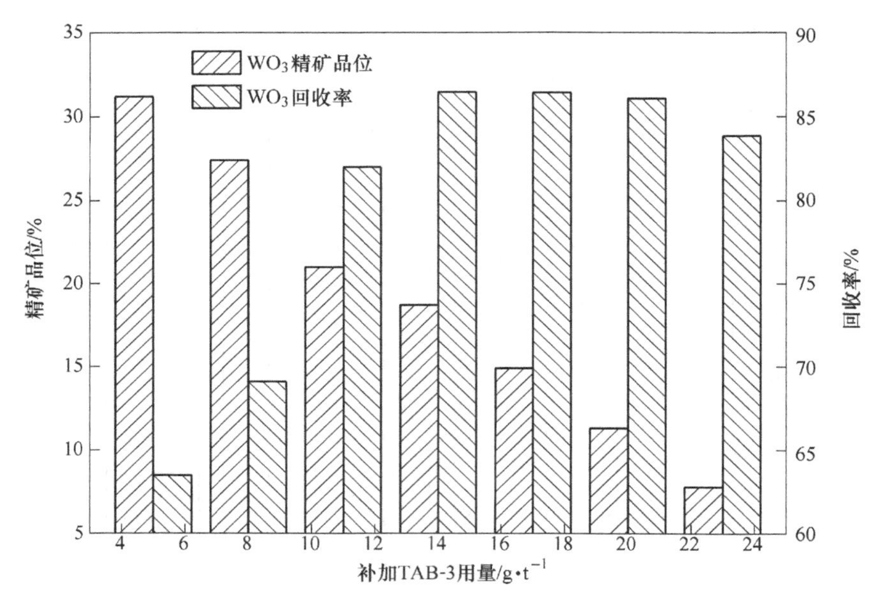

图 7-14　TAB-3 用量对黑钨选别指标的影响结果

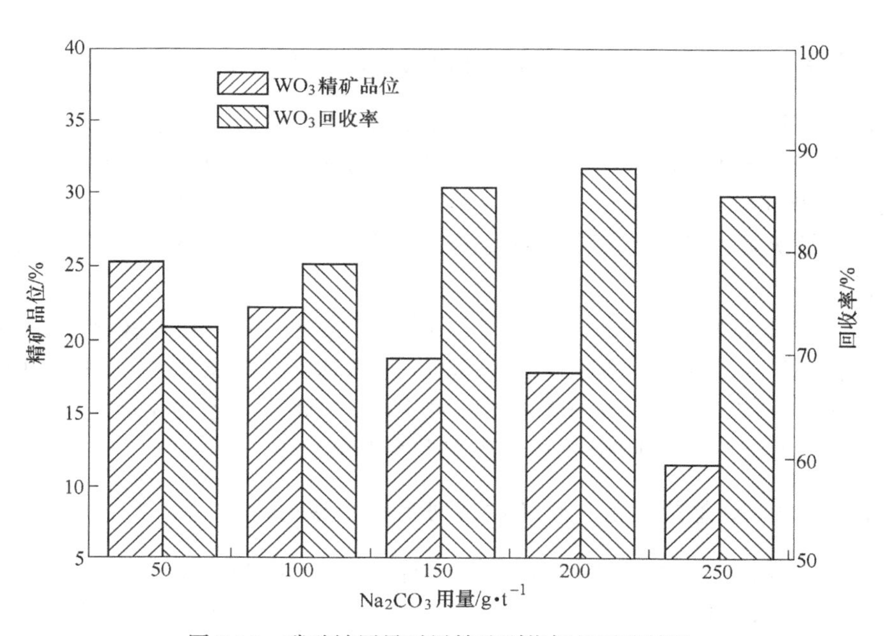

图 7-15　碳酸钠用量对黑钨选别指标的影响结果

0.20MPa，GYB、TAB-3、Na_2CO_3和 $Pb(NO_3)_2$用量分别为 30、14、200 、400g/t 的条件下，考察 Na_2SiF_6用量对黑钨矿浮选指标的影响，试验结果见图 7-16。

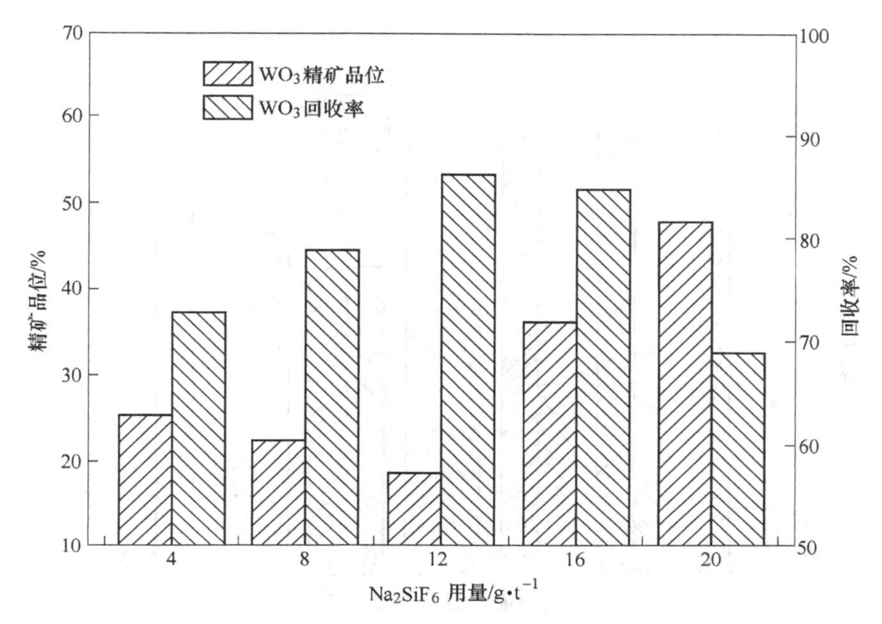

图 7-16 氟硅酸钠用量对黑钨选别指标的影响结果

图 7-16 的试验结果表明，Na_2SiF_6 用量 16g/t 为宜，可获得 $w(WO_3)$ = 36.36%、回收率 84.84%的黑钨精矿。

在粗选循环压力 0.28MPa，精 1 循环压力 0.24MPa，精 2 循环压力 0.20MPa，GYB、TAB-3、Na_2CO_3、$Pb(NO_3)_2$ 和 Na_2SiF_6 用量分别为 30、14、200、400、16g/t，其他药剂用量不变的条件下，考察硅酸钠和硫酸铝在不同用量的配比下对黑钨矿浮选指标的影响，试验结果见图 7-17。

由图 7-17 的试验结果表明，Na_2SiO_3 和 $Al_2(SO_4)_3$ 的用量对黑钨精矿品位和回收率影响均大，随着 Na_2SiO_3、$Al_2(SO_4)_3$ 用量的增加，黑钨精矿品位逐渐上升，当 Na_2SiO_3 用量为 640g/t、$Al_2(SO_4)_3$ 用量为 195g/t 后，随着 Na_2SiO_3 和 $Al_2(SO_4)_3$ 用量的增加，黑钨精矿品位反而下降。在保证浮选柱分流试验工艺系统的精矿品位和回收率的前提下，以节省药剂用量为原则，综合考虑，Na_2SiO_3 用量 640g/t、$Al_2(SO_4)_3$ 用量 195g/t 为宜，可获得 $w(WO_3)$ = 40.50%、回收率 85.55%的黑钨精矿。

在粗选循环压力 0.28MPa，精 1 循环压力 0.24MPa，精 2 循环压力 0.20MPa，其他药剂用量不变的条件下，考察 $Pb(NO_3)_2$ 用量对黑钨矿选别指标的影响，试验结果见图 7-18。

图 7-18 的试验结果表明，随着 $Pb(NO_3)_2$ 用量的增加，黑钨矿的回收率增加，但用量太大时，回收率又下降；$Pb(NO_3)_2$ 用量 250g/t 为宜，可获得 $w(WO_3)$ = 37.35%、回收率 87.56%的黑钨精矿。

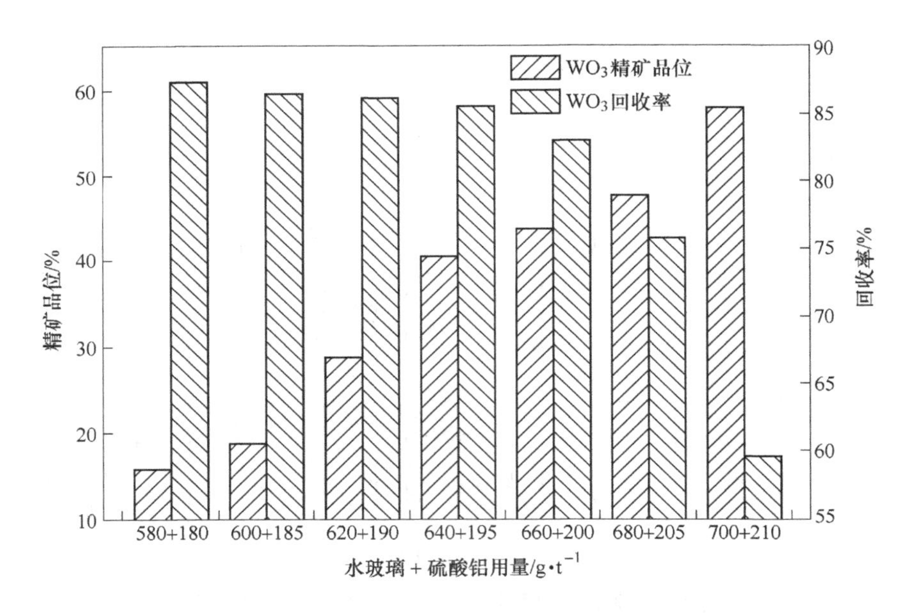

图 7-17　硅酸钠和硫酸铝的用量对黑钨矿选别指标的影响结果

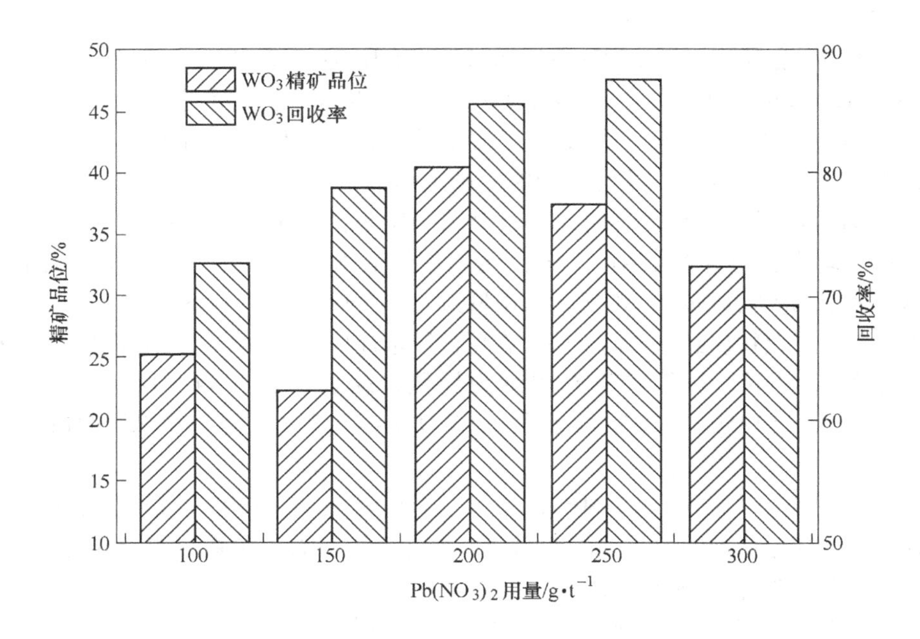

图 7-18　硝酸铅用量对黑钨选别指标的影响结果

7.3.4.4 处理量对选别指标的影响试验

在粗选循环压力 0.28MPa，精 1 循环压力 0.24MPa，精 2 循环压力 0.20MPa，药剂用量固定不变的条件下，考察处理量对黑钨矿浮选指标的影响，试验结果见图 7-19。

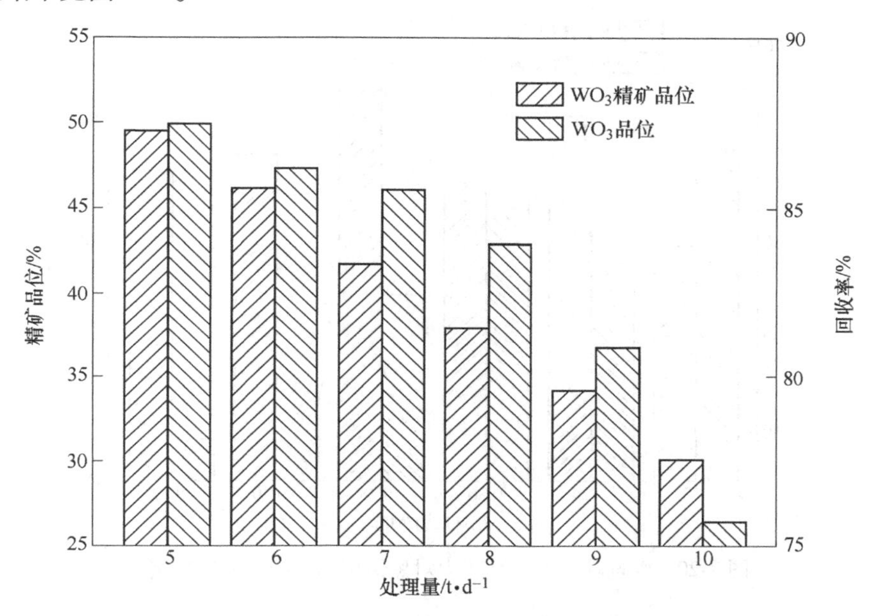

图 7-19 处理量对黑钨矿选别指标的影响结果

图 7-19 的试验结果表明，当处理量由 5t/d 逐步增大到 10t/d 时，黑钨精矿品位和回收率均呈下降的趋势。当处理量小时，矿物在柱体中的浮选时间就较长，相比之下柱体对目的矿物得回收就较充分，但是设备处理能力低；当处理量增大时，由于浮选时间较短，目的矿物就会或多或少的流失至最终尾矿中，从而导致回收率降低。综合考虑试验的选别指标，以及处理量太小相应的生产成本就会增大，试验最后选定的处理量为 7t/d，可获得 $w(WO_3) = 41.73\%$、回收率 85.55%的黑钨精矿。

7.3.4.5 浮选柱循环压力对黑钨选别指标的影响试验

循环泵压力是指浮选柱分流试验工艺系统的中矿循环泵出口处的压力，该压力大小是通过装在泵出口的压力表的显示得到的，既反映了中矿循环量大小，也直接关系到充气量的大小，是浮选柱强化分选过程和提高分选效率的重要参数，循环压力大小选择是否合适对选别指标影响较大。

在矿浆浆 pH 值为 8~9，粗选（$Na_2CO_3$200g/t，$Na_2SiF_6$16g/t，$Na_2SiO_3$640g/t，

$Al_2(SO_4)_3$195g/t，$Pb(NO_3)_2$ 300g/t，GYB 30g/t，TAB-3 11g/t）、精 1（Na_2SiO_3 60g/t，$Al_2(SO_4)_3$20g/t）和精 2（Na_2SiF_6 4g/t）药剂用量固定不变的条件下，调整循环量，分别考察粗选和精选的循环压力对黑钨矿选别指标的影响，试验结果见图 7-20～图 7-22。

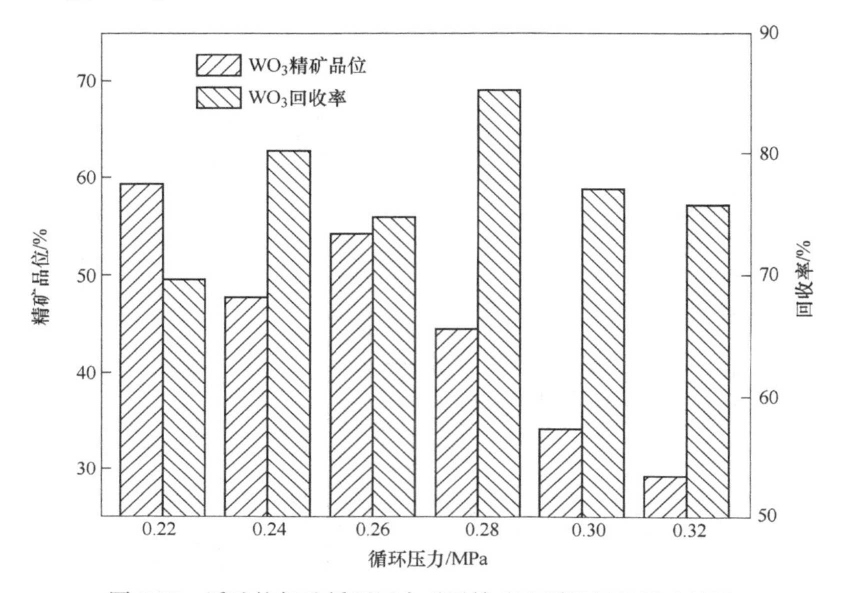

图 7-20　浮选柱粗选循环压力对黑钨矿选别指标的影响结果

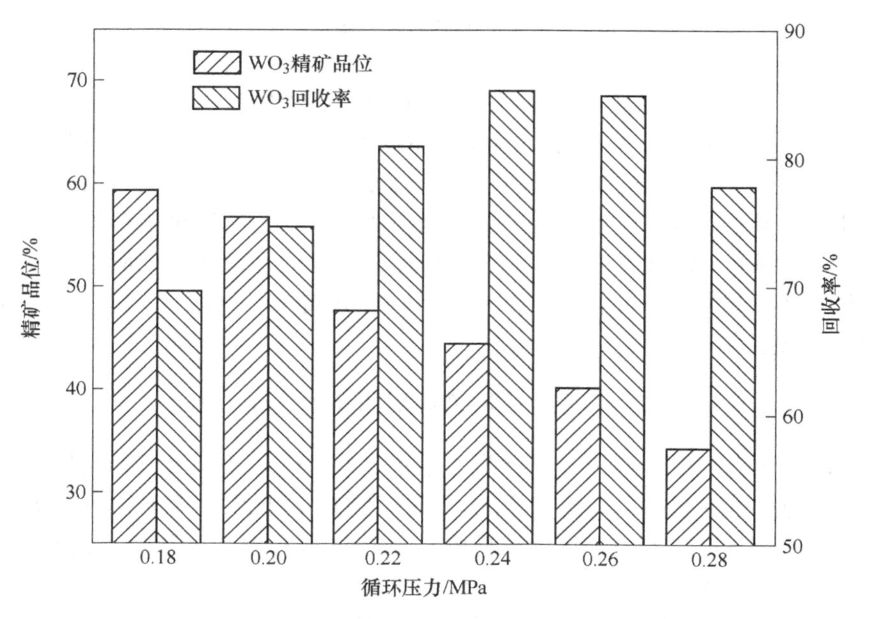

图 7-21　浮选柱精选 1 循环压力对黑钨矿选别指标的影响结果

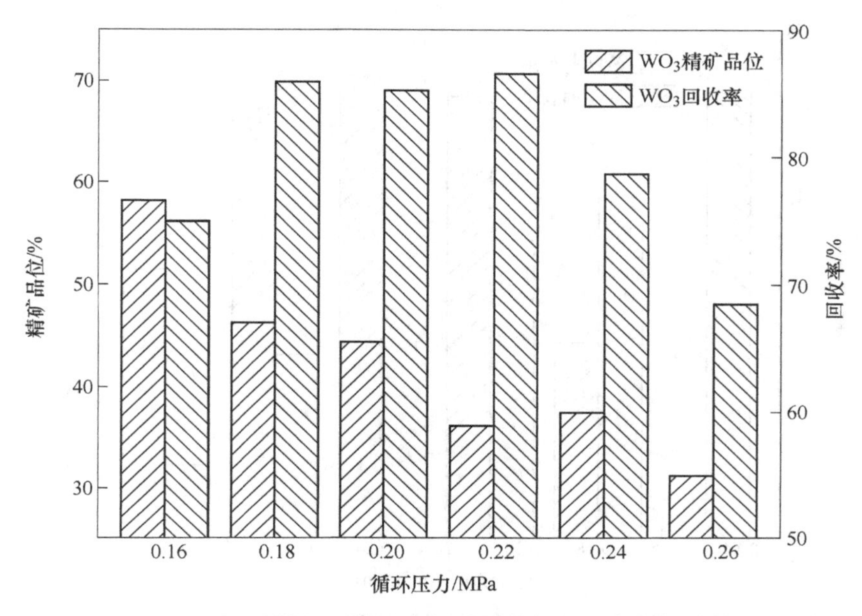

图 7-22　浮选柱精选 2 循环压力对黑钨矿选别指标的影响结果

图 7-20~图 7-22 试验结果表明，在提高循环压力后，微细粒的矿化加强，提高了颗粒与气泡的碰撞概率，黑钨精矿的回收率逐步提高，黑钨精矿品位逐步下降，当循环压力由 0.22MPa 提高至 0.28MPa 时，粗选黑钨精矿 $w(WO_3)$ = 22.78%，回收率由 62.34%增大到 82.77%，随着循环压力继续增加，粗选精矿的回收率和品位均下降。当循环压力过大时，导致浮选柱下部旋流力场过强，由于黑钨矿比重较大，会使已经黏附在气泡上的黑钨矿物颗粒从气泡上脱落下来，进入尾矿，影响黑钨矿的回收率；同时，微细颗的脉石矿物的矿化也加强，部分微细粒的石榴子石等脉石矿物会随矿化气泡上浮，进入到黑钨精矿泡沫中，降低了黑钨精矿的品位。综合考虑，选择粗选循环压力 0.28MPa 为宜。

7.3.4.6　充气量对黑钨矿选别指标的影响试验

充气量会直接影响浮选速率和浮选柱的逆流矿化效果。在循环压力 0.28MPa，GYB、TAB-3、Na_2SiO_3和 $Al_2(SO_4)_3$用量分别为 30、14、640、195g/t，其他药剂用量不变的条件下，考察充气量对黑钨矿浮选指标的影响，试验结果见图 7-23。

图 7-23 的试验结果表明，随着充气量的增加，黑钨矿品位逐渐下降，回收率升高，当到达 $0.24m^3/(m^2 \cdot min)$ 以后，黑钨精矿的回收率逐渐降低，综合考虑，选取充气量为 $0.24m^3/(m^2 \cdot min)$，可获得 $w(WO_3)$ = 41.02%、回收率 86.83%的黑钨精矿。

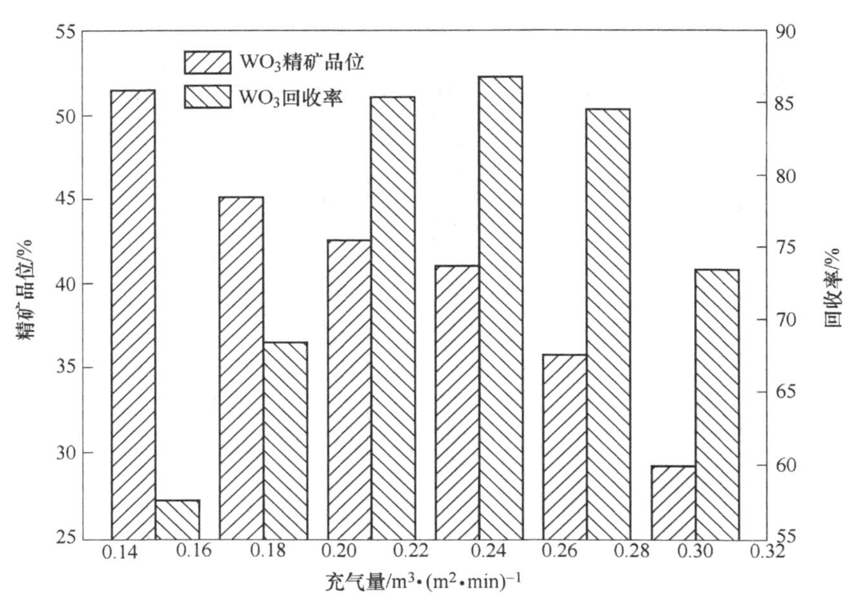

图 7-23　充气量对黑钨矿选别指标的影响结果

7.3.4.7　浮选柱短流程连选试验

连选试验的目的是考察在矿石性质变化情况下的系统运行稳定性、技术参数的可靠性，在最佳工艺参数条件的基础上，进行浮选柱系统的一粗二精流程的连选试验，同班次浮选柱一粗二精流程与浮选机一粗五精三扫流程的试验结果对比如表 7-5 所示，两种流程选别效果的对比如表 7-6 所示。

表 7-5　浮选柱一粗二精连选试验结果　　(%)

班次	产品名称	浮选机			浮选柱		
		产率	品位	回收率	产率	品位	回收率
1	黑钨精矿	1.32	33.52	83.48	1.08	41.52	84.61
	尾矿	98.68	0.09	16.52	98.92	0.08	15.39
	原矿	100.00	0.53	100.00	100.00	0.53	100.00
2	黑钨精矿	1.52	32.12	84.18	1.21	39.21	83.24
	尾矿	98.48	0.09	15.82	98.79	0.10	16.76
	原矿	100.00	0.58	100.00	100.00	0.57	100.00
3	黑钨精矿	1.48	31.52	79.07	1.19	41.25	84.63
	尾矿	98.52	0.13	20.93	98.81	0.09	15.37
	原矿	100.00	0.59	100.00	100.00	0.58	100.00

续表 7-5

班次	产品名称	浮选机			浮选柱		
		产率	品位	回收率	产率	品位	回收率
4	黑钨精矿	1.56	30.42	81.82	1.15	43.35	83.09
	尾矿	98.44	0.11	18.18	98.85	0.10	16.91
	原矿	100.00	0.58	100.00	100.00	0.60	100.00
5	黑钨精矿	1.57	30.45	81.03	1.21	40.52	83.10
	尾矿	98.43	0.11	18.97	98.79	0.10	16.90
	原矿	100.00	0.59	100.00	100.00	0.59	100.00
6	黑钨精矿	1.65	29.12	80.08	1.09	46.66	86.20
	尾矿	98.35	0.12	19.92	98.91	0.08	13.80
	原矿	100.00	0.60	100.00	100.00	0.59	100.00
7	黑钨精矿	1.44	34.16	83.37	1.14	44.12	83.83
	尾矿	98.56	0.10	16.63	98.86	0.10	16.17
	原矿	100.00	0.59	100.00	100.00	0.60	100.00
8	黑钨精矿	1.52	31.42	80.95	1.19	42.05	86.28
	尾矿	98.48	0.11	19.05	98.81	0.08	13.72
	原矿	100.00	0.59	100.00	100.00	0.58	100.00
9	黑钨精矿	1.43	34.42	82.03	1.15	42.35	82.55
	尾矿	98.57	0.11	17.97	98.85	0.10	17.45
	原矿	100.00	0.60	100.00	100.00	0.59	100.00
10	黑钨精矿	1.11	36.16	74.33	0.84	48.12	80.84
	尾矿	98.89	0.14	25.67	98.86	0.10	19.16
	原矿	100.00	0.54	100.00	100.00	0.50	100.00
11	黑钨精矿	1.14	39.42	80.25	1.04	45.05	83.66
	尾矿	98.86	0.11	19.75	98.81	0.09	16.34
	原矿	100.00	0.56	100.00	100.00	0.56	100.00
12	黑钨精矿	1.35	29.87	76.08	1.15	36.35	78.87
	尾矿	98.65	0.13	23.92	98.85	0.11	21.13
	原矿	100.00	0.53	100.00	100.00	0.53	100.00
13	黑钨精矿	1.46	30.21	80.13	1.22	37.32	82.98
	尾矿	98.54	0.11	19.87	98.78	0.09	17.02
	原矿	100.00	0.55	100.00	100.00	0.55	100.00

续表 7-5

班次	产品名称	浮选机			浮选柱		
		产率	品位	回收率	产率	品位	回收率
14	黑钨精矿	1. 49	31. 08	84. 11	1. 11	42. 06	86. 23
	尾矿	98. 51	0. 09	15. 89	98. 89	0. 08	13. 77
	原矿	100. 00	0. 55	100. 00	100. 00	0. 54	100. 00
15	黑钨精矿	1. 36	32. 15	84. 36	1. 10	42. 25	86. 13
	尾矿	98. 64	0. 08	15. 64	98. 90	0. 08	13. 87
	原矿	100. 00	0. 52	100. 00	100. 00	0. 54	100. 00
16	黑钨精矿	1. 48	31. 24	84. 03	1. 10	42. 62	85. 42
	尾矿	98. 52	0. 09	15. 97	98. 90	0. 08	14. 58
	原矿	100. 00	0. 55	100. 00	100. 00	0. 55	100. 00
17	黑钨精矿	1. 60	30. 11	83. 01	1. 12	42. 53	84. 85
	尾矿	98. 40	0. 10	16. 99	98. 88	0. 09	15. 15
	原矿	100. 00	0. 58	100. 00	100. 00	0. 56	100. 00
18	黑钨精矿	1. 54	31. 18	84. 13	1. 22	42. 19	85. 69
	尾矿	98. 46	0. 09	15. 87	98. 78	0. 09	14. 31
	原矿	100. 00	0. 57	100. 00	100. 00	0. 60	100. 00
19	黑钨精矿	1. 41	31. 04	84. 24	1. 06	43. 12	85. 97
	尾矿	98. 59	0. 08	15. 76	98. 94	0. 08	14. 03
	原矿	100. 00	0. 52	100. 00	100. 00	0. 53	100. 00
20	黑钨精矿	1. 58	30. 08	85. 06	1. 13	42. 08	86. 33
	尾矿	98. 42	0. 09	14. 94	98. 87	0. 08	13. 67
	原矿	100. 00	0. 56	100. 00	100. 00	0. 55	100. 00
21	黑钨精矿	1. 50	32. 09	84. 32	1. 13	42. 18	85. 43
	尾矿	98. 50	0. 09	15. 68	98. 87	0. 08	14. 57
	原矿	100. 00	0. 57	100. 00	100. 00	0. 56	100. 00
22	黑钨精矿	1. 45	31. 27	84. 14	1. 06	43. 11	86. 26
	尾矿	98. 55	0. 09	15. 86	98. 94	0. 07	13. 74
	原矿	100. 00	0. 54	100. 00	100. 00	0. 53	100. 00
23	黑钨精矿	1. 57	31. 23	84. 54	1. 19	42. 75	85. 93
	尾矿	98. 43	0. 09	15. 46	98. 81	0. 08	14. 07
	原矿	100. 00	0. 58	100. 00	100. 00	0. 59	100. 00

续表 7-5

班次	产品名称	浮选机			浮选柱		
		产率	品位	回收率	产率	品位	回收率
24	黑钨精矿	1.50	30.72	85.21	1.14	42.46	86.54
	尾矿	98.50	0.08	14.79	98.86	0.08	13.46
	原矿	100.00	0.54	100.00	100.00	0.56	100.00
25	黑钨精矿	1.54	31.66	85.46	1.15	42.32	87.24
	尾矿	98.46	0.08	14.54	98.85	0.07	12.76
	原矿	100.00	0.57	100.00	100.00	0.56	100.00
26	黑钨精矿	1.38	32.11	84.91	1.08	42.05	85.89
	尾矿	98.62	0.08	15.09	98.92	0.08	14.11
	原矿	100.00	0.52	100.00	100.00	0.53	100.00
27	黑钨精矿	1.45	32.01	83.14	1.10	42.45	84.59
	尾矿	98.55	0.10	16.86	98.90	0.09	15.41
	原矿	100.00	0.56	100.00	100.00	0.55	100.00
28	黑钨精矿	1.51	31.47	83.31	1.12	42.19	84.38
	尾矿	98.49	0.10	16.69	98.88	0.09	15.62
	原矿	100.00	0.57	100.00	100.00	0.56	100.00
29	黑钨精矿	1.41	31.56	82.46	1.06	42.38	84.61
	尾矿	98.59	0.10	17.54	98.94	0.08	15.39
	原矿	100.00	0.54	100.00	100.00	0.53	100.00
30	黑钨精矿	1.49	32.03	82.43	1.17	42.46	84.52
	尾矿	98.51	0.10	17.57	98.83	0.09	15.48
	原矿	100.00	0.58	100.00	100.00	0.59	100.00
31	黑钨精矿	1.37	32.41	82.47	1.12	42.56	84.76
	尾矿	98.63	0.10	17.53	98.88	0.09	15.24
	原矿	100.00	0.54	100.00	100.00	0.56	100.00
32	黑钨精矿	1.45	32.46	82.39	1.11	42.79	84.53
	尾矿	98.55	0.10	17.61	98.89	0.09	15.47
	原矿	100.00	0.57	100.00	100.00	0.56	100.00
33	黑钨精矿	1.40	32.09	83.18	1.10	42.82	85.39
	尾矿	98.60	0.09	16.82	98.90	0.08	14.61
	原矿	100.00	0.54	100.00	100.00	0.55	100.00

续表 7-5

班次	产品名称	浮选机			浮选柱		
		产率	品位	回收率	产率	品位	回收率
34	黑钨精矿	1.33	32.25	82.49	1.08	42.42	84.64
	尾矿	98.67	0.09	17.51	98.92	0.08	15.36
	原矿	100.00	0.52	100.00	100.00	0.54	100.00
35	黑钨精矿	1.43	31.79	82.49	1.10	42.32	84.61
	尾矿	98.57	0.10	17.51	98.90	0.09	15.39
	原矿	100.00	0.55	100.00	100.00	0.55	100.00

7.3.5　一粗二精三段黑钨矿柱浮选运行阶段结果与分析

一粗二精三段黑钨矿柱浮选结果见表 7-6。

表 7-6　一粗二精三段黑钨矿柱浮选短流程与浮选机流程结果对比

浮选设备	产品名称	产率/%	WO_3品位/%	WO_3回收率/%	流程
浮选柱	黑钨精矿	1.16	42.34	84.68	一粗二精流程
	尾矿	98.84	0.09	15.32	
	原矿	100.00	0.58	100.00	
浮选机	黑钨精矿	1.50	31.91	82.53	一粗五精三扫流程
	尾矿	98.50	0.10	17.47	
	原矿	100.00	0.58	100.00	
选别指标对比		−0.34	10.43	2.15	短流程
		在原矿品位相当的情况下，柱浮选的短流程工艺可以使黑钨精矿品位提高 10.43%，回收率提高 2.15%			

从表 7-5、表 7-6 的试验结果可知，采用浮选柱一粗二精流程，浮选柱系统的分选指标明显优于浮选机系统。浮选柱可获得 $w(WO_3)$ = 42.34%、回收率 84.68%的黑钨精矿，对比浮选机的生产指标，黑钨精矿品位提高 10.43%、回收率提高 2.15%，浮选柱系统的分选指标，尤其是精矿质量明显优于浮选机系统，浮选柱具有高的富集比和较强的回收能力。

由于旋流-静态微泡浮选柱形成针对难浮微细粒黑钨矿的多重矿化方式为核心的强化分选回收机制，克服了浮选机回收微细粒级黑钨矿能力差的弊端。同时增加了二段柱精选，大大提高了微细粒黑钨矿的精矿品位，浮选柱一粗二精流程代替浮选机一粗五精三扫工艺流程，得到了较优异的选矿指标。

7.4　一粗二精三段黑钨矿柱浮选短流程查定

黑钨矿浮选作业流程查定结果见表 7-7，数质量及矿浆流程图见图 7-24。

表 7-7　黑钨矿浮选流程查定结果

浮选系统	产品名称	产率/%	WO_3品位/%	WO_3回收率/%	流程
浮选柱	黑钨精矿	1.17	44.39	86.82	一粗二精流程
	尾矿	98.83	0.08	13.18	
	原矿	100.00	0.60	100.00	
浮选机	黑钨精矿	1.49	32.94	83.30	一粗五精三扫流程
	尾矿	98.51	0.10	16.70	
	原矿	100.00	0.59	100.00	

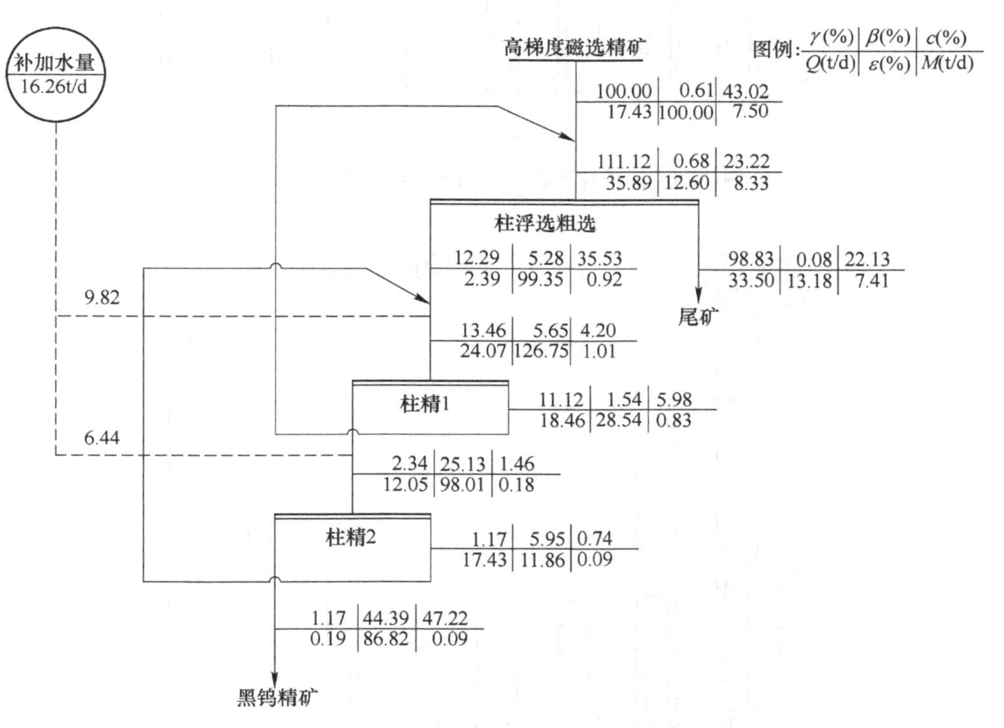

图 7-24　浮选柱黑钨浮选数质量及矿浆量流程图

γ—产率；β—WO_3品位；ε—WO_3回收率；c—浓度；Q—矿浆量；M—干矿量

进一步考察了浮选柱对黑钨浮选作业各个粒级的回收率，深入考察梯级优化浮选柱的分选效果，将柱分选系统和浮选机系统的精矿和尾矿进行筛析，对比浮选柱与浮选机对黑钨矿浮选的粒级回收率，在流程查定试验时我们采集了部分浮选柱与浮选机生产系统同期的原、精、尾矿样做粒级—品位分析，考察各粒级的回收率，分析结果见图 7-25 和图 7-26。

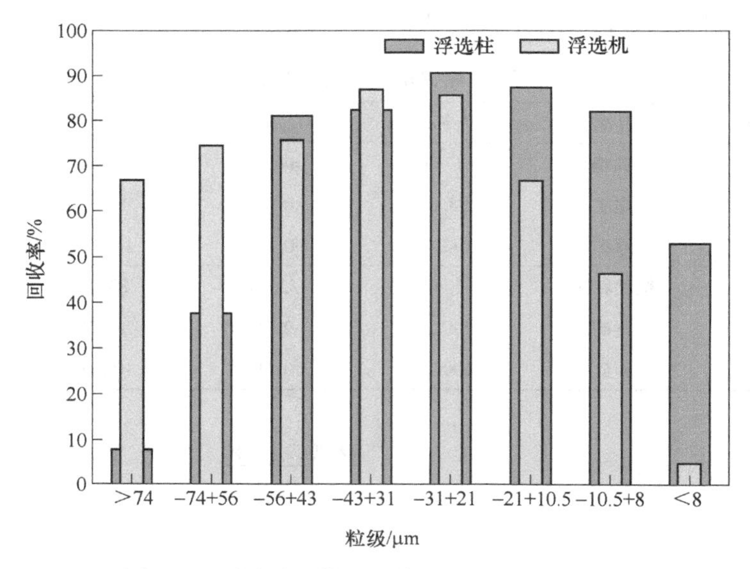

图 7-25　浮选柱黑钨浮选精矿粒级回收率分布图

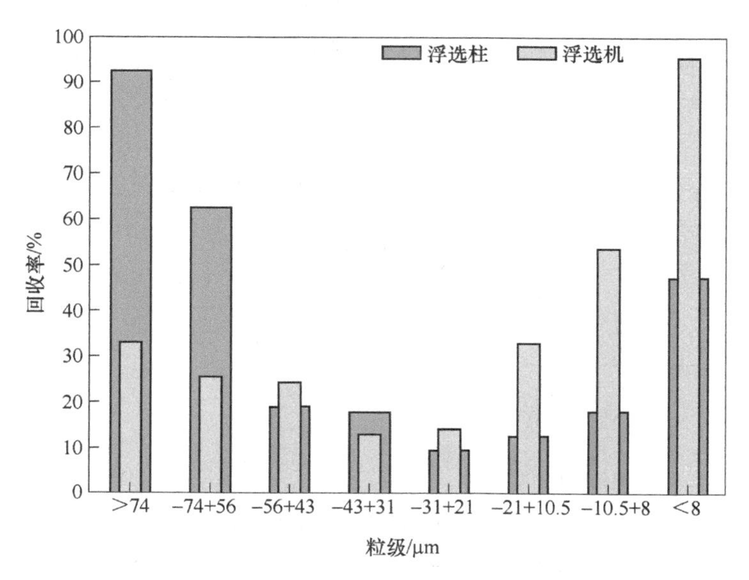

图 7-26　浮选柱黑钨浮选尾矿粒级回收率分布图

由图 7-25 和图 7-26 的分析结果来看，除−0. 043+0. 031mm 粒级指标异常外，浮选柱系统比浮选机系统对细粒级黑钨矿回收效果更好，表明矿用微泡浮选柱对细粒回收能力优于浮选机，可以很好地解决细粒回收的问题，浮选柱对微细粒级的黑钨矿物具有良好的适应性。浮选机系统对+0.074mm、-0.071+0.056mm 两个粒级的回收能力略优于浮选柱。

7.5 黑钨浮选精矿和尾矿的物相分析

为了更好的查找浮选机系统黑钨精矿品位低的原因，对浮选机系统的浮选黑钨精矿和尾矿进行了 X 荧光光谱半定量分析、矿物组成及含量等的分析，钨矿物的产出形式的分析。

7.5.1 浮选机系统黑钨精矿的化学成分

X 荧光分析结果列于表 7-8。

表 7-8 黑钨精矿的 X 荧光分析结果 (%)

元素	W	Sn	Bi	Mo	Pb	Zn	Cu	Ni	Si
含量	25.620	0.329	0.061	0.067	0.139	0.375	0.029	0.004	2.861
元素	Nb	Fe	U	Rb	Sr	Zr	Y	Cr	Ti
含量	0.027	8.115	0.021	0.021	0.017	0.006	0.002	0.023	0.442
元素	Al	Ca	Mg	Mn	Na	K	P	S	F
含量	1.742	31.603	0.365	1.579	0.057	0.619	0.226	0.932	1.708

由表 7-8 可以初步看出：

（1）样品的化学成分较为复杂，钨品位较低，除钨以外，尚含有少量的锡、铋、钼、铅和锌等其他有价金属元素。

（2）对样品钨品位影响较大的元素主要是钙，次为铁、硅、铝和氟。显然，为达到富集钨矿物的目的，需要选矿降低的最主要元素是钙。

7.5.2 矿物组成及含量

经镜下鉴定、X 射线衍射分析和 MLA（矿物参数自动分析仪）测定综合研究查明，样品中钨矿物主要是黑钨矿，次为白钨矿；铁矿物包括赤铁矿、褐铁矿和少量的磁铁矿；金属硫化物以磁黄铁矿为主，其次是黄铁矿、闪锌矿和少量辉铋矿、黄铜矿；脉石矿物以方解石含量最高，次为少量的绢云母、绿泥石和萤石，其他微量矿物尚见石英、长石、阳起石、透辉石、石榴石、绿帘石、黄玉、白云石、菱铁矿、铁白云石、锰白云石、菱锌矿、菱锰矿、锆石、磷灰石、榍石和独居石等。黑钨精矿的 X 射线衍射分析结果见图 7-27，MLA 测定的主要矿物的含量见表 7-9。

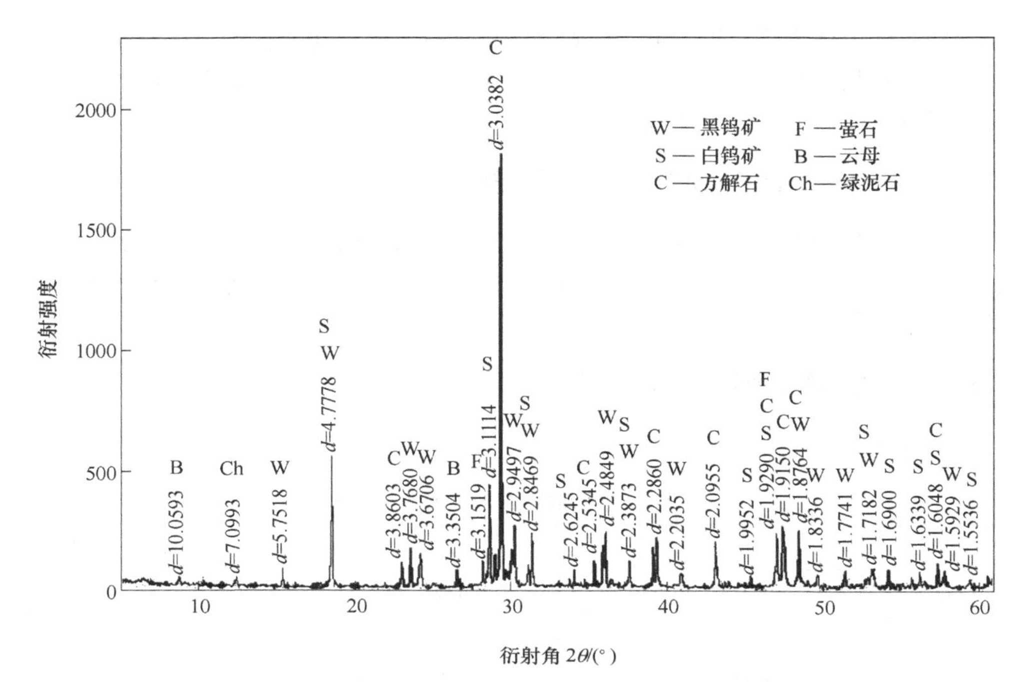

图 7-27 黑钨精矿的 X 射线衍射图

表 7-9 黑钨精矿中主要矿物的含量 (%)

矿物	黑钨矿	白钨矿	锡石	闪锌矿	黄铜矿	辉铋矿	磁黄铁矿	黄铁矿
含量	19.14	6.73	0.39	0.68	0.05	0.07	1.86	0.23
矿 物	磁铁矿	赤铁矿	褐铁矿	方解石	白云石	菱锰矿 菱铁矿	石英 长石	绿泥石 绢云母
含量	1.32	2.40	1.28	47.86	2.67	0.08	1.38	1.41
矿 物	石榴石	阳起石 透辉石	绿帘石	磷灰石	萤石	黄玉	钛铁矿 金红石	其 他
含量	3.86	1.26	1.95	0.70	2.87	0.21	1.20	0.40

7.5.3 钨矿物的产出形式

黑钨矿和白钨矿的矿物含量比大致为 75 : 25，偶见白钨矿沿黑钨矿边缘交代，局部黑钨矿甚至可呈微细的残余分布在白钨矿中。总体来看，样品中钨矿物多为半自形板片状或不规则状，粒度较为均匀，一般介于 0.005~0.06mm 之间。据 MLA 统计，样品中呈单体产出的钨矿物占 93.89%，其余部分则与其他矿物紧密镶嵌而构成不同比例的连生体（表 7-10）。在钨矿物连生体中，与其嵌连关系最密切的矿物主要是萤石和方解石（表 7-11，图 7-28）。钨矿物与连生矿物之间的嵌连方式以毗连型连生体居多，部分为包裹型连生体。前者表现形式主要是钨矿物常沿嵌连矿物（绝大部分为脉石）的边缘分布，相互之间的接触界线相对较为规则平直图 7-31~图 7-34；包裹型连生体的特征是极微细的萤石或硅酸盐类脉石矿物包裹在钨矿物中，亦偶见磁黄铁矿作为钨矿物中的包裹体产出（图 7-35，图 7-28）。

表 7-10 黑钨精矿中钨矿物的解离度含量

单体/%	连生体/%			
	>3/4	3/4~1/2	1/2~1/4	<1/4
93.89	3.21	1.85	0.73	0.32

表 7-11 钨矿物连生体与嵌连矿物的比例 （%）

连生矿物	占钨矿物总量比例	占钨矿物连生体比例	连生矿物	占钨矿物总量比例	占钨矿物连生体比例
萤石	2.85	46.65	金属硫化物	0.27	4.42
方解石	1.87	30.61	铁矿物	0.14	2.29
石英/长石	0.23	3.76	钛矿物	0.07	1.15
绿泥石/绢云母	0.36	5.89	其 他	0.04	0.65
石榴石/阳起石	0.28	4.58	合 计	6.11	100.00

综合以上分析可知：

（1）黑钨精矿的组成矿物种类较为复杂，特别是方解石的含量较高，显然它是影响钨精矿品位的最主要杂质矿物。据粗略概算，如果选矿能将碳酸盐类矿物（包括方解石、白云石、菱铁矿、菱锰矿）全部脱除，黑钨精矿中 WO_3 的品位将提高至 50%以上，这就是浮选机浮选黑钨矿系统最终获得的黑钨精矿品位不高的原因。

（2）虽然黑钨精矿中部分钨矿物与其他矿物紧密镶嵌构成不同形式的连生体，但整体来说其解离程度相对较高、富连生体（颗粒中钨矿物的体积含量大于75%）所占比例较大，如能在现有基础上进一步适度细磨，预计相当部分与脉石毗连镶嵌的钨矿物亦将得到解离。所以钨矿物的解离状态并不是影响钨精矿品位的最主要因素。

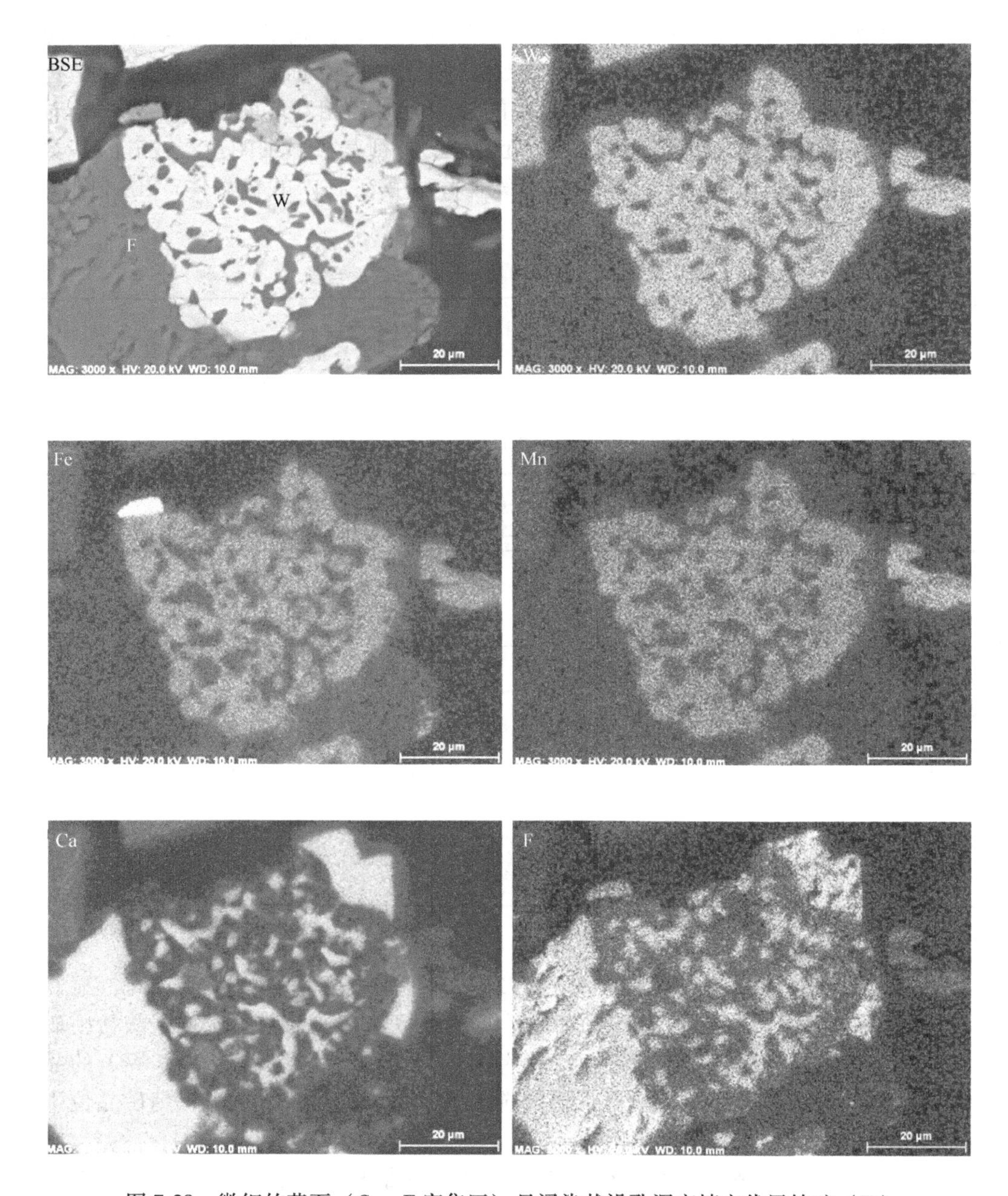

图 7-28　微细的萤石（Ca、F 富集区）呈浸染状沿孔洞充填交代黑钨矿（W）构成包裹型连生体，Fe 富集区为铁矿物

BSE—背散射电子像；W—钨的面扫描；Fe—铁的面扫描；Mn—锰的面扫描；Ca—钙的面扫描；F—氟的面扫描

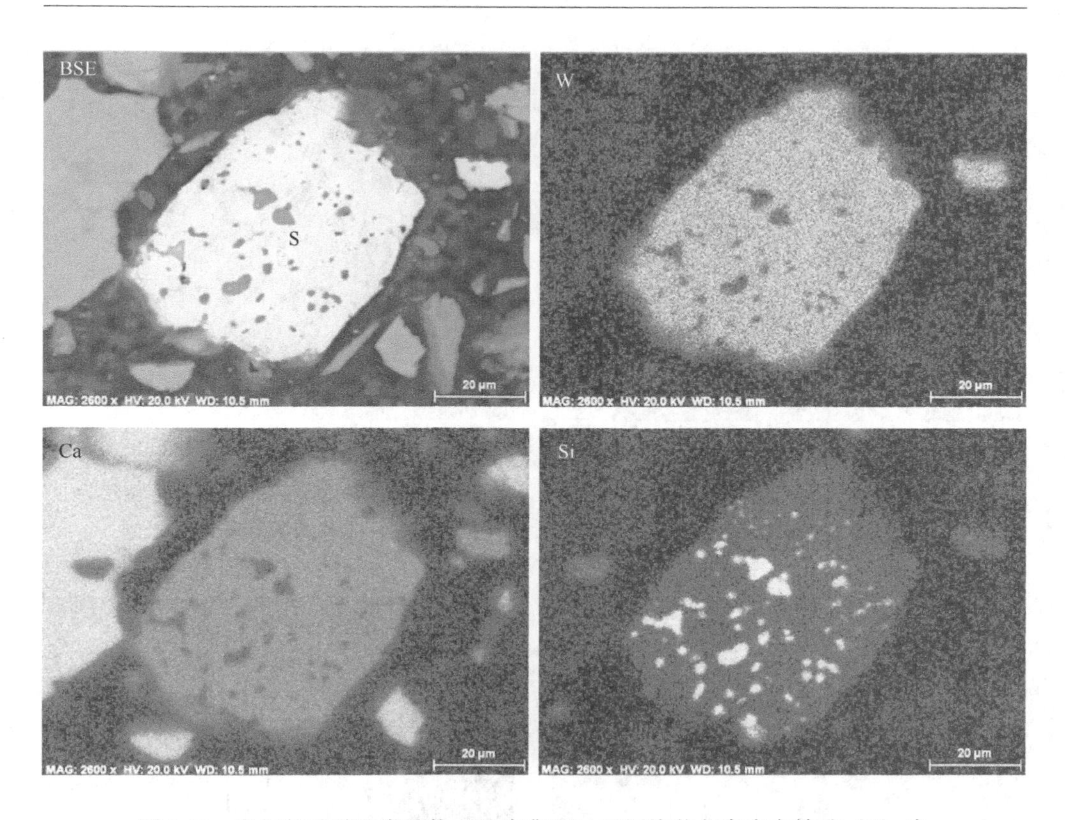

图 7-29　微细的硅酸盐类矿物（Si 富集区）呈浸染状包裹在白钨矿（S）中

BSE—背散射电子像；W—钨的面扫描；Ca—钙的面扫描；Si—硅的面扫描

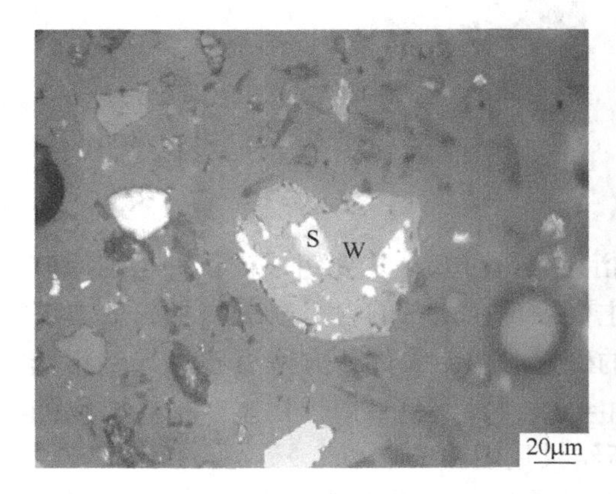

图 7-30　黑钨矿（W）呈微细的交代残余与白钨矿（S）紧密镶嵌，黄白色粒状为磁黄铁矿（中下部）　反光

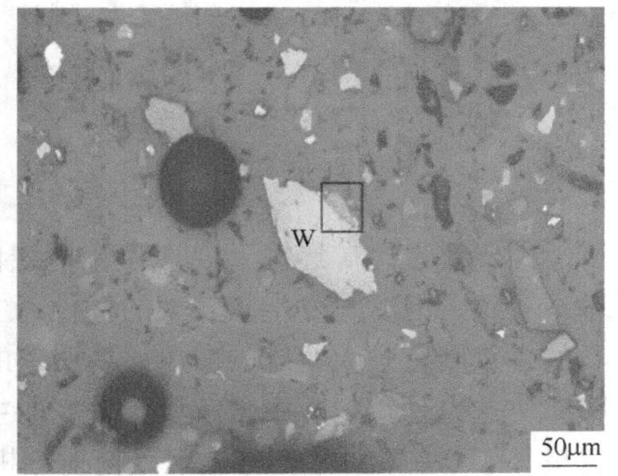

图 7-31　微细的脉石（方框内）沿黑钨矿（W）边缘嵌连构成钨的富连生体　反光

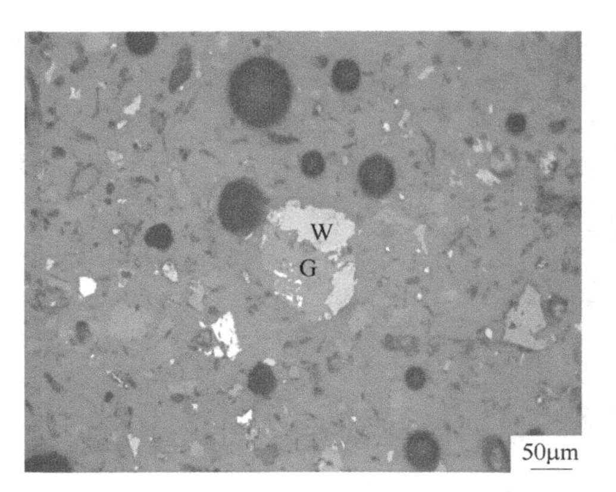

图 7-32　黑钨矿（W）沿脉石（G）边缘毗连镶嵌，黄白色粒状为磁黄铁矿　反光

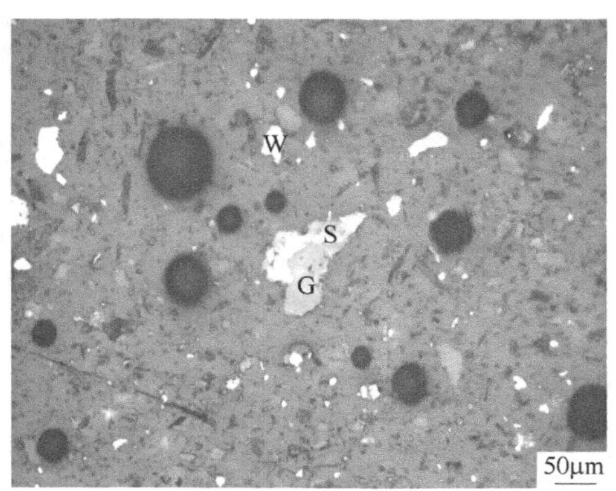

图 7-33　微细的白钨矿（S）沿脉石（G）边缘嵌布，W 为黑钨矿，黄白色粒状为磁黄铁矿　反光

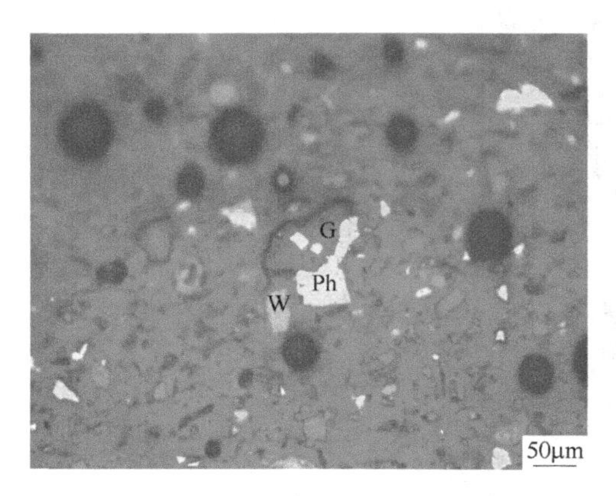

图 7-34　微细的黑钨矿（W）沿磁黄铁矿（Ph）和脉石（G）构成的连生体边缘嵌布　反光

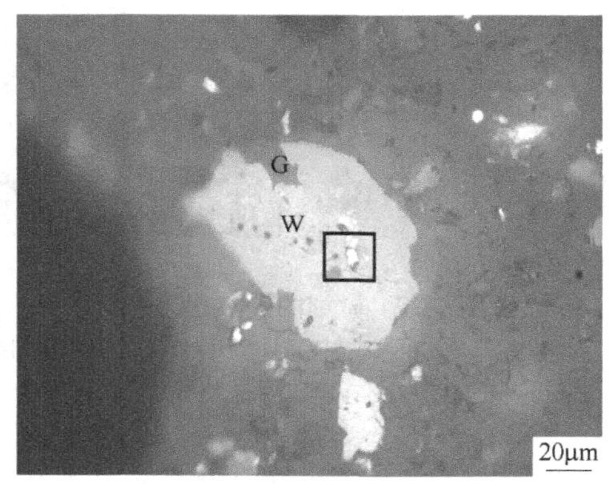

图 7-35　微细粒黄铁矿（方框内）零星包裹在黑钨矿（W）中　反光

黑钨浮选尾矿经镜下观察和 X 射线衍射分析可知，主要组成矿物种类与原矿基本一致，但含量发生了较大的变化，主要表现在萤石的含量显著增加，而方解石的含量则有较大幅度的减少，说明钨的磁选过程中大部分方解石已进入钨粗选精矿，这也是钨精矿中方解石含量高的主要原因。据粗略估计，尾矿中钨矿物的含量小于 0.2%。尾矿的 X 射线衍射分析结果见图 7-37。

尾矿中钨矿物包括黑钨矿和白钨矿，它们均为半自形板片状或不规则粒状，相对而言前者较为常见。综合分析，损失在尾矿中的钨矿物主要以两种形式存在：

图 7-36 黑钨精矿中钨矿物的 MLA 分析图

（1）为单体粒状，粒度普遍十分细小，除个别粗者可至 0.03mm 左右以外，大多在 0.01mm 以下，以这种形式存在的钨矿物约占其总量的 20%（图 7-38、图 7-39）；

（2）呈浸染状零星包裹在脉石中，少数沿脉石边缘嵌连，粒度 0.005～0.05mm 不等（图 7-41～图 7-43）。

总体来看，损失在尾矿中的钨矿物或因粒度过于微细、或因与脉石的嵌布关系过于复杂而难以进一步充分回收。微细粒级的黑钨矿损失在尾矿中，影响钨的回收率，旋流-静态微泡浮选柱构建了分选过程逐步强化的分选机制，这样一种

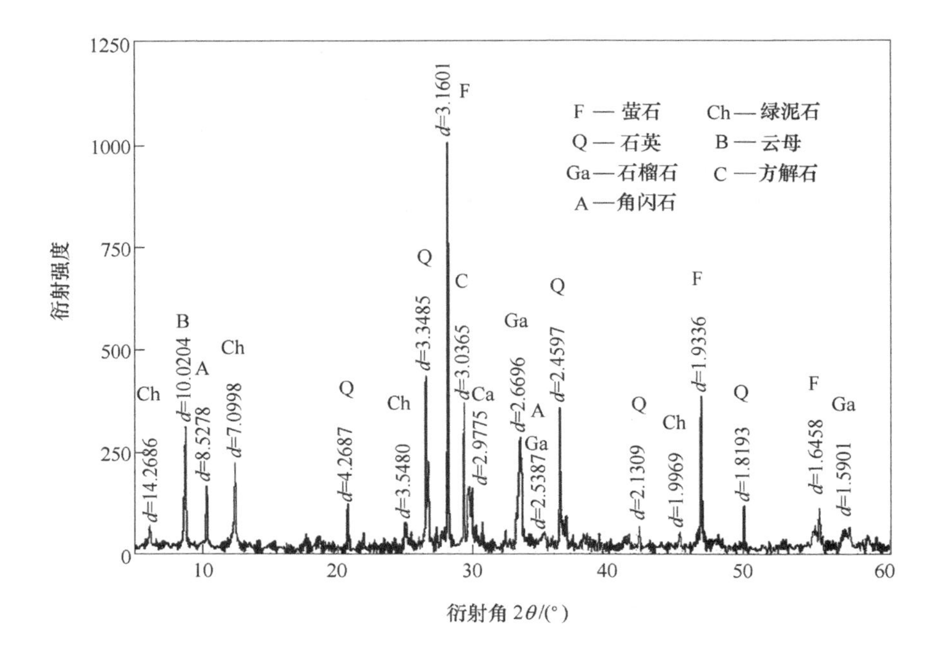

图 7-37　尾矿中的 X 射线衍射分析图谱

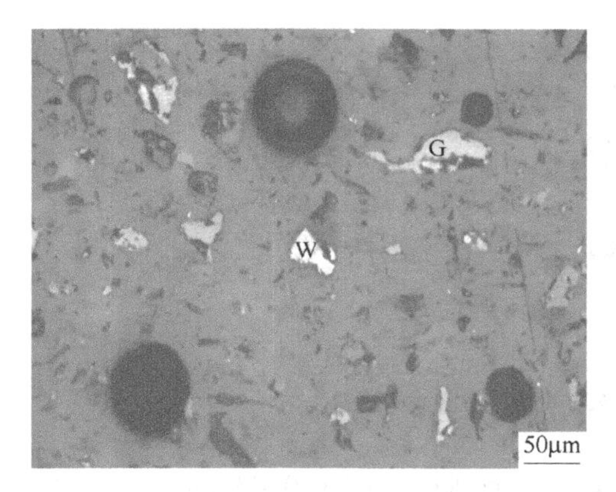

图 7-38　形态较为规则的单体粒状黑钨矿（W）　反光

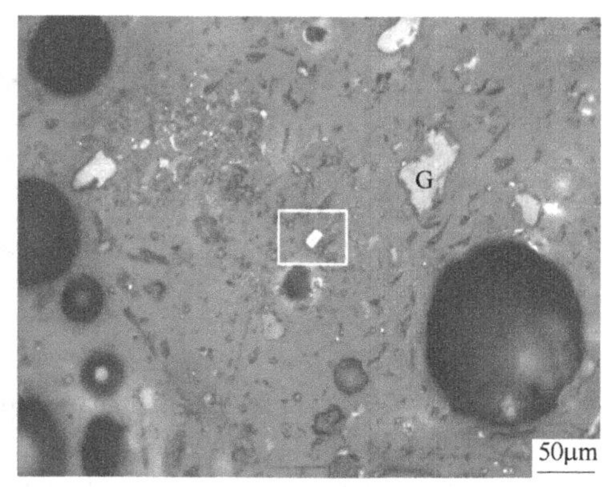

图 7-39　粒度极为细小的单体粒状黑钨矿（中部方框内）　反光

多流态梯级强化过程与微细粒级黑钨矿可浮性的非线性变化相匹配和耦合，解决了靠延长浮选时间或者增加流程来提高选矿回收率的问题。根据微细粒级黑钨矿可浮性逐渐变差的非线性特点，设计与之相匹配的分选过程，将微细粒级的黑钨矿分选过程分为一段粗选和二段精选，由于原矿品位较低，一段粗选在循环压力和旋流力场强度较强的条件下回收微细粒级黑钨矿，保证粗选的回收率，增加两次精选，利用浮选柱富集比高的特点，提高黑钨精矿品位，也正是一粗二精柱浮选流程可以代替浮选机一粗五精三扫工艺流程，实现微细粒级黑钨矿短流程的高效回收的原因。

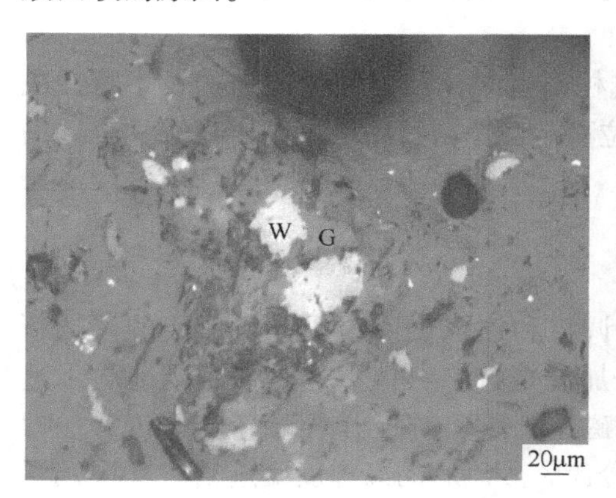

图 7-40 微细粒黑钨矿（W）呈浸染状分布在脉石（G）中 反光

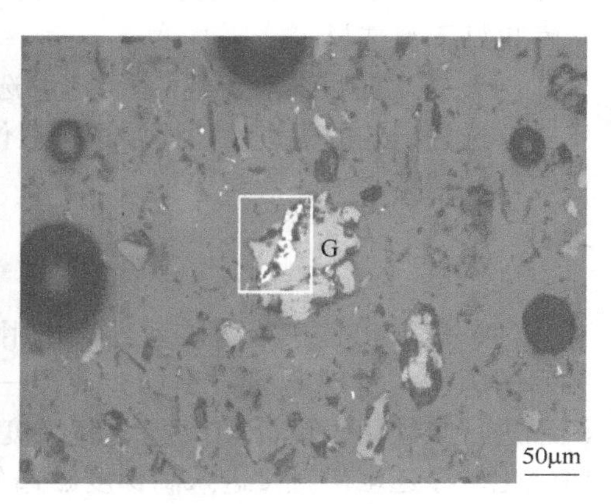

图 7-41 微细的黑钨矿（方框内）充填于脉石（G）边缘的孔洞中 反光

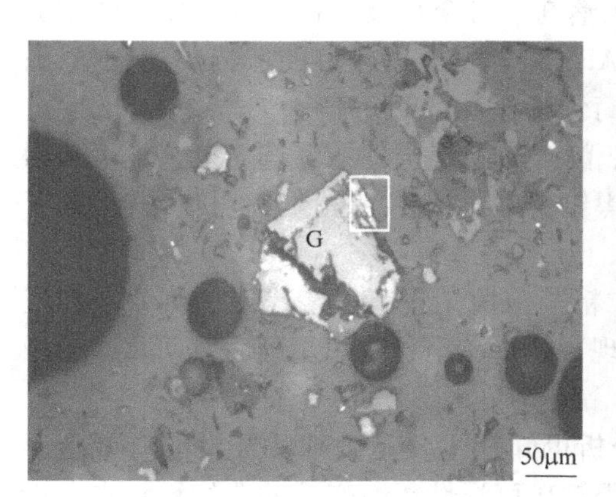

图 7-42 微细的黑钨矿（方框内）沿脉石（G）边缘毗连镶嵌黑色裂隙 反光

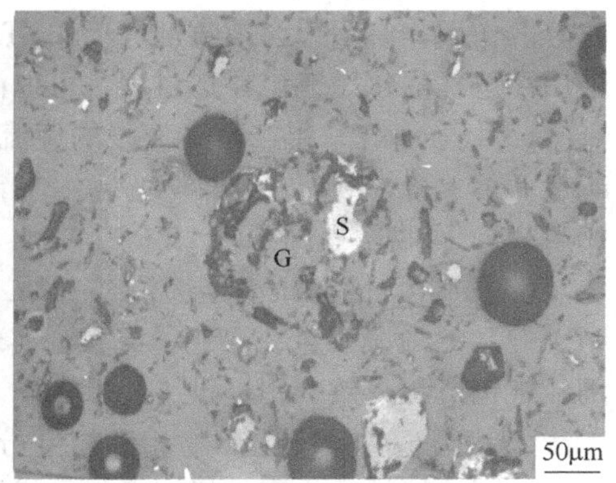

图 7-43 微细粒白钨矿（S）零星分布于脉石（G）粒间 反光

7.6 黑钨矿柱分选过程强化的优势分析

浮选柱系统分选黑钨矿时能获得比常规浮选机较好指标的主要原因在于自身的不同区域分选作用与强化分选机制的结合。

（1）工艺简化。在黑钨浮选作业中，采用浮选柱一粗二精流程替代浮选机一粗五精三扫工艺。

（2）指标优越。黑钨精矿品位提高了 10.43%，回收率提高 2.15%。

（3）过程稳定。由连选试验结果可知，浮选柱的黑钨精矿品位与白钨粗精矿品位波动较小，说明了浮选柱与浮选机相比不仅分选指标较高，而且运行的稳定性也好于浮选机。

（4）技术先进。旋流-静态微泡浮选柱高富集比和强回收能力的技术特性决定了浮选柱工艺的先进性，而浮选柱液位稳定性控制回路也提高了浮选柱分选的稳定性和指标水平。

7.7 小结

（1）基于黑钨矿浮选体系界面作用调控和柱强化回收机制所形成的浮选新技术的原型，对现场的“黑白钨混浮—加温精选—黑钨重选—细泥浮选”工艺流程进行了优化，设计和改造“高梯度磁选—黑钨矿柱分选”新工艺流程，即将硫化矿浮选尾矿直接进入高梯度磁选分流，分流后的高梯度磁选精矿（黑钨浮选原矿）浓缩后，分别进入浮选机系统和浮选柱系统，浮选机系统和浮选柱系统分别采用一粗五精三扫和一粗二精的浮选流程。

（2）硅酸钠、硫酸铝和 CMC 作为调整剂，对全粒级黑钨矿具有较好的絮凝和分散作用；使用组合捕收剂（GYB+TAB-3），可获得较好的黑钨矿浮选指标；采用浮选柱强化黑钨矿浮选过程，可以简化流程并实现短流程浮选。

（3）采用“一粗二精”三段的旋流-静态微泡浮选柱的浮选新工艺，可获得 $w(WO_3)$ = 42.34%、回收率为 84.68%黑钨精矿，精矿品位比浮选机工艺提高了 10.43%，回收率提高了 2.15%。

（4）旋流-静态微泡浮选柱“一粗二精”三段工艺可以替代浮选机“一粗三精五扫”的九段工艺，简化了流程，实现了黑钨矿全粒级短流程高效回收，为微细粒级钨资源高效利用提供了技术支撑。

（5）浮选机系统尾矿物相和粒度分析可知，主要是微细粒级没能有效上浮回收，影响钨的回收率。根据微细粒级黑钨矿可浮性逐渐变差的非线性特点，设计与之相匹配的分选过程，将微细粒级的黑钨矿分选过程分为一段粗选和二段精选，由于原矿品位较低，一段粗选在循环压力和旋流力场强度较强的条件下回收微细粒级黑钨矿，保证回收率，增加两次精选，利用浮选柱富集比高的特点，提高黑钨精矿品位。

参 考 文 献

[1] Tyle P M, Waggman W H. Report on Possible utilization of phosphate rock slimes [J]. Natural Academy of Seience, MMAB Report, 1953: 45~52.

[2] Goldgerger W M. An analysis of technology for improved beneficiation of ultra fine mineral particle system [J]. Paper Presented at Annual General Meeting of Canada Institution Mining, Vancouver, 1973.

[3] Somasundaran P, Fuerstenau. Research Needs in Mineral Proeessing [J]. Found Workshop Report, 1976.

[4] 陈玉平 . 微细粒铅锑锌硫化矿浮选研究 [D]. 长沙: 中南大学, 2008.

[5] 付广钦 . 微细粒黑钨矿的浮选工艺及浮选药剂的研究 [D]. 长沙: 中南大学, 2010.

[6] 黄光耀, 冯其明, 欧乐明, 等 . 利用微泡浮选柱从浮选尾矿中回收微细粒级白钨矿 [J]. 中南大学学报 (自然科学版), 2009, 40 (2): 263~267.

[7] Somasundaran P. In Research Needs in Mineral Processing [J]. NSF workshop, New York: 1975.

[8] Fuerstenau D W. Fine Partiele Flotation in Fine particle processing P [J]. Somasundaran, AIME.

[9] 高玉德, 李玉峰, 常祝春 . 黑钨细泥浮选新的工艺流程及药剂研究 [J]. 广东有色金属学报, 1994, 4 (1): 20~22.

[10] 夏启斌, 李忠, 邱显扬, 等 . 浮选剂苯甲羟肟酸的量子化学研究 [J]. 矿冶工程, 2004, 24 (1): 30~33.

[11] 王明细, 蒋玉仁 . 新型螯合捕收剂 COBA 浮选黑钨矿的研究 [J]. 矿冶工程, 2002, (1): 27~28.

[12] 陈万雄, 叶志平 . 硝酸铅活化黑钨矿浮选的研究 [J]. 广东有色金属学报, 1999, 9 (1): 15~16.

[13] 刘辉 . 江西钨矿细泥选矿技术发展与应用 [J]. 中国钨业, 2002, 17 (5): 30~32.

[14] 杨久流, 罗家珂, 王淀佐 . 微细粒矿物分选技术 [J]. 国外金属矿选矿, 1995(5): 12~14.

[15] 邓丽红, 周晓彤 . 从原次生细泥中回收黑白钨矿的选矿工艺研究 [J]. 金属矿山, 2008 (11): 148.

[16] 钟能 . 大吉山钨矿选厂细泥处理流程改造的生产实践 [J]. 中国钨业, 2008, 23 (6): 12~14.

[17] 林鸿珍 . 大龙山选厂钨细泥回收工艺的研究 [J]. 中国钨业, 2000, 15 (1): 20~22.

[18] 周晓彤, 邓丽红 . 黑白钨细泥选矿新工艺的研究 [J]. 材料研究与应用, 2007, 1 (4): 304~305.

[19] 高玉德 . 黑钨细泥浮选中抑制剂的研究 [J]. 中国钨业, 1996 (11): 3~4.

[20] 韦大为, 丘继存 . 中性油在油团聚中的作用机理 [J]. 有色金属, 1988 (4): 41~45.

[21] 李平 . 某选厂钨细泥回收工艺的研究 [J]. 江西有色金属, 2001, 15 (1): 21~22.

[22] 林培基 . 离心选矿机在钨细泥选矿中的应用 [J]. 金属矿山, 2009 (2): 137~138.

[23] 周晓彤，邓丽红．钨细泥重—浮—重选矿新工艺的研究［J］．材料研究与应用，2008，2（3）：231~232.
[24] 方夕辉，钟常明．组合捕收剂提高钨细泥浮选回收率的实验研究［J］．中国钨业，2007，22（4）：27~28.
[25] 方聃．湖南钨矿选矿技术研究进展［J］．矿产保护与利用，2005（12）：38.
[26] 戴子林，张秀玲，高玉德．苯甲羟肟酸浮选细粒黑钨矿的研究［J］．矿冶工程，1995，15（2）：25~27.
[27] 邓丽红，周晓彤．从原次生细泥中回收黑白钨矿的选矿工艺研究［J］．金属矿山，2008（11）：149.
[28] 常祝春，叶志平．黑钨细泥选矿新工艺工业应用的研究［J］．广东有色金属学报，1995，5（2）：81~83.
[29] 朱建光，周春山．混合捕收剂的协同效应在黑钨、锡石细泥浮选中的应用［J］．中南工业大学学报，1995，26（4）：465~466.
[30] 朱一民，周菁．萘羟肟酸浮选黑钨细泥的试验研究［J］．矿冶工程，1998，18（4）：33~35.
[31] 陈万雄，叶志平．硝酸铅活化黑钨矿浮选的研究［J］．广东有色金属学报，1999，9（1）：13.
[32] 黄光耀，冯其明，欧乐明，等．浮选柱法从浮选尾矿中回收微细粒级白钨矿的研究[J]．稀有金属，2009，(2)：263~266.
[33] 李平，管建红，李振飞，等．钨细泥选矿现状及试验研究分析［J］．中国钨业，2010，25（2）：20~23.
[34] 胡文英，余新阳．微细粒黑钨矿浮选研究现状［J］．有色金属科学与工程，2013，4（5）：102~107.
[35] Hogg R. 矿物表面特性［J］．国外金属矿选矿，1981，12：1~15.
[36] 张立先，高玉武．矿物表而特性与可浮性关系综述［J］．黄金学报，2000，2（1）：30~33.
[37] Spottiswood D J. Interfacial phenomena in mineral processing［C］. New York：Engineering Foundation，1981：207~227.
[38] 王玉明，季寿元．黑钨矿类质同象系列的红外光谱研究［J］．矿物学报，1989，8（2）：155~163.
[39] 艾光华，李晓波．微细粒黑钨矿选矿研究现状及展望［J］．矿山机械，2011，39（10）：89~95.
[40] 王淀佐，胡岳华，李云龙．类质同象系列黑钨矿油酸钠浮选作用机理研究［J］．有色金属，1990，42（3）：18~22.
[41] 乔光豪，王宝贵，施辉亮．利用人丁合成矿物 $MnWO_4$ 和 $FeWO_4$ 研究黑钨矿（Mn，Fe）WO_4 系列的可浮性［J］．南方冶金学院学报，1989，10（4）：95~100.
[42] 李毓康．黑钨矿浮选溶液化学研究［J］．稀有金属，1987（5）：323~330.
[43] Cooper T G，Leeuw N H. A combined abinitin and atomistic simulation study of the surface and interfacial structures and energies of hydrated scheelite：introducing a $CaWO_4$ potential

model [J]. Surface Science, 2003, 531 (2): 159~176.

[44] Kundu T K, Hanumantha K, Parker S C. Atomistic simulation of the surface structure of wollastonite and adsorption phenomena relevant to flotation [J]. International Journal of Mineral Processing, 2003, 72: 111~127.

[45] 刘清高，韩兆元，管则皋．白钨矿浮选研究进展 [J]. 中国钨业，2009，24 (4): 23~27.

[46] 于洋，孙传尧．白钨矿与含钙矿物可浮性研究及晶体化学分析 [J]. 中国钨业，2013，42 (2): 278~283.

[47] 陈万雄，叶志平．硝酸铅活化黑钨矿浮选的研究 [J]. 广东有色金属学报，1999，9 (1): 14~15.

[48] 周乐光．矿石学基础 [M]. 3版．北京：冶金工业出版社，2009.

[49] 王璞，潘兆橹．系统矿物学（上册）[M]. 北京：地质出版社，1987.

[50] Moon K S, Fueratenau D W. Surface crystal chemistry in selective flotation of spodumene [$LiAl(SiO_3)_2$] from other alunl inosilicates [J]. International Journal of Mineral Processing, 2003, 72: 11~24.

[51] 李云龙，彭明生，王淀佐．黑钨矿的晶体构造特征与可浮性关系 [J]. 有色金属，1990，42 (4): 38~43.

[52] 高志勇，孙伟，刘晓文．白钨矿和方解石晶面的断裂键差异及其对矿物解离性质和表面性质的影响 [J]. 矿物学报，2010，30 (4): 470~475.

[53] 何发钰，孙传尧，宋磊．磨矿介质对方铅矿表面性质和浮选行为的影响 [J]. 有色金属，2006，58 (3): 81~84.

[54] 谢广元．选矿学 [M]. 徐州：中国矿业大学出版社，2005.

[55] 邓海波．低品位复杂难处理钨矿选-冶联合新工艺和技术经济评价模型的研究 [D]. 长沙：中南大学，2011.

[56] 韩兆元．组合捕收剂在黑钨矿、白钨矿混合浮选中的应用研究 [D]. 长沙：中南大学，2009.

[57] 刘旭．微细粒白钨矿浮选行为研究 [D]. 长沙：中南大学，2010.

[58] 杨耀辉．白钨矿浮选过程中脂肪酸类捕收剂的混合效应 [D]. 长沙：中南大学，2010.

[59] Rodrigues A J, Brandao P R G. The effect of crystal chemistry properties on the flotability of apitite [C]. Proceedings of the Ⅷ IMPC. Beijing: Beijing General Researeh Institute of Mining and Metallurgy, 1993: 1479~1485.

[60] 王淀佐，胡岳华．浮选溶液化学 [M]. 长沙：湖南科学出版社，1988.

[61] 艾光华，刘炯天．钨矿选矿药剂和工艺的研究现状及展望 [J]. 矿山机械，2011，33 (4): 1~7.

[62] 印万忠，孙传尧．矿物晶体结构与表面特性和可浮性关系的研究 [J]. 国外金属矿选矿，1988 (4): 8~11.

[63] 于宏东．不同成因黄铁矿的物性及浮游性研究 [D]. 北京：北京科技大学，2009.

[64] 杨久流，罗家珂，王淀佐．Ca^{2+}、Mg^{2+}对黑钨矿选择性絮凝的影响及其机理研究 [J]. 矿冶，1998，7 (1): 29~32.

[65] 杨久流. FD在微细粒黑钨矿表面的吸附机理 [J]. 有色金属, 2003, 55 (4): 110~112.
[66] 杨久流. 微细粒黑钨矿选择性絮凝剂的研究 [J]. 有色金属 (选矿部分), 1995 (6): 30~33.
[67] 杨久流, 王淀佐. 微细粒黑钨矿复合聚团理论研究 [J]. 矿冶, 1999, 8 (4): 18~22.
[68] 罗家珂, 杨久流, 王淀佐. 微细粒黑钨矿复合聚团分选新技术及扫描电镜图像研究[J]. 有色金属, 1995, 47 (4): 26~31.
[69] 杨井刚, 石大新. 微粒黑钨矿选择性絮凝—浮选研究 [J]. 有色金属, 1988, 40 (1): 39~42.
[70] 邱显扬. 组合捕收剂对黑钨矿颗粒间相互作用的影响研究 [J]. 矿冶工程, 2012, 32 (6): 47~51.
[71] 于洋, 孙传尧. 黑钨矿、白钨矿与含钙矿物异步浮选分离研究 [J]. 矿冶工程, 2012, 32 (4): 31~33.
[72] 钟传刚. 黑钨矿浮选体系中金属离子的作用机理研究 [D]. 长沙: 中南大学, 2013.
[73] 朱阳戈, 张国范, 冯其明. 微细粒钛铁矿的自载体浮选 [J]. 中国有色金属学报, 2009, 19 (3): 554~557.
[74] 邓传宏, 马军二, 张国范. 硅酸钠在钛铁矿浮选中的作用 [J]. 中国有色金属学报, 2010, 20 (3): 551~555.
[75] 张国范, 朱阳戈. 表面溶解对微细粒钛铁矿与钛辉石浮选分离的影响 [J]. 中国有色金属学报 (英文版), 2011 (21): 1149~1154.
[76] 张东晨, 王涛. 矿物表面性质生物调节机理的研究 [J]. 洗选加工, 2013, 5 (2): 5~8.
[77] 朱阳戈. 微细粒钛铁矿浮选理论与技术研究 [D]. 长沙: 中南大学, 2011.
[78] 刘炯天. 旋流-静态微泡柱分选方法及应用 (之一) 柱分选技术与旋流-静态微泡柱分选方法 [J]. 选煤技术, 2000 (1): 42~44.
[79] 刘炯天. 旋流-静态微泡柱分选方法及应用 (之四) 旋流力场分离与强化回收机制[J]. 选煤技术, 2000 (4): 1~4.
[80] 刘炯天. 旋流-静态微泡柱分选方法及应用 (之五) 柱分选设备系列化及大型旋流-静态微泡浮选床 [J]. 选煤技术, 2000 (5): 1~4.
[81] 周晓华, 刘炯天, 王永田, 等. 利用旋流-静态微泡浮选柱选萤石矿的实验室研究 [J]. 非金属矿, 2003, 26 (1): 48~49.
[82] 张海军, 刘炯天, 韦锦华, 等. FCSMC浮选柱提铁降硅工业试验研究 [J]. 矿冶工程, 2008, 28 (2): 31~34.
[83] 李琳, 刘炯天, 王永田. 浮选柱在赤铁矿反浮选中的应用 [J]. 金属矿山, 2007 (9): 59~61.
[84] 高玉德, 邱显扬, 夏启斌, 等. 苯甲羟肟酸与黑钨矿作用机理的研究 [J]. 广东有色金属学报, 2001, 11 (2): 92~95.
[85] 叶志平. 苯甲羟肟酸对黑钨矿的捕收机理探讨 [J]. 金属矿山, 2008, 11 (2): 35~39.
[86] Hu Yuehua. Relationship between floatability and composition of wolframite [J]. Nonferrous Met. Soc. China, 1985, 37 (3): 26~32.

[87] 朱一民，周箐．萘羟肟酸浮选黑钨矿的作用机理研究［J］．有色金属，1999，51（4）：31~34.

[88] 杨久流．微细粒黑钨矿复合聚团分选新技术及理论研究［D］．长沙：中南工业大学，1995.

[89] 卢寿慈．疏水聚团分选的进展［J］．金属矿山，1999，279（4）：15~18.

[90] 王淀佐，胡岳华．黑钨矿浮选时的溶液化学与动点现象［J］．有色金属，1987，39（4）：33~40.

[91] 李毓康．黑钨矿浮选溶液化学研究［J］．稀有金属，1987，5：323~330.

[92] 陈万雄，叶志平．硝酸铅活化黑钨矿浮选的研究［J］．广东有色金属学报，1999，9（1）：17.

[93] 邓海波．低品位难处理钨矿选-冶联合新工艺和技术经济评价模型研究［D］．长沙：中南大学，2011.

[94] 吕发奎．辉钼矿与难选钼矿的柱式高效分选工艺研究［D］．徐州：中国矿业大学，2010.

[95] Luttrell G H, Yan S, etc. A Computer-aided Design Package for Column Flotation [C]. SME Annual Meeting, Salt Lake City, Utah, 1990: 133~142.

[96] Mankosa M J. Modeling of column flotation with a view Toward Scale-up and Control [C]. SME annual Meeting, Salt Lake City, Utah: 1990: 82~89.

[97] J. A. Finch and G. S. Dobby. Column Flotation [M]. Pergamon Press, 1989, 6: 37~38.

[98] Finch J A, Dobby G S. Column flotation. Oxford [M]. Pergamon Presss, 1990: 116~120.

[99] Polat M, Chander S. First-order flotation kinetics models and methods for estimation of the true distribution of flotation rate constants [J]. International Journal of Mineral Processing, 2000, 58 (14): 145~166.

[100] Mankosa M J, Adel G T, Luttrell G H, et al. Modeling of column flotation with a view toward scale-up and control. SME Annual Meeting, Salt Lake City, Utah, 1990: 78~84.

[101] Yoon R H. 矿粒—气泡作用中的流体动力及表面力［J］．国外金属矿选矿，1993（6）：5~11.

[102] Gaudin A M. Flotation and Edition. New York: Graw-Hill, 1957: 291~301.

[103] Sutherland K L. Physical chemistry of flotation: XI Kinetics of the flotation process [J]. Journal of Physical Chemistry, 1949 (52): 394~425.

[104] Weber M E, Paddock D. Interceptional and gravitational collision efficiencies for single collectors at intermediate Reynolds numbers. Journal of Colloid and Interface Science, 1983, 94: 328~335.

[105] 蔡璋．浮游选煤与选矿［M］．北京：煤炭工业出版社，1991.

[106] Finch J A, Dobby G S. Column flotation. Oxford: Pergamon Presss, 1990: 121~126.

[107] Dobby G S, Finch J A. A model of particle sliding time for flotation size bubbles [J]. Journal of Colloid and Interface Science, 1986, 109 (2): 493~498.

[108] Dobby G S, Finch J A. Particle size dependence in flotation derived from a fundamental model of the capture process [J]. International Journal of minerals processing, 1987 (27): 241~263.

[109] Luttrell G H, Yoon [illegible] A hydrodynamic model for bubble-particle attachment [J]. Journal of Colloid and Interfac[illegible]ice, 1992, 154 (11): 129~137.

[110] Bloom F, Heindel [illegible]odeling flotation separation in a semi-batch process [J]. Chemical Engineering science, 2003, 58: 353~365.

[111] Saffman P G, Turner T S. On the collision of drops in turbulent cloulds [J]. Journal of Fluid Mechanics, 1956 (1): 16~30.

[112] Yoon R-H. The role of hydrodynamic and surface forces in bubble-particle interaction [J]. International Journal of Mineral Processing, 2000, 58 (2): 129~143.

[113] Schulze H J. Flotation as a heterocoagulation process: possibilities of calculating the probability of flotation [C]. Coagulation and Flocculation. Marcel Dekker, New York, 1993: 321~353.

[114] 周晓华. 浮选柱的旋流分选机理与矿物分选实践 [D]. 徐州: 中国矿业大学, 2005.

[115] 翟爱峰. 基于可浮性过程特征的硫化铜矿柱式分选研究 [D]. 徐州: 中国矿业大学, 2008.

[116] 陈东, 董干国, 张建一. 大型浮选机浮选流体动力学特征探讨及设计原则研究 [J]. 有色金属 (选矿部分), 2010 (1): 33~36.

[117] 朱友益, 张强, 卢寿慈. 湍流态下浮选矿化速率数学模型 [J]. 武汉冶金科技大学学报, 1998, 21 (4): 381~386.

[118] X Zheng, Franzidis J P, Manlapig E. Modelling of froth transportation in industrial flotation cells Part Ⅰ: Development of froth transportation models for attached particles [J]. Mineral Engineering, 2004 (10): 981~988.

[119] 李琳. 贫细赤铁矿的管段高紊流矿化与柱式短流程分选研究 [D]. 徐州: 中国矿业大学, 2010.

[120] 黄光耀. 水平充填介质浮选柱的理论与应用研究 [D]. 长沙: 中南大学, 2009.

[121] Mauros P, Lazarids N K, Matis KP. A study of modeling of liquid phrase mixing in a flotation column [J]. International Journal of Mineral Processing, 1989 (26): 1~16.

[122] 周长春, 刘炯天, 黄根. 铝土矿浮选柱选矿脱硅试验研究 [J]. 中南大学学报 (自然科学版, 2014, 21 (4): 845~851.